U0268143

陶瓷坯釉料制备技术

主　编　张冬梅
副主编　杨永红　阚欣荣　孙秀春
　　　　郑兴我　刘婷婷
参　编　王京甫
主　审　沈　毅

北京理工大学出版社
BEIJING INSTITUTE OF TECHNOLOGY PRESS

内容提要

　　本书为"十四五"职业教育国家规划教材。全书依据陶瓷坯釉料制备相关理论知识、实践技能编写，是一本针对性和实用性较强的教学用书。全书包括陶瓷原料加工、坯釉料制备和陶瓷原料性能分析工作领域知识，共分五个模块，按照陶瓷坯釉料制备的工艺流程和技术岗位实际工作任务展开。主要包括：模块一：陶瓷原料选用；模块二：陶瓷原料加工；模块三：坯料制备及质量控制；模块四：釉料制备及质量控制；模块五：陶瓷原料性能检测。每个模块都包含了不同的知识点和工作任务，为便于教学，每个模块前面标明知识目标、能力目标和素质目标，后面配备技能训练和复习思考题。

　　本书配套的电子资料主要包括电子教案、典型生产案例、PPT课件、录课视频及考试试卷文件等，可在国家级职业教育专业教学资源库陶瓷文化传承与创新中陶瓷原料准备工培训课程进行学习和下载。

　　本书可作为高等院校陶瓷制造工艺专业及相关专业教材，也可作为中等职业学校、陶瓷专业相关国家职业资格证书考取及行业职业技能鉴定培训的参考用书。

图书在版编目（CIP）数据

陶瓷坯釉料制备技术 / 张冬梅主编 .-- 北京：北京理工大学出版社，2021.10

ISBN 978-7-5763-0561-6

Ⅰ.①陶…　Ⅱ.①张…　Ⅲ.①陶釉—制备　Ⅳ.① TQ174.6

中国版本图书馆 CIP 数据核字（2021）第 217767 号

出版发行 / 北京理工大学出版社有限责任公司

社　　址 / 北京市海淀区中关村南大街 5 号

邮　　编 / 100081

电　　话 / （010）68914775（总编室）

　　　　　（010）82562903（教材售后服务热线）

　　　　　（010）68944723（其他图书服务热线）

网　　址 / http://www.bitpress.com.cn

经　　销 / 全国各地新华书店

印　　刷 / 河北鑫彩博图印刷有限公司

开　　本 / 787 毫米 × 1092 毫米　1/16

印　　张 / 16.5

字　　数 / 330 千字

版　　次 / 2021 年 10 月第 1 版　2021 年 10 月第 1 次印刷

定　　价 / 78.00 元

责任编辑 / 钟　博

文案编辑 / 钟　博

责任校对 / 周瑞红

责任印制 / 边心超

陶瓷文化是中华优秀传统文化的重要组成部分，是我国古代劳动人民的智慧结晶，体现了中华民族的创造精神，需要在创新中不断传承与发扬。党的二十大报告指出，"坚持创造性转化、创新性发展"，"传承中华优秀传统文化"，"不断提升国家文化软实力和中华文化影响力"。本书编写的目的旨在培养造就陶瓷行业领域德才兼备的高素质人才，肩负起文化和技术传承的责任，推动陶瓷产业在创新中传承与发展，助力陶瓷传统行业的振兴。

本书采用模块式结构编写，立足于生产实际操作流程，从职业能力培养的角度出发，以陶瓷企业职业岗位中典型工作任务为载体，参照行业职业标准，注重培养学生良好的综合素质、实践能力和创新能力。

本书配套电子资料主要包括电子教案、典型生产案例、PPT 课件、录课视频及考试试卷文件等，可在国家级职业教育专业教学资源库陶瓷文化传承与创新中陶瓷原料准备工培训课程进行学习和下载。

本书由唐山工业职业技术学院张冬梅担任主编，由唐山工业职业技术学院杨永红、阚欣荣、孙秀春、郑兴我、刘婷婷担任副主编，唐山成联电子商务公司王京甫参与本书编写。具体编写分工为：模块三、模块四、附录由张冬梅编写；模块一、模块二由杨永红编写；模块五由阚欣荣编写，孙秀春、郑兴我、刘婷婷负责收集生产案例资料和整理视频资源；王京甫负责企业生产案例资料的收集和陶瓷坯釉料生产过程中典型工作任务的录制。全书由张冬梅修改与整理，由华北理工大学沈毅教授主审。在审稿过程中，沈毅教授细致、认真地进行了校阅，提出了宝贵的修改意见，对本书的充实、完善和提高给予了极大的支持和帮助，特此表示衷心的感谢。另外，本书在编写过程中得到了唐山明通陶瓷制品有限公司屈振龙高级工程师、惠达卫浴股份有限公司杨晖高级工程师的大力支持和帮助，在此一并表示感谢。

本书可作为高等院校陶瓷制造工艺及相关专业教材，也可作为中等职业学校、陶瓷企业职工培训、陶瓷专业相关国家职业资格证书考取及行业职业技能鉴定培训的参考用书。

由于编者经验和水平有限，书中错误及不当之处在所难免，敬请读者批评、指正。

编　者

目 录
CONTENTS

模块一 | 陶瓷原料选用

知识目标

掌握陶瓷的概念。

掌握陶瓷分类的依据。

了解常用陶瓷原料的分类方法。

掌握常用原料的性能。

了解常用陶瓷原料的技术要求。

能力目标

能正确评价原料质量。

能正确选用陶瓷原料。

会选择原料的处理方法。

素质目标

培养"传承中华优秀传统文化"的责任感和使命感，培养民族自豪感和自信心。

具有吃苦耐劳、爱岗敬业的职业道德和积极进取的职业精神。

具有较强的集体意识和团队合作精神，能够进行有效的人际沟通和协作。

具有分析问题、解决问题、融会贯通的能力。

具有独立思考、逻辑推理、信息加工和创新的能力。

某陶瓷公司选用的原料以本地区为主，其中包括黏土、长石、石英、硅灰石等。市场上大部分釉料的膨胀系数在 60×10^{-7} 以上，为了使釉料不开裂，需要相应的坯料与之匹配，你知道不同陶瓷原料对坯体的膨胀系数的影响吗？

陶瓷是人类生活和生产中不可缺少的一种重要材料。从陶瓷的发明至今已有数千年的历史。陶瓷的传统概念一般是指陶器和瓷器（或陶器、炻器和瓷器）的通称，是指所有以黏土、长石、石英等天然原料经配料、粉碎、混练、成型、干燥和烧成等工艺过程制成的各种陶器、炻器和瓷器制品，这些制品也统称为"普通陶瓷"。传统陶瓷包括常见的日用陶瓷制品、建筑陶瓷及电瓷等。由于传统陶瓷的主要原料是取之于自然界的硅酸盐矿物（如黏土、长石、石英等），所以传统陶瓷可归属于硅酸盐类材料和制品。因此，陶瓷工业可与玻璃、水泥、搪瓷、耐火材料等工业同属"硅酸盐工业"的范畴。随着科学技术的发展，出现了许多新的陶瓷品种，如氮化物陶瓷、氧化物陶瓷、压电陶瓷、金属陶瓷等，这些生产原料已不再使用或很少使用黏土等传统陶瓷原料，而是扩大到化工原料和合成矿物，甚至是非硅酸盐、非氧化物原料，组成范围也延伸到无机非金属材料的范围中，但生产过程类似传统陶瓷，基本上还是配料、原料处理、成型、烧结这种传统的陶瓷生产工序，同时出现了许多新的工艺。因此，用陶瓷生产方法制造的无机非金属固体材料和制品通称为广义陶瓷。

认识陶瓷

陶瓷的分类

陶瓷种类较多，目前国内外尚无统一的分类方法。较普遍的分类方法有两种：一种是按陶瓷的概念和用途可分为传统陶瓷和特种陶瓷；另一种是按陶瓷的基本物理性能（其中主要是吸水率，吸水率反映了陶瓷瓷胎气孔率的大小）可分为陶器、炻器和瓷器。陶器的坯体烧结程度差，断面粗糙且无光泽，机械强度较低，吸水率较大，无半透明性，敲击时声音粗哑、沉浊。瓷器的坯体致密，玻化程度高，吸水率小、基本不吸水，有一定的透光性，断面细腻呈贝壳状或石状，敲击声音清脆。表1-1列出了陶器、炻器和瓷器的基本特征和性质。

表 1-1　陶器、炻器和瓷器的基本特征和性质

类别	种类	性质、特征			用途举例
		吸水率/%	相对密度	颜色	
陶器	粗陶器	11～20	1.5～2.0	黄、红、青、黑	砖、瓦、盆、罐等
	传统陶器	6～14	2.0～2.4	黄、红、灰	日用器皿
	精陶器	4～12	2.1～2.4	白色或浅色	日用器皿、内墙砖、陈设品等
炻器	粗炻器	0～3	1.3～2.4	乳黄、浅褐、紫色、白色或浅色	日用器皿、建设外墙砖、陈设品等
	细炻器				
瓷器	传统瓷器	0～1	2.4～2.6	白色或浅色	日用器皿、卫生洁具、地砖、电瓷等
	特种瓷器		>2.6		高频和超高频绝缘材料、磁性材料耐高温和高强度材料、其他功能材料等

　　另外，也可根据陶瓷所用原料或产品的组成分类，如将日用陶瓷分为长石质瓷、绢云母质瓷、滑石质瓷等，高温结构陶瓷分为氧化铝陶瓷、氧化锆陶瓷、氮化硅陶瓷等。

　　陶瓷生产的基础是原料。陶瓷坯体所用原料主要是可塑性原料、瘠性原料、熔剂性原料三大类。常用的可塑性原料主要有高岭土、木节土、膨润土、瓷土、陶土、紫砂泥等，瘠性原料主要有石英、长石、蛋白石、叶蜡石、黏土煅烧后的熟料、废瓷粉等硬质原料，熔剂性原料主要有长石、滑石以及钙、镁的碳酸盐等能够降低陶瓷坯釉料烧成温度的原料。

　　陶瓷釉料所用的主要原料除与坯体的原料相同外，还有石灰石、白云石、釉果（适用于制釉的瓷石）、氧化锌等。制备低温釉时，还广泛使用硼砂、硼酸、氧化铅、铅丹、碳酸钠、碳酸钾等。制备颜色釉时，还广泛使用硼砂、硼酸、氧化铅、铅丹、碳酸钠、碳酸钾等。在颜色釉中常用的着色剂是氧化钴、氧化铜、氧化铬、氧化铁、氧化锰等金属氧化物以及合成的陶瓷颜料。

陶瓷原料的分类及要求

　　另外，陶瓷工业还需要一些辅助材料，主要是石膏和耐火材料，其次是外加剂，如助磨剂、助滤剂、解凝剂（稀释剂）、增塑剂、增强剂等。

单元一　黏土类原料

黏土类原料是日用陶瓷的主要原料之一，在坯料配方中常占比 40% 以上。在细瓷配料中，黏土类原料的用量高达 40%～60%；在陶器和炻瓷中，黏土类原料的用量还可增多。

黏土是多种微细矿物的混合体，它主要是由铝硅酸盐类岩石经长期风化而成，由黏土矿物和其他矿物组成的并具有一定特性的土状岩石构成，其矿物的粒径多数小于 2 μm。各种黏土情况千差万别，但在一定程度上它们或多或少都有可塑性，这种性质是指把黏土细粉加水调匀后，可以塑造成各种形状，干燥后维持原状不变，并且有一定强度。其晶体结构是由 SiO_4 四面体组成的 $(Si_2O_5)_n$ 层和一层由铝氧八面体组成的 $AlO(OH)_2$ 层相互以顶角连接起来的层状结构，黏土矿物的各种性能很大程度上取决于这种结构。

粘土的种类不同，其物理化学性能也各不相同。从外观上看，黏土有白、灰、黄、红、黑等各种颜色；从硬度上看，有的黏土疏松柔软，可在水中自然散开，有的黏土则呈致密块状；从含砂上看，有的黏土含砂较多，有的较少或不含砂。

黏土矿物的成分是高岭石、多水高岭石、蒙脱石和水云母等，伴生矿物有石英、长石、方解石、赤铁矿、褐铁矿等，以及一些有机物质。其化学成分主要是 SiO_2、Al_2O_3 和 H_2O，也含有少量的 Fe_2O_3、FeO、TiO_2、MnO、CaO、MgO、K_2O 和 Na_2O 等。黏土除可塑性外，通常还具有较高的耐火度、良好的吸水性、膨胀性和吸附性。在坯料配料中，它的含量常达 40% 以上。

一、黏土的成因与分类

1．黏土的成因

从地表至地下 15 km 处的地球外壳地层基本是由各种硅酸盐矿物构成，其平均成分如下：SiO_2 59.1%，Na_2O 3.8%，MgO 3.5%，Al_2O_3 15.4%，K_2O 3.1%，Fe_2O_3 6.9%，TiO_2 1.1%，CaO 5.1%，P_2O_5 0.3%。由此可知，地壳中的硅酸盐大致为碱类及碱土类的铝硅酸复盐，如长石、云母、辉石及角闪石等。

黏土的成因

黏土，是由自然界的富含长石等铝硅酸盐矿物的岩石，如长石、伟晶花岗岩、斑岩、片麻岩等，经过漫长地质年代的风化作用或热液蚀变作用而形成的多种矿物混合体。这类经风化或蚀变作用而生成黏土的岩石统称为黏土的母岩。母岩经风化作用而形成的黏土产于地表或不太深的风化壳以下，母岩经热液蚀变作用而形成的黏土常产于地壳较深处。

风化作用类型有机械的（物理的）、化学的和生物的等。这几种风化作用一般不单独进

4

行，而是常常交错重叠地进行。机械风化作用是由于温度变化、积雪、冰冻、水力和风力的破坏而使岩石崩裂与移动。庞大而坚硬的岩石在这些自然力同时或互相轮换作用下被粉碎成细块和微粒，为化学风化作用创造了大的侵袭面积。

化学风化作用可使组成岩石的矿物发生质的变化。在大气中的二氧化碳、日光和雨水、河水、海水及氯化物、硝酸盐、硫酸盐等长时间的共同作用下，有时还遭受矿泉、火山喷出的气体、含有腐殖酸的地下水的侵蚀，长石类矿石会发生一系列水化和去硅作用，最后形成黏土矿物。

长石及绢云母转化为高岭石的反应大致如下：

$$2KAISi_3O_8 + H_2O + H_2CO_3 \rightarrow Al_2Si_2O_5（OH）_4 + 4SiO_2 + K_2CO_3$$
（钾长石） （高岭石）

$$Al_2Si_2O_5（OH）_4 \rightarrow Al_2O_3 \cdot nH_2O + SiO_2 \cdot nH_2O$$
（水铝石） （蛋白石）

$$CaAl_2Si_2O_8 + H_2O + H_2CO_3 \rightarrow Al_2Si_2O_5（OH）_4 + CaCO_3$$
（钙长石） （高岭石）

$$2［KAl_3Si_3O_{10}（OH）_2］ + 3H_2O + H_2CO_3 \rightarrow 3Al_2Si_2O_5（OH）_4 + K_2CO_3$$
（绢云母） （高岭石）

从上述反应看出，反应后生成的基本产物是 $Al_2Si_2O_5（OH）_4$，称为高岭石。高岭土主要由高岭石组成。另外，还有可溶性的 K_2CO_3 与难溶性的 $CaCO_3$，以及游离的 SiO_2。在可溶性碳酸盐中，K_2CO_3 易被水冲走，$CaCO_3$ 在富含 CO_2 的水中逐渐溶解后也被水冲走，剩下的 SiO_2 以游离石英状态存在于黏土中。

虽然上述反应的端点矿物是水铝石和蛋白石。但是常因条件的限制，反应常常尚未进行到底就生成一系列的中间产物，形成不同类型的黏土。

同时，由于母岩不同，风化与蚀变条件不同，常形成不同类型的黏土矿物。如火山熔岩或凝灰岩在碱性环境中经热液蚀变形成蒙脱石类黏土，由白云母经中性或弱碱性条件下风化则可形成伊利石类（或水云母类）黏土。

生物风化作用是由一些原始生物残骸，吸收空气中的碳素和氮素，逐渐变成腐殖土，使植物可以在岩石的隙缝中滋长，继续对岩石进行侵蚀。树根又对岩石进行着机械的风化作用，有时地层动物将深层的土翻到表面上，经空气的作用使一些物质逐渐变细且在品质上发生变化。

由水从腐殖土中分解出来的腐殖酸也能促进矿物的分解，实现高岭土化。这种分解作用比含碳酸的水更大，特别是和有机酸共存的 CO_2 还处于还原状态时，可放出初生态的氧，这就更能促进分解。若在不存在氧化的情况下发生这一分解作用，则母盐中的铁将变成低价的铁盐（可溶性的重碳铁盐）而被水洗去，形成白色黏土。若母盐缺少覆盖的有机

物层且又在氧化存在的条件下进行分解作用，则铁将变成高价的铁盐，或再遇水分解成氢氧化铁而残留于母盐内。根据母盐的不同性质，可形成黄土、红土或一般土壤等。

2．黏土的分类

黏土种类繁多，为了便于研究需要对其进行分类，但各学者对黏土的分类意见并不一致。现仅根据其成因、可塑性、耐火度来进行分类。

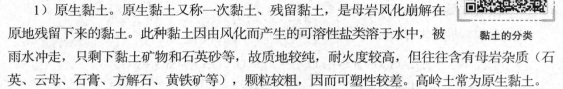

黏土的分类

（1）按成因分类。

1）原生黏土。原生黏土又称一次黏土、残留黏土，是母岩风化崩解在原地残留下来的黏土。此种黏土因由风化而产生的可溶性盐类溶于水中，被雨水冲走，只剩下黏土矿物和石英砂等，故质地较纯，耐火度较高，但往往含有母岩杂质（石英、云母、石膏、方解石、黄铁矿等），颗粒较粗，因而可塑性较差。高岭土常为原生黏土。

2）次生黏土。次生黏土又称二次黏土、沉积黏土，是由风化形成的黏土，经雨水河流的冲刷与漂流及有时外加风力的作用以后，迁移至盆地或水流缓慢的湖泊沼泽地沉积下来，而形成黏土层。由于漂流迁移而沉积下来的黏土颗粒很细，而且在漂流和沉积过程中夹带了有机物质和其他杂质，因而可塑性较好，耐火度较差，并因常混入呈色杂质而显色。

（2）按可塑性分类。

1）高可塑性黏土。高可塑性黏土又称软质黏土。其分散度大，多呈疏松状、板状或页状，如黏性土、膨润土、木节土、球土等。

2）低可塑性黏土。低可塑性黏土又称硬质黏土。其分散度小，多呈致密块状、石状，如叶蜡石、焦宝石、碱石和瓷石等。

（3）按耐火度分类。

1）耐火黏土。一般耐火黏土的耐火度在 1 580 ℃以上，是比较纯的黏土，含杂质较少。天然耐火黏土的颜色较为复杂，但灼烧后多呈白色、灰色或淡黄色，是细陶瓷、耐火制品、耐酸制品的主要原料。

2）难熔黏土。一般难熔黏土的耐火度为 1 350 ℃～1 580 ℃，含易熔杂质为 10%～15%，可作炻瓷器、陶器、耐酸制品、装饰砖及瓷砖的原料。

3）易熔黏土。一般易熔黏土的耐火度在 1 380 ℃以下，含有大量的杂质。其中危害最大的是黄铁矿，在一般烧成温度下，它能使制品产生气泡、熔洞等缺陷，多用于建筑砖瓦和粗陶等制品。

除根据上述成因及性能进行分类外，还常根据主要矿物组成类型进行分类。

想一想

黏土形成的原因有哪些？列举黏土的分类方法。

二、黏土的组成

根据使用的需要，黏土的组成一般可从矿物组成、化学组成和颗粒组成三个方面来进行分析，化学组成和颗粒组成的分析方法简便，易于进行；矿物组成的分析较难，但有利于对黏土的研究。

1．矿物组成

黏土很少由单一矿物组成，而是多种微细矿物的混合体，因此，黏土中所含的各种微细矿物的种类和数量是决定这种黏土的性质的主要因素，也就是说，为了充分了解一种黏土的使用性质，对其所含各种矿物的组成进行全面分析是很有必要的。

黏土的矿物组成

（1）黏土矿物。为了便于研究黏土的矿物组成，一般将黏土中的矿物根据其性质和数量分成两类，即黏土矿物和杂质矿物。其主要矿物是被统称为黏土矿物的一些含水铝硅酸盐矿物，还有一些杂质矿物。根据矿物结构与组成的不同，陶瓷工业所用黏土中的主要矿物有高岭石类、蒙脱石类、伊利石（水云母）类三种。另外，还有水铝英石类和叶蜡石类等，其中水铝英石较少见。

1）高岭石类。高岭石是一般黏土中常见的黏土矿物，主要由高岭石组成的较纯净的黏土称为高岭土。高岭土首先在我国江西景德镇东郊的高岭村山头被发现，现在国际上都把这种有利于成瓷的黏土称为高岭土。其主要矿物成分是高岭石和多水高岭石。高岭石的化学式为 $Al_2O_3 \cdot 2SiO_2 \cdot 2H_2O$，其质量分数为 Al_2O_3 39.53%、SiO_2 46.51%、H_2O 13.96%。其晶体构造式为 $Al_4(Si_4O_{10})(OH)_8$。

高岭石的结晶属于双层结构硅酸盐矿物，即每一晶层是由一层硅氧四面体（SiO_4）和一层铝氧八面体 $[AlO_2(OH)_4]$ 通过共用的氧原子联系在一起的，如图 1-1 所示。高岭石是由许多具有这种双层结构的、平行的晶层组成的，相邻两晶层通过八面体的羟基和另一层四面体的氧以氢键相连，因而它们之间的结合力较弱，层理易于裂开及滑移。层间不易吸附水分子，但由于水分子的楔裂作用，或外部机械应力的作用，易使层间分离，或使粒子破坏，增加比表面积，提高分散度，增加可塑性。高岭石晶格内部离子是很少置换的，只有在晶格破坏时，最外层边缘上有断键，电荷出现不平衡，才会吸附其他阳离子，重新建立平衡。高岭石结构外表面的 OH^- 中的 H^+ 可以被 K^+ 或 Na^+ 等阳离子取代。在结晶差的晶体中，晶格内部的部分 Al^{3+} 可以被 Ti^{4+} 或 Fe^{3+} 等置换，产生不平衡键力，吸附其他离子，具有一定的离子交换量。

高岭土质地细腻，纯者为白色，含杂质时呈黄色、灰色或褐色。其晶体呈极细的六方鳞片状、粒子状，也有杆状。二次高岭土中粒子形状不规则，边缘折断，尺寸也小，高岭石晶片往往互相重叠，其颗粒平均大小为 $0.3 \sim 3\ \mu m$，相对密度为 $2.41 \sim 2.63$。

高岭石族矿物包括高岭石、地开石、珍珠陶土和多水高岭石等。地开石和珍珠陶土与高岭石的结构相近。高岭石的两层结构中各八面体的离子填充是一样的，而地开石每隔一层有一些

变化。与高岭石和地开石相比，珍珠陶土更能保证水在层间的渗透性，吸附作用和膨胀性更大。

多水高岭石（又称埃洛石）的结构与高岭石结构相似，因我国四川省叙永县盛产以这种矿物为主的黏土，故又定名为叙永石，该土已被世界公认为典型多水高岭石。

这种黏土矿物的结构，只是在高岭石的结构晶层间充满了按一定取向排列的水分子，这种水叫作层间水，它的数量不定，位置也不是严格固定的。多水高岭石的分子式为$Al_2O_3 \cdot 2SiO_2 \cdot nH_2O$（$n=4 \sim 6$），结构单位晶层之间的排列不如高岭石规则，结晶卷曲成管状。脱水之后，能展开摊平。

高岭土中高岭石类黏土矿物含量越多，杂质越少，其化学组成越接近高岭石的理论组成，纯度越高的高岭土，其耐火度越高，烧后越洁白，莫来石晶体发育越多，从而其力学强度、热稳定性、化学稳定性越好。但其分散度较小，可塑性较差。反之，杂质越多，耐火度越低，烧后不够洁白，莫来石晶体较少，但可能其分散度较大，可塑性较好。

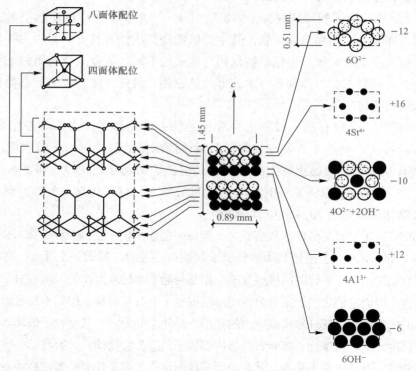

图 1-1　高岭石晶体结构
○—阴离子；●—阳离子
○—O^{2-}　R=0.13 nm；●—OH^-　R=0.13 nm；●—Al^{3+}　R=0.05 nm；●—Si^{4+}　R=0.04 nm

2）蒙脱石类。蒙脱石是另一种常见的黏土矿物，以蒙脱石为主要矿物的黏土叫作膨润土（Bentonite）。蒙脱石最早发现于法国蒙脱利龙地区，故此命名。一般把这个命名同时用于除蛭石以外的具有膨胀晶格的一切黏土矿物，总称为蒙脱石类矿物（或微晶高岭石矿物）。蒙脱石类矿物种类繁多，成分变化也较复杂。若不考虑晶格中的 Al^{3+} 和 Si^{4+} 被其他离子置换，蒙脱石的理论化学通式为 $Al_2O_3 \cdot 4SiO_2 \cdot nH_2O$（$n$ 通常大于 2）。它的晶体构造式是 $Al_4（Si_8O_{20}）（OH）_4 \cdot nH_2O$。

蒙脱石晶粒呈不规则细粒状或鳞片状，颗粒较小，一般小于 0.5 μm，结晶程度差，轮廓不清楚。颜色为白色或淡黄色，相对密度为 2.0～2.5。蒙脱石的特性是能够吸收大量的水，体积膨胀。以蒙脱石为主要成分的膨润土吸水后，其体积可膨胀 20～30 倍，这就是膨润土的名称由来。膨润土在水中呈悬浮和凝胶状，并具有良好的阳离子交换特性。

蒙脱石类矿物之所以吸水性强，是因为其晶胞是具有三层结构的硅酸盐矿物，每个晶层是由二层硅氧四面体中夹着一层［$AlO_2（OH）_4$］八面体（图1-2）。四面体的顶端氧指向结构层中央，与八面体共用，并将三层联结在一起。这种结构沿 a、b 轴方向可无限伸长，沿 c 轴方向以一定的间距重叠（重叠时沿 a、b 轴不规则）。由于 c 轴方向晶层间的氧层与氧层的联系力很小，可形成良好的解理面，层间易于侵入水分子或其他极性分子，引起 c 轴方向膨胀，另外，晶格内四面体层的 Si^{4+} 小部分可被 Al^{3+}、P^{5+} 等置换。八面体层内的 Al^{3+} 常被 Mg^{2+}、Fe^{3+}、Zn^{2+}、Li^+ 等置换。这样就会使得晶格中电价不平衡，产生剩余键，促使在晶层间吸附 Ca^{2+}、Na^+ 等阳离子，以平衡晶格内的不平衡电价。蒙脱石族矿物晶格内的离子置换主要发生在［$AlO_2（OH）_4$］层中，因此，其晶层间吸附的阳离子，不仅使晶层之间的距离增加，更易吸收水分而膨胀，而且这些被吸附的阳离子易于被置换，使蒙脱石具有较强的阳离子交换能力。

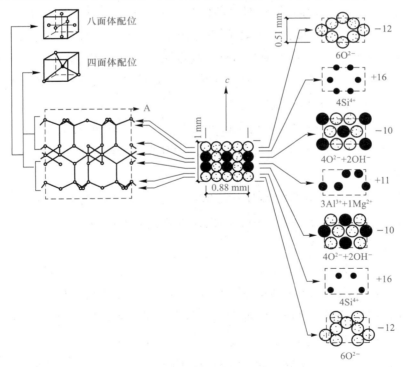

图 1-2　蒙脱石晶体结构

○—阴离子；●—阳离子

○—O^{2-} R=0.13 nm；●—OH^- R=0.13 nm；●—Mg^{2+} R=0.08 nm；●—Al^{3+} R=0.06 nm；●—Si^{4+} R=0.04 nm

由于蒙脱石晶层内的离子置换和晶层间的离子交换，蒙脱石的化学成分很复杂，一般可根据它们所吸附的离子不同而有不同类别，如吸附钠离子的蒙脱石称为钠蒙脱石，吸附钙离子的蒙脱石称为钙蒙脱石。钠蒙脱石分散性强，在水中能形成稳定的悬浮液。钙蒙脱石分散性差，在水中不易形成稳定的悬浮液，矿物颗粒凝聚成集合体。

蒙脱石容易碎裂，故其颗粒极细，可塑性好，干燥后强度大，但干燥收缩也大。由于蒙脱石中 Al_2O_3 的含量较低，又吸附了其他阳离子，杂质较多，故烧结温度较低，烧后色泽较差。在一般的陶瓷坯料中，膨润土用量不宜太多，一般在 5% 左右。釉浆中可掺用少量膨润土作为悬浮剂。同属蒙脱石族的黏土矿物种类有很多。由于矿物晶格内离子置换时离子种类与置换量的不同，可有多种蒙脱石族黏土矿物。

3）伊利石（水云母）类。伊利石类也泛称水云母类，其组成成分与白云母相似，是白云母经强烈的化学风化作用，转变为蒙脱石或高岭石的中间产物，白云母的晶体结构如图 1-3 所示。白云母的晶胞也是具有三层结构的硅酸盐矿物，与蒙脱石的晶胞不同的是，其二层硅氧四面体中约有 1/4 的 Si^{4+} 被 Al^{3+} 所置换，其剩余键正好由一个嵌入层间氧层四面体网眼中的 K^+ 来平衡，故其晶格结合牢固，不致发生膨胀。白云母的化学通式为 $K_2O \cdot 3Al_2O_3 \cdot 6SiO_2 \cdot 2H_2O$。在进行化学风化时，其晶体结构中的 K^+ 由于水化的作用，被部分地滤掉，而由 H_3O^+ 取代时，即得水云母矿物。所以，水云母类黏土的含碱量较云母为少，而含水量较云母多。但这个取代是逐步过渡的，有的水化不强烈，有的水化强烈，前者仍有云母特色，后者则在组分、物性及形态方面变化较多，一般即归于伊利石类矿物。伊利石类矿物成分复杂，存在量大，其晶体结构式可写成 $K_2(Al, Fe, Mg)_4$（Si, Al）$_3O_{20}(OH)_4 \cdot nH_2O$。从组成和结构上来看，伊利石与白云母比较，伊利石含 K_2O 较少，而含水较多，晶层间阳离子通常为 K^+，也有部分被 H^+、Na^+ 取代。伊利石与高岭石比较，伊利石含 K_2O 多，而含水较少，故其成分及结构是介于白云母与高岭石或白云母与蒙脱石之间。

伊利石的晶体呈厚度不等的鳞片状，有时带有劈裂与折断的痕迹，也有呈板条状的。伊利石类的黏土属单斜晶系，纯者洁白，因含杂质而染成黄、绿、褐等色，硬度为 1 ~ 2，相对密度为 2.6 ~ 2.9。

由于伊利石类矿物是白云母风化时的中间产物，其转变的程度不同可形成各种矿物。绢云母是在热液或变质作用下形成的细小鳞片状白云母，晶体结构及成分与白云母相似，但外观呈土状，表面呈丝绢光泽，故而得名，具有黏土性质，是南方瓷石中的主要黏土矿物之一。另外，属于水云母类的矿物还有绿鳞石、海绿石等。

伊利石类矿物的基本结构虽与蒙脱石相仿，但因其无膨润性，且其结晶比蒙脱石粗，因此可塑性较低，干后强度小，而干燥收缩较小，软化温度比高岭石低。我国产出的含伊利石类矿物的黏土产地较多。河北邢台产出的章村土即由伊利石和少量石英、钠长石、白云母等矿物组成；我国南方各地区特别是景德镇地区生产传统细瓷的原料——瓷石，由石英和绢云母及少量其他矿物组成（如景德镇南港瓷石、三宝藻瓷石、安徽祁门瓷石等）；湖南醴陵默然塘泥为水云母类黏土，含少量杆状高岭石和游离石英。

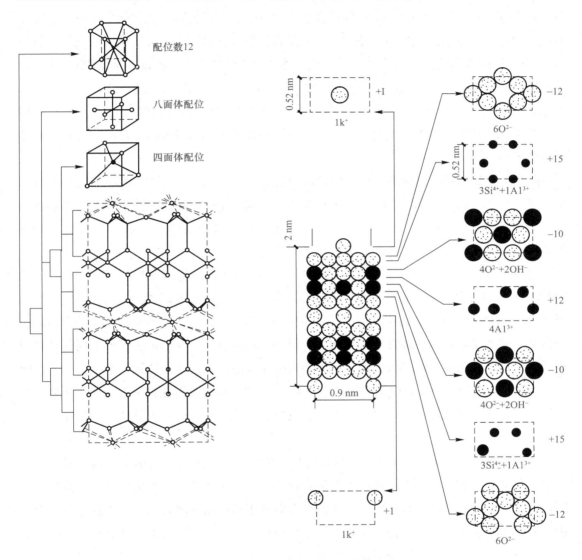

图 1-3　白云母晶体结构

○—阴离子；●—阳离子

○—O^{2-}　R=0.13 nm；　●—OH^-　R=0.13 nm；　○—K^+　R=0.13 nm；　●—Mg^{2+}　R=0.08 nm；

●—Al^{3+}　R=0.06 nm；　●—Si^{4+}　R=0.01 nm

4）叶蜡石类。叶蜡石并不属于黏土矿物，因其某些性质近于黏土，而划归黏土之列，也是陶瓷工业中常用的原料之一，其黏土矿物为叶蜡石。叶蜡石的化学通式为

$Al_2O_3 \cdot 4SiO_2 \cdot H_2O$，其理论化学组成为 Al_2O_3 28.30%，SiO_2 66.70%，H_2O 5.00%，晶体结构式为 $Al_2(Si_4O_{10})(OH)_2$，属单斜晶系。从结构上来说，叶蜡石和蒙脱石相似，也具有由两层硅氧（SiO_4）四面体和一层［$AlO_2(OH)_4$］八面体所组成的三层结构。其与蒙脱石的不同在于，三层结构中四面体中的 Si^{4+} 和八面体中的 Al^{3+} 并未被置换，晶层间不易吸收水分和吸附阳离子，各晶层之间由范德华力联结，结合很弱，容易滑动解理，所以硬度低，易裂成挠性薄片和有滑腻感（但少弹性）。叶蜡石通常是由细微的鳞片状晶体构成的致密块状，质软而富于脂肪感，相对密度为 2.8 左右。蜡石原料含较少的结晶水，加热至 500 ℃～800 ℃，脱水缓慢，总收缩不大，且膨胀系数较小，基本上是呈线性的，具有良好的热稳定性和很小的湿膨胀，宜用于配制快速烧成的陶瓷坯料，是制造要求尺寸准确或热稳定性好的制品的优良原料。

浙江青田蜡石是一种较纯的叶蜡石质原料，在电子显微镜下，它由扁平状的不规则颗粒组成，夹杂着六角形晶体，可能是混入的高岭石晶体，还夹杂着少量无定形微细粒子和胶态物质。我国的福建寿山，浙江上虞、昌化等地均以产隐晶质致密块状蜡石出名。

5）水铝英石类。水铝英石是不常见的黏土矿物，往往少量包含在其他黏土中，呈无定形状态存在。它是一种表生矿物，由长石、霞石、白榴石分解而成，常与高岭石共生，见于风化壳和土壤中。水铝英石是一种非晶质的含水硅酸铝，它的结构很可能是由硅氧四面体和金属离子配位八面体任意排列而成，没有任何对称性。与其他黏土的不同的是它能在盐酸中溶解，而其他结晶质的黏土矿物不溶解于盐酸，但溶解于硫酸。水铝英石的组成变动无常，$n(SiO_2)/n(Al_2O_3)$（摩尔比）为 0.4～8。水铝英石在自然界中并不常见，往往少量地包含在其他黏土中，在水中能形成胶凝层，包围在其他黏土颗粒上，从而提高黏土的可塑性。

（2）杂质矿物。在黏土形成过程中，常由于岩石风化未完全，或由于其他因素而混入一些非黏土矿物和有机物质，统称为杂质矿物。杂质矿物在黏土中根据黏土成因情况的不同，有的含量较少，有的含量较多，它们通常以细小晶粒及其集合体分散于黏土中，常会影响甚至决定黏土的工艺性能，是影响黏土工业利用的一个重要因素。下面将对各种杂质矿物的类别及其对黏土性质的影响做简单介绍。

1）石英和母岩残渣。石英经常是长石的共生矿物，在风化后常保存其原有形态，特别在一次黏土中游离石英是常见的杂质之一。其他风化未完全的母岩残渣还有长石和云母等。这些杂质一般以较粗的颗粒混在黏土中，对黏土的可塑性和干燥后强度产生不良影响。故工厂多采用淘洗法（也可用水力旋流器）将黏土中的粗颗粒杂质除去。对于含石英多的黏土，若在原料细碎和配方上采取措施，也可不经淘洗工序，直接配料，这样可提高原料利用率和降低成本。

2）碳酸盐及硫酸盐类。黏土中的碳酸盐及硫酸盐类矿物也是常见的杂质，碳酸盐矿物主要是方解石（$CaCO_3$）、菱镁矿（$MgCO_3$），混入的硫酸盐矿物主要是石膏（$CaSO_4 \cdot 2H_2O$）、明矾石及可溶性硫酸钾、钠等。碳酸钙、碳酸镁如果以很微细的颗粒分布在黏土中，其影响不大；如果以较粗的颗粒存在，则往往在烧后会吸收空气中的水分而局部爆裂。含有较细碳酸盐的黏土，碳酸盐可在高温下分解出氧化钙、氧化镁，起熔剂作用，能降低陶瓷的烧成温度。

黏土中如含有可溶性硫酸盐，能使制品表面形成一层白霜。这是由于坯体在干燥时，可溶性盐随水的蒸发而在表面析出所致，较多的硫酸盐因其在氧化气氛中的分解温度较高，容易引起坯泡。石膏细块还会和黏土熔化形成绿色的玻璃质熔洞。

3）铁和钛的化合物。铁的杂质矿物以黄铁矿、褐铁矿、菱铁矿、赤铁矿、针铁矿和钛铁矿等形式存在于黏土之中。其中，呈结核状铁质矿物存在的杂质可用淘洗法等方法清除，分散度大易于被磁吸引的铁杂质可用电磁选矿来除去，而黄铁矿的晶体细小而又坚硬，既不易粉碎又难以被电磁除去，往往在烧成中造成坯体的深黑斑点。黏土中铁的化合物都能使坯体呈色，同时降低黏土的耐火度，还会严重影响制品的介电性能、化学稳定性等。

钛的化合物一般以金红石、锐钛矿和板钛矿等形式存在于黏土中，纯净的二氧化钛原是白色，但与铁的化合物共存时，在还原焰中烧成呈灰色，在氧化焰中烧成呈浅黄色或象牙色。

4）有机物质。很多黏土中含有不同数量的有机物质，如褐煤、蜡、腐殖酸衍生物等，这些都能使黏土呈暗色，甚至黑色。但它们在煅烧时能被烧掉，因此，只要不含其他的着色物质，黑色黏土仍可烧出白质陶瓷。有的有机物质（如腐殖质）有着显著的胶体性质，可以增加黏土的可塑性和泥浆的流动性，但有机物质过多时也有可能会造成瓷器表面起泡与针孔，须在烧成中加强氧化来解决这个矛盾。

2．化学组成

黏土原料是由多种矿物组成的，随着各种黏土原料所含的矿物组成的不同，尤其是所含黏土矿物种类的不同，以及杂质矿物含量的多少，其化学组成的变化很大。但由于黏土中的主要黏土矿物都是含水的铝硅酸盐，因此，其主要化学成分为 SiO_2、Al_2O_3 和 H_2O。另外，随着地质生成条件的不同，还会含有少量的碱金属氧化物 K_2O、Na_2O，碱土金属氧化物 CaO、MgO，以及 Fe_2O_3 和 TiO_2 等。通常，黏土原料的化学分析如包括九个项目（即 SiO_2、Al_2O_3、K_2O、Na_2O、CaO、MgO、Fe_2O_3、TiO_2 和灼烧减量），即已能满足生产上的参考需要。有时为了研究工作的需要，还需测定 CO_2、SO_3、有机物及其他微量元素。在上述九个项目中，化合水一项一般不作直接测定。而以灼烧减量（或称烧

黏土的化学组成

失量）的形式测定。灼烧减量一项除包括化合水外，还包括碳酸盐的分解和有机物的挥发等所引起的质量减轻。当黏土比较纯净、杂质含量少时，灼烧减量可近似地作为化合水的量。

化学分析的方法比较简便，黏土的化学分析数据在生产上有着重要的指导意义。它可以帮助人们获得许多有价值的启示，如初步估计黏土的矿物组成和工艺性能等。为确定该黏土能否使用、如何配料及在配料计算时提供必要的依据。

（1）化学组成可以作为鉴定黏土的矿物组成的参考。当黏土中的杂质含量不多，主要是由一种黏土矿物组成时，常可根据黏土的化学组成来初步估计其主要黏土矿物的种类。如苏州上的化学组成为 SiO_2 46.42%，Al_2O_3 38.96%，Fe_2O_3 0.22%，CaO 0.38%，MgO 痕量，K_2O、Na_2O 痕量，灼烧减量 14.40%。其化学组成与纯高岭石的化学组成（SiO_2 46.5%，Al_2O_3 39.5%，H_2O 14%）很接近，则可估计该黏土矿物主要成分是高岭石矿物，属于高岭土。当黏土的化学组成中碱性杂质较多时，则主要黏土矿物可能是蒙脱石类与伊利石类。若化学组成以摩尔比（即用各化学组成的质量分数除以各自的摩尔质量）来表示，则 SiO_2/Al_2O_3 或 SiO_2/R_2O_3 的摩尔比为 2 左右时可能是高岭石和多水高岭石；摩托尔比为 3 左右时是富硅高岭土、伊利石或贝得石；摩尔比为 4 左右时是蒙脱石、叶蜡石。

（2）化学组成可以估计黏土的耐火度的大小。当化学组成中含碱金属、碱土金属和铁的氧化物较多时，说明该黏土所含的杂质较多，则其耐火度就较低，烧结温度也较低。当其含杂质越少时，Al_2O_3 含量越高，则其耐火度或烧结温度也越高。根据化学组成的数据，还可用一些经验公式来计算耐火度的大小。

（3）化学组成可以推断黏土煅烧后的呈色。Fe_2O_3 和 TiO_2 是能引起坯体显色的杂质，随着 Fe_2O_3 含量的不同，烧后的黏土可呈不同的颜色，见表1-2。如在还原气氛下进行煅烧，由于部分 Fe_2O_3 被还原成 FeO，则呈色一般为青、蓝灰到蓝黑色，同时降低黏土的耐火度。

表1-2 Fe_2O_3 含量对黏土煅烧后呈色的影响

Fe_2O_3 含量 /%	在氧化焰中烧成时的呈色	适于制造的品种	Fe_2O_3 含量 /%	在氧化焰中烧成时的呈色	适于制造的品种
< 0.8	白色	细瓷、白炻瓷、细陶瓷器	4.2	黄色	炻瓷、陶器
0.8	灰白色	一般细瓷、白炻瓷器	5.5	浅红色	炻瓷、陶器
1.3	黄白色	普通瓷、炻瓷器	8.5	紫红色	普通陶、粗陶器
2.7	浅黄色	炻瓷、陶器	10.0	暗红色	粗陶器

（4）化学组成可以估计黏土的成型性能。从化学组成中来推断黏土中主要黏土矿物的类型可以在一定程度上反映其成型性能。如 SiO_2 含量很高，可说明该黏土中除黏土矿物

外，还夹有游离石英，这种黏土虽然可塑性较差，但收缩较小。若在高岭石类黏土中灼烧减量高于14%、在叶蜡石黏土中高于5%、在多水高岭石和蒙脱石类黏土中在20%以上、在瓷石中高于8%时，则可说明黏土中所含的有机物或碳酸盐过多，这种黏土的烧成收缩必然较大，在使用时应在配料和烧成工艺上考虑解决。

（5）化学组成可以推断黏土在烧结过程中产生膨胀或气泡的可能。黏土中的K_2O和Na_2O一般存在于云母、长石和伊利石矿物中，也有可能以钠、钾的硫酸盐存在。当以云母状态存在时，它的矿物化合水是在较高温度下（1 000 ℃以上）排出的。这是引起黏土膨胀的一个原因。

黏土中的CaO、MgO往往是以碳酸盐或硫酸盐的形式存在，如含量多，在煅烧时有大量的CO_2、SO_3等气体排出，若操作不当则容易引起针孔和气泡。

使黏土产生膨胀的主要原因之一是Fe_2O_3的存在。在氧化气氛下，在温度为1 230 ℃～1 270 ℃以前，Fe_2O_3是稳定的，如果温度继续升高，则Fe_2O_3将按下式分解并放出气体，引起膨胀。

$$6Fe_2O_3 \rightarrow 4Fe_3O_4 + O_2 \uparrow$$
$$2Fe_2O_3 \rightarrow 4FeO + O_2 \uparrow$$

（6）根据化学分析的数据可以粗略地计算该黏土矿物组成的示性分析。对评价一种制造粗陶器的低级黏土来说，它们的化学分析数据意义不大，重要的是它们的工艺性能。

3．颗粒组成

颗粒组成是指黏土中含有不同大小颗粒的质量分数。黏土中的黏土矿物的颗粒是很细的，其直径一般为1 μm以下，而不同的黏土矿物，其颗粒大小也不同，蒙脱石和伊利石的颗粒要比高岭石小，黏土中的非黏土矿物的颗粒一般较粗，可在2 μm以上，在颗粒分析时，其细颗粒部分主要是黏土矿物的颗粒，而粗颗粒部分中大部分是杂质矿物颗粒。

黏土的颗粒组成

所以，黏土原料的分级处理时，往往可以通过淘洗等方法，富集细颗粒部分，从而得到较纯的黏土。颗粒大小的不同，在工艺性质上也能表现出很大的不同，由于细颗粒的比表面积大，其表面能也大，因此当黏土中的细颗粒越多时，则其可塑性越强，干燥收缩大，干后强度越高，并且在烧成时也易于烧结，烧后的气孔率也越小，有利于成品的力学强度、白度和半透明度的提高。黏土质点的大小对其工艺性质的影响见表1-3。

表1-3 黏土质点的大小对其工艺性质的影响

质点平均直径/μm	100 g 颗粒的表面积/cm²	吸附水/%	干燥状态下的强度/（N·cm⁻²）	相对可塑性
8.50	13×10⁴	0.0	45.1	无
2.20	392×10⁴	0.0	137	无

质点平均直径 /μm	100 g 颗粒的表面积 / cm²	吸附水 /%	干燥状态下的强度 / (N·cm⁻²)	相对可塑性
1.10	794×10⁴	0.6	461	4.40
0.55	1 750×10⁴	7.8	628	6.30
0.45	2 710×10⁴	10.0	1 275	7.60
0.28	3 880×10⁴	23.0	2 903	8.20
0.14	7 100×10⁴	30.5	4 492	10.20

黏土的颗粒形状和结晶程度也会影响其工艺性质，片状结构比杆状结构的颗粒堆积致密、塑性大、强度高，结晶程度差的颗粒可塑性也大。

测定黏土原料颗粒大小的方法有使用显微镜、电子显微镜，水簸法，混浊计法，吸附法等。最简单和最普通的方法是筛分法（0.06 mm 以上）与沉降法（1 ～ 50 μm）。测定的结果：一般粗颗粒是石英、长石、云母及其他非可塑性杂质；细颗粒中绝大部分是黏土矿物及少量如赤铁矿等杂质矿物，两者的比率可约略推测该黏土所属的矿物类型。

想一想

黏土组成的表达方法有哪些？

三、黏土的工艺性质

黏土是陶瓷工业的主要原料，黏土的性质对陶瓷的生产有很大的影响。因此，掌握黏土的性质，尤其是工艺性质，是稳定陶瓷生产的基本条件。黏土的工艺性质主要取决于黏土的矿物组成、化学组成与颗粒组成，其矿物组成是基本因素。如膨润土主要是蒙脱石矿物，由于其矿物类型及细颗粒含量较多，表现出黏性强、成型水分高、收缩大、烧结温度低等特性；苏州高岭土由于含有大量杆状结构外形的高岭石，因而具有可塑性低，干燥气孔率高，干燥强度低，烧成收缩大，泥浆流动时的含水量多，且呈强烈触变性等特性；而紫木节土，由于其黏土矿物高岭石的结晶程度较差、颗粒细、含有机物质较多，所以可塑性及泥浆性质良好。因此，在研究黏土原料的工艺性质时，不但要了解各种黏土的工艺性质指标，而应将工艺性质与黏土的组成及其结构密切联系起来，使外部性质与内因联系起来，才能深入地了解和掌握黏土的工艺性质，以指导人们合理地选用黏土，正确地指导配方的拟定。

黏土的性质很多，现仅将作为陶瓷原料用黏土的工艺性质介绍如下。

1．黏土的可塑性

黏土与适量的水混合后形成泥团，这种泥团在一定外力的作用下产生形变但不开裂，当外力去掉以后，仍能保持其形状不变，黏土的这种性质称为可塑性。

可塑性是黏土的主要工业技术指标，是黏土能够制成各种陶瓷制品的成型基础。由于黏土达到可塑状态时包含固体和液体两种形态，是属于由固体分散相和液体分散介质所组成的多相系统，因此，黏土可塑性的大小主要取决于固相与液相的性质和数量。固相的性质主要是指固体物料类型、颗粒形状、颗粒大小及粒度分布、颗粒的离子交换能力等；液相的性质主要是指液相对固相的浸润能力和液相的黏度。一般来说，固体分散相的颗粒越小，分散度越高，比表面积越大，可塑性就越好。而在黏土中是否有胶体物质存在，对其可塑性的影响尤其大。所以，黏土中水铝英石含量高，可塑性也好。另外，固体分散相的颗粒形状也对可塑性有影响，一般具有层状结构的黏土矿物呈薄片状颗粒要比呈杆状颗粒或呈棱角状颗粒的具有更好的可塑性。同时，黏土矿物的离子交换能力较大者，其可塑性也较高。对于液相来说，黏土颗粒具有较大浸润能力的液相，一般都是含有羟基的（如水）液体，其与黏土拌和后就呈较高的可塑性。此类液体黏度较大者，可塑性也较好。

影响黏土可塑性的因素，除形成泥团的固相和液相的性质外，固相与液相的相对数量对黏土的可塑性也有很大的影响。当黏土中加入的水量不多时，黏土还难以形成可塑状态，很容易散碎，只有水量达到一定程度时，黏土才会形成具有可塑状态的泥团，这时泥团的含水量称为塑限含水量；若继续在泥团中加入水分，泥团的可塑性会逐渐增高，直至泥团能自行流动变形，此时的含水量称为液限含水量。但在生产中适用成型的泥团，其含水量一般都在塑限含水量与液限含水量之间，此时泥团的含水量称为工作泥团的可塑水量，这是陶瓷生产中塑性成型时的一个重要参数。各种黏土的可塑水量是不一样的，可塑性越大的黏土所需的水量也越多，高可塑性黏土的可塑水量可达 28% ～ 40%，中可塑性黏土的可塑水量为 20% ～ 28%，低可塑性黏土的可塑水量为 15% ～ 20%。

测定黏土可塑性的方法有很多，目前我国常用的方法有可塑性指数法与可塑性指标法两种。可塑性指数是指黏土的液限含水率与塑限含水率之差，从黏土与水的相对关系来看，塑限含水率表示黏土被水湿润后，形成水化膜，使黏土颗粒能相对滑动而出现可塑性的含水量。塑限高，说明黏土颗粒的水化膜厚，工作水分高，但干燥收缩也大。液限含水率反映黏土颗粒与水分子亲和力的大小，液限含水率高的黏土颗粒很细，在水中分散度大，不易干燥，湿坯的强度低。可塑性指数表示黏土能形成可塑泥团的水分变化范围。指数大，则成型水分范围大，成型时不易受周围环境湿度及模具的影响，即成型性能好。但可塑性指数小的黏土调成的泥浆厚化度大、渗水性强，便于压滤榨泥。

可塑性指标是指在工作水分下，黏土泥团受外力作用最初出现裂纹时应力与应变的

乘积，同时，还应测定泥团的相应含水率。可塑性指标也反映了黏土泥团的成型性能的好坏，但要注意相应含水率。若相应含水率大，则工作水分多，干燥过程易变形、开裂。

黏土的可塑性能根据可塑指数或可塑指标分为：强塑性黏土指数 > 15 或指标 > 3.6；中塑性黏土指数 7 ~ 15 或指标 2.5 ~ 3.6；弱塑性黏土指数 1 ~ 7 或指标 < 2.5；非塑性黏土指数 < 1。

在陶瓷生产中为了获得成型性能良好的坯料，除选择适宜的黏土外，还可调节坯料的可塑性以满足生产上对可塑性的要求。提高坯料可塑性的措施有以下几项：

（1）将黏土原矿进行淘洗，除去所夹杂的非可塑性物料，或进行长期风化。

（2）将湿润了的黏土或坯料长期陈腐。

（3）将泥料进行真空处理，并多次练泥。

（4）掺用少量的强可塑性黏土。

（5）必要时加入适当的胶体物质，如糊精、胶体二氧化硅、氢氧化铝、羧甲基纤维素等，但在一般日用陶瓷生产中不使用此法。

降低坯料可塑性的措施有以下几项：

（1）加入非可塑性原料，如石英、瘠性黏土、熟瓷粉等。

（2）将部分黏土预先煅烧。

2．黏土的结合性

黏土的结合性是指黏土能粘结一定细度的瘠性物料，形成可塑泥团并有一定干燥强度的性能。黏土的这一性质能保证坯体有一定的干燥强度，是坯体干燥、修理、上釉等能够进行的基础，也是配料调节泥料性质的重要因素。黏土的结合性主要表现为其能粘结其他瘠性物料的结合力的大小，黏土的这种结合力在很大程度上由黏土矿物的结构决定的。一般来说，可塑性强的黏土结合力大，但也有例外，黏土的结合力与可塑性是两个概念，是两个不完全相同的工艺性质。

在工程上，黏土的结合力的测定要直接测定分离黏土质点所需的力是困难的，生产上常用测定由黏土制作的生坯的抗折强度来间接测定黏土的结合力。在试验中通常以能够形成可塑泥团时所加入标准石英砂（颗粒组成为 0.25 ~ 0.15 mm 粒径占质量的 70%；0.15 ~ 0.09 mm 粒径占质量的 30%）的数量及干后抗折强度来反映。加砂量可达 50% 时为结合力强的黏土；加砂量达 25% ~ 50% 时，为结合力中等的黏土；加砂量在 20% 以下时，为结合力弱的黏土。

3．黏土的离子交换性

黏土颗粒由于其表面层的断键和晶格内部离子的被置换，黏土表面总是带有电荷同时又吸附一些反离子。在水溶液中，这种吸附的离子又可被其他相同电荷的离子所置换。这种离子交换反应发生在黏土粒子的表面部分，而不影响硅铝酸盐晶体的结构。各种黏土由于其晶格内部离子置换的程度不同及黏土颗粒的大小不同，其离子交换的能力也不同。

离子交换的能力一般用交换容量来表示。它是 100 g 干黏土所吸附能够交换的阳离子或阴离子的量。不同黏土矿物的离子交换容量可以从表 1-4 中看出。黏土颗粒大小与阳离子交换容量的关系见表 1-5。

表 1-4　不同黏土矿物的离子交换容量　　　　　　　　　　　　　　　　　　mmol/100 g

黏土种类	吸附离子种类		黏土种类	吸附离子种类	
	阳离子	阴离子		阳离子	阴离子
高岭土	3～9		叙永土	137	无
高岭土类黏土	9～20	7～20	膨润土	461	4.40
伊利石类黏土	10～40	—			

表 1-5　黏土颗粒大小与阳离子交换容量的关系

矿物	颗粒直径 /μm							
	10～20	5～10	2～4	1.0～0.5	0.5～0.25	0.25～0.1	0.1～0.05	＜0.05
高岭石	2.4	2.6	3.6	3.8	3.9	5.4	9.5	—
伊利石	—	—	—	13～20		20～30		27.5～41.7

黏土中有机物含量和黏土矿物的结晶程度也影响其交换容量。如唐山紫木节土中有机物多，因有机物中的—OH、—COOH 活性基团具有吸附阳离子的能力，故该土的阳离子交换容量达 2.52 mmol/g，远较纯高岭土的阳离子交换容量大（苏州土为 0.7 mmol/g）。同时，这也由于紫木节土的结晶程度差，晶格内存在类质同晶的置换所致。

黏土的离子交换容量不仅与黏土本身的性质有关，而且取决于吸附的离子种类，黏土吸附阳离子的能力比阴离子要大（表 1-4）。而黏土吸附阳离子的种类不同，其交换容量也不同，黏土的阳离子交换容量大小可按下列顺序排列：

$$OH^- > Al^{3+} > Ba^{2+} > Sr^{2+} > Ca^{2+} > Mg^{2+} > NH^+ > K^+ > Na^+ > Li^+$$

即左面的离子能置换右面的离子，自右至左交换容量逐渐增大。

黏土吸附阴离子的能力较小，可按下列顺序排列：

$$OH^- > CO_3^{2-} > P_2O_7^{4-} > PO_4^{3-} > CNS^- > I^- > Br^- > Cl^- > NO_3^- > F^- > SO_4^{2-}$$

即左面的阴离子能在离子浓度相同的情况下从黏土上交换出右面的阴离子。

黏土吸附的离子种类不同，对黏土泥料的其他工艺性质会有不同的影响，表 1-6 列出了黏土吸附不同离子对可塑泥团及泥浆性质的影响。

表 1-6　吸附离子种类与黏土泥料性质的关系

性质	吸附离子种类和性质变化的关系
结合水数量（膨润土）	$K^+ < Na^+ < H^+ < Ca^{2+}$
湿润热：膨润土 高岭土	$K^+ < Na^+ < H^+ < Mg^{2+} < Ca^{2+}$ $H^+ < Na^+ < K^+ < Ca^{2+}$
ζ-电位（高岭土、膨润土）	$Ca^{2+} < Mg^{2+} < H^+ < Na^+ < K^+$
触变性	$Al^{3+} < Ca^{2+} < Mg^{2+} < K^+ < Na^+ < H^+$
干燥速度和干后气孔率	$Na^+ < Ca^{2+} < H^+ < Al^{3+}$
可塑泥团的液限（高岭土）	$Li^+ < Na^+ < Ca^{2+} < Ba^{2+} < Mg^{2+} < Al^{3+} < K^+ < Fe^{3+} < H^+$
泥团破坏前的扭转角	$Fe^{3+} < H^+ < Al^{3+} < Ca^{2+} < K^+ < Mg^{2+} < Ba^{2+} < Na^+ < Li^+$
泥团干后强度	$H^+ < Ba^{2+} < Na^+$；$H^+ < Ca^{2+} < Na^+$；$Cl^- < CO_3^{2-} < OH^-$
水在溶解下列电解质时泥浆的过滤速度	$NaOH < Na_2CO_3 = H_2O < KCl = NaCl = Na_2SO_4 <$ $CaCl_2 = BaCl_2 < Al_2(SO_4)_3$

4. 黏土的触变性

黏土泥浆或可塑泥团受到振动或搅拌时，黏度会降低而流动性增加，静置后逐渐恢复原状。另外，泥料放置一段时间后，在维持原有水分的情况下也会出现变稠和固化现象，这种性质统称为黏土的触变性。黏土的触变性在生产中对泥料的输送和成型加工有较大影响。若泥料的触变性过小，成型后生坯的强度不够，就会影响脱模与修坯的品质。而触变性过大的泥料在管道输送过程中会带来不便，成型后生坯也易变形。因此，控制泥料的触变性，对满足生产需要、提高生产效率和产品品质具有重要的意义。

黏土的触变性主要取决于黏土的矿物组成、粒度大小与形状、水分含量、使用电解质种类与用量，以及泥料（包括泥浆）的温度等。黏土的触变性与黏土矿物结构的遇水膨胀有关，熔剂水分子渗入黏土矿物颗粒中有两种情况，一种是水分子仅渗入黏土颗粒之间，如高岭石和伊利石颗粒；另一种是水分子还可渗入单位晶胞之间。蒙脱石与拜来石就属于这两种情况都存在。因此，蒙脱石的遇水膨胀要比高岭石和伊利石高，矿物颗粒也较细，其触变性较大，触变容积也大。黏土颗粒的大小与形状对触变性的影响，表现为颗粒越细，活性边表面越多，形状越不对称，越易呈触变性。球状颗粒不易显示触变性，另外，触变效应与吸附离子及吸附离子的水化密切相关。黏土吸附的阳离子其价数越小或价数相同而离子半径越小者，其触变效应越大。

泥料的触变性与含水量有关，含水量大的泥料不易形成触变结构，反之则易形成触变结构而呈触变现象。温度对泥料的触变性也有影响，温度升高，黏土质点的热运动剧烈，使黏土颗粒之间的联系力减弱，不易建立触变结构，从而使触变现象减弱。

黏土泥料的触变性在测定时以厚化度（或稠化度）来表示。厚化度以泥料的黏度变化

之比或剪切应力变化的百分数来表示，泥浆的厚化度是指泥浆放置 30 min 和 30 s 后其相对黏度之比。即

$$泥浆厚化度 = \frac{\tau_{30\,min}}{\tau_{30\,s}} \qquad (1-1)$$

式中　$\tau_{30\,min}$——100 mL 泥浆放置 30 min 后，由恩氏黏度计中流出的时间；

　　　$\tau_{30\,s}$——100 mL 泥浆放置 30 s 后，由恩氏黏度计中流出的时间。

可塑泥团的厚化度为放置一定时间后，球体或圆锥体压入泥团达一定深度时剪切强度增加的百分数。即

$$泥团厚化度 = \frac{P_n - P_0}{P_0} \times 100\% \qquad (1-2)$$

式中　P_0——泥团开始时能承受的负荷（N）；

　　　P_n——放置一定时间后，球体或锥体压入相同深度时承受的负荷（N）。

5. 黏土的稠性（稠度）

黏土在一定量水的掺和与外力搅拌下，显示出既不是固体又不是液体的中间型物体的硬度特点，称为稠性（或稠度）。黏土的稠性用稠度系数来表示：

$$K = \frac{W_1 - W_2}{W} \qquad (1-3)$$

式中　K——稠度系数；

　　　W_1——黏土成型时的含水率（%）；

　　　W_2——达塑性时的含水率（%）；

　　　W——塑性指数。

K 为 0～0.25 时，黏土具有可塑性，不黏附在其他物体上；K 为 0.25～0.5 时，黏土具有黏性，可以黏附在其他物体上。黏土泥料的稠度系数以 0.28 时为最佳。

6. 黏土的干燥性能和烧成收缩

黏土的干燥性能包括干燥收缩、干燥强度和干燥灵敏度。

黏土经 110 ℃ 干燥后，自由水及吸附水相继排出，黏土颗粒之间的距离缩短而产生收缩，称为干燥收缩。干燥后的黏土经高温煅烧，由于发生一系列的物理化学变化（如脱水作用、分解作用、莫来石的生成、易熔杂质的熔化，以及这些熔化物充满质点间空隙等），因而黏土再度收缩，称为烧成收缩。这两种收缩构成黏土泥料的总收缩。

（1）黏土的干燥收缩有线收缩（制品的长度变化百分率）和体收缩（制品的体积变化百分率）两种。线收缩率 S_g 的计算公式为

$$S_g = \frac{L_0 - L_g}{L_0} \times 100\% \qquad (1-4)$$

式中　S_g——干燥线收缩率（%）；

L_0——标线原长（mm）；

L_g——干燥后标线长度（mm）。

线收缩率 S_g 与体收缩率 B_g 的关系为

$$S_g = \left(1 - \sqrt[3]{1-B_g}\right) \times 100\%$$

或

$$B_g = \left[1 - (1-S_g)^3\right] \times 100\% \tag{1-5}$$

黏土的体收缩大约是线收缩的 3 倍，误差仅为 6% ~ 9%，所以实际生产中用 $B_g \approx 3S_g$ 进行计算。

试样的烧成收缩率 S_g 可用式（1-4）计算，此时 L_0 是干燥后（即烧成前）标线长度（mm），L_g 是烧成后的标线长度（mm）。

在式（1-4）中，若用烧成后标线长度值代入 L_g，其他不变，则计算出的值为试样的总收缩率 $S_{总}$。

试样的总收缩率 $S_{总}$ 与干燥收缩率 S_g、烧成收缩率 S_s 的关系为

$$S_s = \frac{S_{总} - S_g}{1 - S_g} \times 100\% \tag{1-6}$$

黏土的收缩情况主要取决于它的组成、含水量、吸附离子及其他工艺性质等。细粒黏土及呈长形纤维状粒子的黏土收缩较大。表 1-7 所列为黏土矿物组成与其收缩范围的关系。

表 1-7　各类黏土的收缩范围　　　　　　　　　　　　　　　　　%

线收缩率	黏土			
	高岭石类	伊利石类	蒙脱石类	叙永石类
干燥收缩	3 ~ 10	4 ~ 11	12 ~ 23	7 ~ 15
烧成收缩	2 ~ 17	9 ~ 15	6 ~ 10	8 ~ 12

测定收缩是研制模型及制作生坯尺寸放尺的依据。由于黏土原料性质的不同，收缩也不同，一般黏土总收缩波动在 5% ~ 20%。黏土或配成的坯料如果收缩太大，在干燥烧成中，将产生有害的应力，容易导致坯体开裂。这时就应调整配方，加以防止。在制造大型坯件时，其水平收缩与垂直收缩也会略有差异，在制模时应予以注意。

（2）干燥灵敏度是指黏土干燥时，可能产生变形和开裂时间早迟、速度快慢、强度大的综合反映。根据干燥灵敏度系数 K 值的大小，可将黏土分为三种类型：低干燥灵敏度，灵敏度系数 $K < 1$；中等干燥灵敏度，灵敏度系数 $K = 1 ~ 2$；高干燥灵敏度，灵敏度系数 $K > 2$。

干燥灵敏度系数 K 的计算公式为

$$K=\frac{V}{V_0\left(\dfrac{m_0-m_3}{V_0-V}-1\right)} \tag{1-7}$$

式中　K——试样干燥灵敏度系数；

V_0——湿试样的体积$\left(V_0=\dfrac{m_2-m_1}{\rho}\right)$（$cm^3$）；

V——干试样的体积$\left(V_0=\dfrac{m_5-m_4}{\rho}\right)$（$cm^3$）；

m_0——湿试样在空气中的质量（g）；

m_1——湿试样在煤油中的质量（g）；

m_2——湿试样饱吸煤油后在空气中的质量（g）；

m_3——干试样在空气中的质量（g）；

m_4——干试样在煤油中的质量（g）；

m_5——干试样饱吸煤油后在空气中的质量（g）；

ρ——煤油的密度（g/cm^3）。

7. 黏土的烧结温度与烧结范围及其测定

（1）黏土的烧结温度与烧结范围。黏土是多矿物组成的物质，没有固定的熔点，而是在相当大的温度范围内逐渐软化。当在煅烧黏土的过程中，温度超过 900 ℃以上时，低熔物开始出现，低熔物液相填充在未熔颗粒之间的空隙中，并由其表面张力的作用，将未熔颗粒进一步靠近，使体积急剧收缩，气孔率下降，密度提高。这种体积开始剧烈变化的温度称为开始烧结温度（图 1-4 中的 t_1）。随着温度的继续升高，黏土的气孔率不断降低，收缩不断增大，当其密度达到最大状态时（一般以吸水率等于或小于 5% 为标志），称为完全烧结，相应于此时的温度称为烧结温度（图 1-4 中的 t_2）。

从完全烧结开始，温度继续上升，会出现一个稳定阶段，在此阶段中，体积密度和收缩等不发生显著变化。持续一段时间后，由于黏土中的液相不断增多，以至不能维持黏土原试样的形状而变形，同时，也会因发生一系列高温化学反应，使黏土试样的气孔率反而增大，出现膨胀。出现这种情况的最低温度称为软化温度（图 1-4 中的 t_3），通常把烧结温度到软化温度之间黏土试样处于相对稳定阶段的温度范围称为烧结范围（图 1-4 中的 $t_2 \sim t_3$）。

黏土的烧结属液相烧结，影响烧结的因素有很多，其中主要的因素是化学组成与矿物组成。从化学组成来看，碱性成分多、游离石英少的黏土易于烧结，烧结温度也低；从矿物组成来看，膨润土、伊利石类黏土比高岭土易于烧结，烧结后的吸水率也较低；不同黏

土的烧结范围差别很大，主要取决于黏土中所含熔剂杂质的量和种类及相应液相的增加速率，纯耐火黏土烧结范围约为 250 ℃，优质高岭土约为 200 ℃，不纯的黏土约为 150 ℃，伊利石类黏土仅为 50 ℃～80 ℃，低钙泥灰岩只有 20 ℃～30 ℃。烧结范围越宽，陶瓷制品的烧成操作越容易掌握，也越容易得到煅烧均匀的制品。因此，黏土的烧结范围在陶瓷生产中十分重要，它是制定烧成制度、选择烧成温度范围、决定坯料配方、选择窑炉等的参考和依据之一。

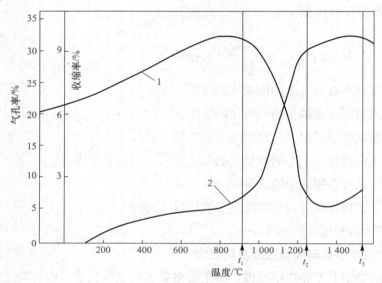

图 1-4　黏土加热时的烧成收缩与气孔率曲线
1—气孔率曲线；2—收缩曲线

生产中常用吸水率来反映原料的烧结程度。一般要求黏土原料烧后的吸水率小于 5%。

（2）黏土的烧结温度与烧结范围的测定。将黏土（或坯料）制成许多同一试样置于梯度炉（或电炉、窑）中煅烧，在每一温度间隔（如 900 ℃、1 000 ℃、1 100 ℃、1 200 ℃、1 300 ℃、1 350 ℃等）取出几片试样观察其外观特征（如颜色、光泽、强度等）并分别测定它们的吸水率与烧成收缩等指标，绘制成图 1-4 所示的烧成收缩与气孔率曲线，从图上取其体积收缩最大，气孔率最小的一点（t_2）作为烧结温度，从烧结温度起至体积又转向膨胀，气孔率又转向增多的转折点（t_3）之间的区间为烧结范围。温度超过烧结范围（即超过耐火度），坯体就要过烧膨胀，气孔率又要增加，同时软化变形。

8. 黏土的耐火度

黏土在高温下加热，当温度达到黏土软化温度后，继续升温，黏土逐渐软化熔融，直至全部熔融变为玻璃态物质。表征材料在高温下，虽已发生软化而没有全部熔融，在使用中所能承受的最高温度，称为耐火度。耐火度是耐火材料的重要技术指标之一，它反映材料无荷载时抵抗高温作用的稳定性，是材料的一个工艺常数（熔点是一个物理常数）。

黏土的耐火度主要取决于其化学组成。Al_2O_3 含量高，其耐火度就高，碱类氧化物能降低黏土的耐火度。通常可根据黏土原料中的 Al_2O_3/SiO_2 比值来判断耐火度，比值越大，耐火度越高，烧结范围也越宽。

耐火度的测定是将一定细度的原料制成一截头三角锥（高为 30 mm，下底边长为 8 mm，上顶边长为 2 mm），在高温电炉中以一定的升温速度加热，当锥内复相体系因重力作用而变形以至顶端软化弯倒至锥底平面时的温度，即试样的耐火度，如图 1-5 所示。

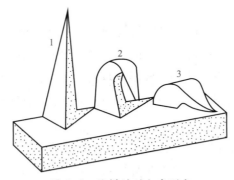

图 1-5　试样的耐火度测定
1—熔融开始之前；2—开始熔融，顶端触及底座，到达耐火度；
3—高于耐火度的温度下全部熔融

黏土的耐火度也可根据黏土的化学分析用下列经验公式（1-8）和（1-9）来计算：

经验公式①：

$$T = \frac{360 + Al_2O_3 - RO}{0.228} \qquad (1-8)$$

式中　T——耐火度（℃）；

　　　Al_2O_3——黏土中 Al_2O_3 和 SiO_2 总量换算为 100% 时，Al_2O_3 所占的质量（%）；

　　　RO——黏土中 Al_2O_3 和 SiO_2 总量换算为 100% 时，相应带入的其他杂质氧化物的总量（%）。

式（1-8）适用 Al_2O_3 含量为 20% ～ 50% 的黏土。

经验公式②：

$$T = 5.5A + 1\,534 - (8.3F + 2MO) \times \frac{30}{A} \qquad (1-9)$$

式中　A——Al_2O_3 的含量（%）；

　　　F——Fe_2O_3 的含量（%）；

　　　MO——TiO_2、CaO、MgO 和 R_2O 等杂质含量（%）。

式（1-9）适用 Al_2O_3 含量为 15% ～ 50% 的黏土，计算时各百分含量需换算为无灼烧减量的百分含量。

怎样测定烧结温度和烧结范围？

四、黏土的加热变化

黏土是陶瓷的主要原料，陶瓷在烧成过程中所发生的一系列物理和化学变化，是在黏土加热变化的基础上进行的，因此，黏土的加热变化是陶瓷制品烧成的基本理论基础。研究黏土的加热变化对确定陶瓷制品的烧成温度具有很重要的意义。不仅如此，不同矿物组成的黏土加热时发生各种变化的温度和热效应也不同，由此，还可用以鉴定黏土的矿物组成。

黏土在加热时发生一系列的化学变化，与此同时也发生相应的物理变化，如体积的膨胀与收缩、气孔率的降低与增高、失去部分质量、吸热与放热等。黏土在加热过程中发生脱水、分解、析出新晶相等物理和化学变化较为复杂。

黏土在加热过程中的变化包括脱水阶段与脱水后产物的继续转化阶段两个阶段。

1. 脱水阶段

黏土干燥后，继续加热，首先出现的反应是脱水，其中最主要的是结构水的排出，黏土中的结构水大部分都在温度为 430 ℃～600 ℃时放出，但在比这更低的温度下，也有少量的水被除去。在更高的温度下，残余的结构水可继续排出。

现以高岭土的加热脱水为例，其脱水的过程如下：

100 ℃～110 ℃：大气吸附水与自由水的排除。

110 ℃～400 ℃：其他矿物杂质带入水的排除（如多水高岭土中的部分水）。

400 ℃～450 ℃：结构水开始缓慢排除（两个 OH 变为一个 H_2O 排出，留下一个 O）。

450 ℃～550 ℃：结构水快速排除。

550 ℃～800 ℃：脱水缓慢下来，到 800 ℃时排水近于停滞。

800 ℃～1 000 ℃：残余的水排出完毕。

上述的脱水过程与结晶程度有关，结晶程度差、分散程度好的高岭土，其脱水温度有某些降低。脱水温度除与黏土本身有关外，还随加热的快慢而变化，快速加热时黏土中的各脱水温度都相应地提高。

其他黏土矿物的具体脱水温度与高岭土不完全一样，都有其特殊性，如膨润土在 100 ℃左右有大量的层间水排出，至 500 ℃～800 ℃结构水排出。瓷石在 100 ℃～120 ℃排出吸附水，在 400 ℃～700 ℃绢云母失去结构水，其急剧脱水在 600 ℃～700 ℃进行。黏土脱水时失去部分质量，并产生吸热效应，故可从各种黏土的差热曲线和失重曲线上看出其脱水与温度的关系。图1-6所示为几种黏土的典型差热曲线和失去部分质量曲线。

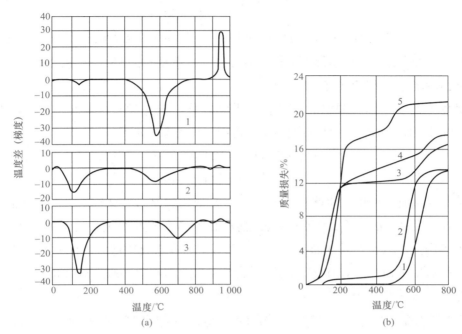

图 1-6　几种黏土的典型差热曲线和失去部分质量曲线
（a）差热曲线
1—高岭石；2—伊利石；3—蒙脱石
（b）失去部分质量曲线
1—地开石；2—高岭石；3—蒙脱石；4—绿脱石；5—伊利石

黏土脱水时，会伴随着产生体积变化，从室温开始加热时，黏土会发生膨胀，至100 ℃以后，当吸附水开始排出时，体积出现一个小收缩，在250 ℃左右收缩终止，其后继续膨胀至晶体开始分解，而转为再收缩，由于各种不同矿物类型黏土结构水排出的温度不同，其开始收缩的温度也不同，高岭石在500 ℃～600 ℃开始收缩，绢云母和叶蜡石则要到800 ℃～900 ℃时才收缩。这是由于具有二层结构的高岭石，其结构水排出较易，结构水刚排出时，体积急剧膨胀，但随即转入收缩过程。而绢云母等一层结构的矿物，当其结构水开始排出时，晶格结构会发生很大变化，所以有较大的膨胀，几乎要到所有的水分排出后才开始收缩，故其开始收缩温度较高。黏土结构水排出后的体积收缩，可以一直进行到结构水完全排出。

黏土中总存在一些杂质，这些杂质在黏土脱水阶段会发生一些分解与氧化等反应，如硫化物与有机物的氧化、碳酸盐的分解等，这些杂质的氧化分解反应，将对黏土的差热曲线与失去部分质量曲线产生影响，甚至使差热曲线和失去部分质量曲线与纯净黏土的典型曲线相差很大，从而给通过差热曲线与失去部分质量曲线来鉴定矿物造成困难。

黏土脱水后均变为脱水产物，高岭石类黏土脱水后生成偏高岭石，其反应式如下：

$$Al_2O_3 \cdot SiO_2 \cdot 2H_2O \rightarrow Al_2O_3 \cdot 2SiO_2 + 2H_2O$$

（偏高岭石）

偏高岭石是接近高岭石结构的产物，但不完全是晶体，X射线衍射分析，线条不明显。其他类型的黏土，在脱水温度下排出结构水后均变为无水硅铝酸盐化合物。

2. 脱水后产物的继续转化阶段

温度继续升高，黏土脱水后的产物可继续转化，偏高岭石由925 ℃开始转化为由〔AlO_6〕和〔SiO_4〕构成的尖晶石型的新结构物，其反应式如下：

$$2[Al_2O_3 \cdot 2SiO_2] \rightarrow 2Al_2O_3 \cdot 3SiO_2 + SiO_2$$

（Al-Si 尖晶石）

偏高岭石的加热转化，使首先脱去SiO_2后形成的尖晶石型结构为具有立方晶系的结构，由于这一尖晶石的结构比较致密，而且较偏高岭石的结构稳定，因而在转化过程中能出现收缩率增大，以及在差热曲线上出现放热效应。在转化中同时形成的SiO_2为非晶质SiO_2。这种非晶质SiO_2在潮湿的环境下，能发生水化而产生膨胀，这就是黏土脱水产物会产生水化膨胀现象的原因之一。

尽管铝硅尖晶石结构较偏高岭石结构稳定，但其结构中空位较多，因而，它也是很不稳定的，继续加热，就会转化成热力学稳定的莫来石而分离出方石英。其反应式如下：

$$3[2Al_2O_3 \cdot 3SiO_2] \xrightarrow{\text{约1 050 ℃开始}} 2[3Al_2O_3 \cdot 2SiO_2] + 5SiO_2$$

（Al-Si 尖晶石）　　　　　　（莫来石）　（方石英）

转化温度约为1 050 ℃开始，这一转化在X射线衍射图上可显示出来，在差热曲线上所显出的在1 150 ℃～1 250 ℃温度范围内的放热效应与莫来石的迅速形成有关。与此同时，由于无定形的SiO_2转化成方石英，也会在差热曲线上出现第三个放热效应。

其他类型的黏土矿物的加热变化稍有不同。含碱的黏土矿物（即含有伊利石和绢云母）在350 ℃～600 ℃放出结构水后，在800 ℃～850 ℃时晶格受到破坏。莫来石从1 100 ℃开始形成，玻璃质自950 ℃开始形成。在850 ℃～1 200 ℃形成的尖晶石会溶解在1 300 ℃时形成的玻璃体中。白云母在1 100 ℃～1 200 ℃时完全分解，形成含莫来石、α-Al_2O_3、γ-Al_2O_3及大量玻璃的物相。

蒙脱石在600 ℃以下不发生实质性的变化，这一温度以上失去结构水，在800 ℃～850 ℃发生变化，在1 100 ℃左右形成尖晶石，并溶解于玻璃相中。在1 050 ℃以后，会形成莫来石。蒙脱石失去层间水时，其晶体结构与叶蜡石相同。叶蜡石的结构水在500 ℃～600 ℃时放出，形成非晶体的无水叶蜡石，1 300℃以上，则有莫来石形成，叶蜡石在形成莫来石时，会有较多的方石英生成，因此，反应物的膨胀率比高岭石高，又因脱水量较少，所以，烧成收缩率也较小。

各种黏土矿物在高温下都能生成莫来石晶体。莫来石是一种针状或细柱状晶体，化学组成在 $3Al_2O_3 \cdot 2SiO_2$ 与 $2Al_2O_3 \cdot 3SiO_2$ 之间，一般写作 $3Al_2O_3 \cdot 2SiO_2$，理论组成为 Al_2O_3 71.8%，SiO_2 28.2%，相对密度为 3.15，熔融温度为 1 810 ℃，熔融后分解为刚玉和石英玻璃。莫来石本身力学强度高、热稳定性好、化学稳定性强，它能赋予陶瓷制品许多良好的性能。

伴随着加热中黏土物质所发生的化学变化，相应地也发生了物理性质的变化，其变化如下：

（1）气孔率从 900 ℃开始陆续下降，至 1 200 ℃以后下降速度最为剧烈。

（2）失去部分质量现象主要发生在脱水阶段，脱水阶段后仍有残留结构水排出而失去微小质量。

（3）相对密度在 900 ℃以前稍有降低，而在 900 ℃～1 000 ℃的温度范围内相对密度大大增加，收缩异常显著。

（4）收缩的开始温度则由于黏土的不同其开始温度也不同，可在 500 ℃～900 ℃。在 900 ℃以前一般收缩较缓慢，至 1 000 ℃以上时收缩急剧增加，到达黏土的烧结温度（高岭石类黏土可达 1 350 ℃）时收缩才终止。伊利石的收缩终点可能较早。

（5）温度超出烧结温度范围时，将重新出现气孔增加、坯体膨胀现象，乃至整个坯体熔融。对于一些杂质较多的易熔黏土等，其发生的物理变化相似，但反应温度会有所不同。

想一想

黏土加热会发生哪些物理和化学变化？

五、黏土在陶瓷生产中的作用

黏土之所以作为陶瓷制品的主要原料，是由于其赋予泥料具有可塑性和烧结性，这也可以说人们在发现和发明陶瓷制品的过程中，充分利用了黏土的这一特性，才创造出多姿多彩的陶瓷制品。因此，可以说有了黏土，才有了与人类文明发展有重大关系的陶瓷制品。黏土作为主要原料对陶瓷生产的影响是巨大的，黏土不仅能保证陶瓷制品的成型，而且能决定烧后制品的性质，尤其是黏土的种类繁多，性质各异，使黏土在陶瓷生产中的作用更加突出，这需要人们给予充分重视。

黏土在陶瓷生产中的作用概括起来如下：

（1）黏土的可塑性是陶瓷坯泥赖以成型的基础。黏土可塑性的变化对陶瓷成型的品质

影响很大，因此，选择各种黏土的可塑性或调节坯泥的可塑性，已成为确定陶瓷坯料配方的主要依据之一。

（2）黏土使注浆泥料与釉料具有悬浮性与稳定性。这是陶瓷注浆泥料与釉料所必备的性质，因此，选择能使泥浆有良好悬浮性与稳定性的黏土，也是注浆配料和釉浆配料中的主要问题之一。

（3）黏土一般呈细分散颗粒，同时具有结合性。这可在坯料中结合其他瘠性原料使坯料具有一定的干燥强度，有利于坯体的成型加工。另外，细分散的黏土颗粒与较粗的瘠性原料相结合，可得到较大堆积密度而有利于烧结。

（4）黏土是陶瓷坯体烧结时的主体，黏土中的 Al_2O_3 含量和杂质含量是决定陶瓷坯体的烧结程度、烧结温度和软化温度的主要因素。也可以说，黏土的种类是确定生产何种陶瓷制品品种的主要根据。

（5）黏土是形成陶器主体结构和瓷器中莫来石晶体的主要来源。黏土的加热分解产物和莫来石晶体是决定陶瓷器主要性能的结构组成。莫来石晶体能赋予瓷器良好的力学强度、介电性能、热稳定性和化学稳定性。

想一想

黏土在陶瓷生产中的作用有哪些？

六、国内的黏土原料

我国黏土原料资源丰富，产地遍及全国。尽管各地的黏土原料性质各异，品位有高有低，品质有优有劣，但作为生产品种繁多的陶瓷制品原料，完全可以就地取材，量材使用，做到物尽其用，发展各具特色的陶瓷制品。为达到上述目的，我国对各地资源的调查勘探与科学研究做了大量的工作，为人们全面了解全国黏土资源及其应用创造了良好的条件。

从总的地质情况来看，我国的残留黏土矿床大部分为高岭土矿床，多覆盖在古老的酸性火成岩或结晶片岩之上，华中及东南沿海各省所产者大部分是斑岩类喷出岩和酸性侵入岩的风化产物，矿质色白，是优良陶瓷原料，但较分散。沉积耐火黏土矿床一般在古生代及中生代煤系地层内，多见于华北、东北地区的石炭二叠纪煤系中，有时这类矿床内除高岭石、伊利石外，还含有大量水硬铝矿而构成铝土矿床，这些地区的残留黏土矿床较少，西南地区的黏土矿床多产自一叠纪、侏罗纪煤系中或下白晋纪的岩层内，分布较为零星。由于这些黏土的成因互异和各有特征，造成了我国南、北方陶瓷生产工艺和烧成气氛的不同。一般来说，北方黏土往往在化学组成上含 Al_2O_3、TiO_2 和有机物较多，含游离石英和铁质较少，因而可塑性好，吸附力强，耐火度较高，不需淘洗即可使用，生坯强度较高，可以内外同时上釉，由于铁质少，可用氧化焰烧成。南方的高岭土和瓷土等含游离石英和铁质较多，含 TiO_2 和有机物较少，因而可塑性较差，耐火度较低，往往需先淘洗而后使用，生坯强度也较差，需要分内外两次上釉，由于铁质多，常用还原焰烧成。

想一想

我国南北方的黏土各有哪些特点？

单元二　石英类原料

一、石英类原料的种类和性质

1. 石英类原料的种类

自然界中的二氧化硅结晶矿物可以统称为石英。石英由于经历的地质产状不同，呈现出多种状态，并有不同的纯度。其中，最纯的石英晶体统称为水晶，水晶的产量很少，且在工业上有更重要的用途，陶瓷工业一般不予使用。在陶瓷工业中，常用的石英类原料有下列几种：

石英的种类

（1）脉石英。由含二氧化硅的熔融岩浆填充岩隙并在地壳的较浅部分经急冷凝固成为致密状结晶态石英（有的可凝固为玻璃态石英），并呈矿脉状产出，这种石英称为脉石英，是火成岩。脉石英外观色纯白，半透明，呈油脂光泽，断口呈贝壳状，其 SiO_2 含量可高达 99%，是生产日用细瓷的良好原料。

（2）砂岩。砂岩是石英颗粒被胶结物结合而成的一种碎屑沉积岩。根据胶结物质的不同，砂岩可分为石灰质砂岩、黏土质砂岩、石膏质砂岩、云母质砂岩和硅质砂岩等。在陶瓷工业中仅硅质砂岩有使用价值。砂岩的颜色有白、黄、红等色。其 SiO_2 含量为 90% ～ 95%。

（3）石英岩。石英岩是一种变质岩，是硅质砂岩经变质作用，石英颗粒再结晶的岩石。其 SiO_2 含量一般在 97% 以上，常呈灰白色，有鲜明光泽，断面致密，强度大，硬度高。其加热时晶型转化比较困难。石英岩是制造一般陶瓷制品的良好原料，其中品质好的可作为细瓷原料。

（4）石英砂。石英砂是花岗岩、伟晶岩等风化成细粒后，由水流冲击淘汰后自然聚集而成。利用石英砂作为陶瓷原料，可不用破碎，简化工艺过程，降低成本，但由于其中杂质较多，成分波动也大，用时须进行控制。

（5）燧石。燧石是由于含有 SiO_2 溶液，经化学沉积在岩石夹层或岩石中的隐晶质 SiO_2，属于沉积岩。常以层状、结核状产出，旱钟乳状、葡萄状产出的为玉髓。色浅灰、深灰或白色。因其硬度高，可作为研磨材料、球磨机内衬等，品质好的燧石也可代替石英作为细陶瓷坯、釉的原料。

（6）硅藻土。硅藻土是溶解在水里的一部分二氧化硅被微细的硅藻类水生物吸取沉积演变而成，本质是含水的非晶质二氧化硅，常含少量黏土，具有一定的可塑性。硅藻土具有很多空隙，是制造绝热材料、轻质砖、过滤体等多孔陶瓷的重要原料。

2．石英类原料的性质

石英的外观视其种类不同而异，有的呈乳白色，有的呈灰白半透明状态，表面具有玻璃光泽或脂肪光泽，莫氏硬度为 7。相对密度因晶型而异，变动于 2.22 ～ 2.65。各种晶型石英的相对密度和比体积列于表 1-8 中。

石英的性质

表 1-8　石英的相对密度和比体积

晶型	相对密度	比体积/（$cm^3 \cdot g^{-1}$）	晶型	相对密度	比体积/（$cm^3 \cdot g^{-1}$）
α - 石英	2.533	0.393 9	γ - 鳞石英	2.77 ～ 2.35	0.440 5 ～ 0.425 5
β - 石英	2.65	0.377 3	α - 方石英	2.229	0.448 6
α - 鳞石英	2.228	0.448 8	β - 方石英	2.33 ～ 2.34	0.429 2 ～ 0.427 4
β - 鳞石英	2.242	0.445 5	石英玻璃	2.21	0.452 4

石英的主要化学成分为 SiO_2，常含有少量杂质成分，如 Al_2O_3、Fe_2O_3、CaO、MgO、TiO_2 等。这些杂质是成矿过程中残留的，其他夹杂矿物中带入的，夹杂矿物主要有碳酸盐（白云石、方解石、菱镁矿等）、长石、金红石、板钛矿、云母、铁的氧化物等。另外，还有一些微量的液态和气态包裹物。

石英是具有强耐酸侵蚀力的酸性氧化物，除氢氟酸外，一般酸类对它都不产生作用。当石英与碱性物质接触时，则能起反应而生成可溶性的硅酸盐。在高温中与碱金属氧化物作用生成硅酸盐与玻璃态物质。

石英材料的熔融温度范围取决于氧化硅的形态和杂质的含量。硅藻土的熔融终了点一般是 1 400 ℃～ 1 700 ℃，无定形氧化硅约在 1 713 ℃即可熔融。脉石英、石英岩和砂岩在 1 750 ℃～ 1 770 ℃熔融，但当杂质含量达 3% ～ 5%时，在 1 690 ℃～ 1 710 ℃时即可熔融。当含有 5.5% Al_2O_3 时，其低共熔点温度会降低至 1 595 ℃。

想一想

在陶瓷工业中常用的石英种类有哪几种？

二、石英的晶型转化

石英是由 SiO_4 四面体互相以顶点连接而成的三维空间架状结构口连接后在三维空间扩展，由于它们以共价键连接，连接之后又很紧密，因而空隙很小，其他离子不易侵入网穴中，致使晶体纯净，硬度与强度高，熔融温度也高。由于 SiO_4 四面体之间的连接在不同的条件与温度下呈现出不同的连接方式，石英可呈现出各种晶型。其晶型与晶型之间的转化温度如图 1-7 所示。

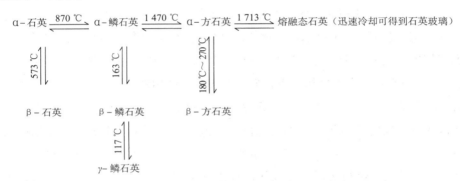

图 1-7　石英晶型转化温度

石英在自然界中大部分以 α-石英的形态稳定存在，只有很少部分以鳞石英或方石英的介稳状态存在。石英晶型转化根据其转化时的情况可分为高温型的缓慢转化和低温型的快速转化两种。

（1）高温型的缓慢转化（图 1-7 中的横向转化）。这种转化由表面开始逐步向内部进行，转化后发生结构变化，形成新的稳定晶型，因而需要较高的活化能。转化进程缓慢，转化时体积变化较大，并需要较高的温度与较长的时间。为了加速转化，可以添加细磨的矿化剂或助熔剂。

（2）低温型的快速转化（图 1-7 中的纵向转化）。这种转化进行迅速，转化是在达到转化温度之后，晶体表里瞬间同时发生转化，结构不发生特殊变化，因而转化较容易进行，体积变化不大，转化是可逆的。

石英晶型转化结果引起一系列物理变化，如体积、相对密度等。其中对陶瓷生产影响较大的是体积变化。石英晶型转化过程中的体积变化可由相对密度的变化计算出其转化的体积效应（表 1-9）。

表 1-9　石英晶型转化时的体积效应（计算值）

缓慢转化	计算转化效应时的温度/℃	该温度下晶型转化时的体积效应/%	快速转化	计算转化效应时的温度/℃	该温度下晶型转化时的体积效应/%
α－石英→α－鳞石英	1 000	+16.0	β－石英→α－石英	573	+0.82
α－石英→α－方石英	1 000	+15.4	γ－鳞石英→β－鳞石英	117	+0.20
α－石英→石英玻璃	1 000	+15.5	β－鳞石英→α－鳞石英	163	+0.20
石英玻璃→α－方石英	1 000	-0.9	β－方石英→α－方石英	150	+2.80

由表 1-9 所列计算值可以看出，属缓慢转化的体积效应值大，如在 α－石英向 α－鳞石英的转化中，体积膨胀达到 16%，而属快速转化的体积变化则很小，如 573 ℃时的 β－石英向 α－石英的转化体积膨胀仅 0.82%。单纯从数值上看，缓慢转化会带来问题，但实际上，由于这样的转化速度非常缓慢，同时转化时转化时间也很长，再加上液相的缓冲作用，因而使得体积的膨胀进行缓慢，抵消了固体膨胀应力所造成的破坏作用，对生产过程的危害反而不大，而低温下的快速转化，虽然体积膨胀很小，但因其转化迅速，又是在无液相出现的所谓干条件下进行转化，因而破坏性强，危害性大，必须注意。

实际上，在有矿化剂存在的情况下，矿化剂产生的液相就会沿着裂缝侵入内部，促使半安定方石英转化为鳞石英。如无矿化剂存在或在矿化剂很少时，就转化为方石英，而颗粒内部仍保持部分半安定方石英。普通陶瓷由于烧成温度达不到使之充分转化所必需的温度（约 1 400 ℃），所以，陶瓷烧成后得到少量的半安定方石英，大多数石英颗粒保持石英晶型。

掌握石英的理论转化与实际转化规律，在指导生产上具有一定的实际意义，可以利用加热膨胀作用，预先在 1 000 ℃左右煅烧块状石英，然后急速冷却，使组织结构破坏，便于粉碎。另外，在制品烧成和冷却时，处于晶型转化的温度阶段，要适当控制升温与冷却速度，以保证制品不开裂。

想一想

石英有哪些晶型？这些晶型相互之间是如何转化的？

三、石英在陶瓷生产中的作用

石英是作为瘠性原料加入陶瓷坯料中的，它是陶瓷坯体中的主要组分之一。它在陶瓷生产中的作用不仅在坯体成型时，而且在烧成时，都有重要的影响。现概括如下：

（1）快速干燥。在烧成前是瘠性原料，可对泥料的可塑性起调节作用，减少成型水分，能降低坯体的干燥收缩，缩短干燥时间，加快干燥并防止坯体变形。

（2）减小坯体变形。在烧成时，石英的加热膨胀可部分地抵消坯体收缩的影响，当玻璃质大量出现时，在高温下石英能部分溶解于液相中，增加熔体的黏度，而未溶解的石英颗粒，则构成坯体的骨架，可防止坯体发生软化变形等缺陷。

（3）增加机械强度。残余石英可以与莫来石一起构成坯体骨架，增加机械强度。同时，石英也能提高坯体的透光度和白度。但在冷却过程中，若在熔体固化温度以下降温过快，坯体中未反应的石英剧烈收缩，容易导致开裂，影响产品的热稳定性和机械强度。

（4）提高釉的耐磨与耐化学侵蚀性。在釉料中，二氧化硅是生成玻璃质的主要组分，增加釉料中的石英含量，能提高釉的熔融温度与黏度，并减少釉的热膨胀系数。同时，它是赋予釉高的力学强度、硬度、耐磨性和耐化学侵蚀性的主要因素。

想一想

石英在陶瓷生产中的作用有哪些？

单元三　长石类原料

一、长石的种类和性质

长石是陶瓷原料中最常用的熔剂性原料，在陶瓷生产中用作坯料、釉料、色料、熔剂等的基本组分，用量较大，是陶瓷三大原料之一。

长石是地壳上分布广泛的造岩矿物。它呈架状硅酸盐结构，化学成分为不含水的碱金属与碱土金属铝硅酸盐，主要是钾、钠、钙和少量钡的铝硅酸盐，有时含有微量的铯、铷、锶等金属离子。在自然界中，一

长石的种类

般纯的长石较少，多数是以各类岩石的集合体产生，共生矿物有石英、云母、霞石、角闪石等，其中以云母（尤其黑云母）与角闪石为有害杂质。

根据架状硅酸盐的结构特点，长石主要有四种基本类型：钾长石 $K[AlSi_3O_8]$ 或 $K_2O \cdot Al_2O_3 \cdot 6SiO_2$；钠长石 $Na[AlSi_3O_8]$ 或 $Na_2O \cdot Al_2O_3 \cdot 6SiO_2$；钙长石 $Ca[Al_2Si_2O_8]$ 或 $CaO \cdot Al_2O_3 \cdot 2SiO_2$；钡长石 $Ba[Al_2Si_2O_8]$ 或 $BaO \cdot Al_2O_3 \cdot 2SiO_2$。

其中，前三种居多，后一种较少。这几种基本类型长石，由于其结构关系彼此可以混合形成固熔体，它们之间的互相混熔有一定规律。钠长石与钾长石在高温时可以形成连续

固熔体，但温度降低则互相混熔性减弱，固熔体会分解（900 ℃以下），这种长石也称为微斜长石。钠长石与钙长石能以任何比例混熔，形成连续的类质同象系列，低温下也不分离，就是常见的斜长石。钾长石与钙长石在任何温度下几乎都不混熔。钾长石与钡长石则可形成不同比例的固熔体，地壳上分布不广。

由于长石的互熔特性，故地壳中单一的长石少见，多数是几种长石的互熔物，按其化学成分和结晶化学特点，其中较重要的有钾钠长石亚族和斜长石亚族两个亚族。

1．钾钠长石亚族

由钾长石和钠长石分子组成可知，它们是日用陶瓷的重要原料。钾长石分子的理论组分是 K_2O 16.9%，Al_2O_3 18.3%，SiO_2 64.8%。自然界的钾长石都混有钠长石，常见的钾钠长石有以下几项：

（1）透长石。其成分中含钠长石可达 50%，单斜晶系，生成温度在 900 ℃～950 ℃以上，是高温型，产于喷出岩中。

（2）正长石。其成分中含钠长石可达 30%，单斜晶系，生成温度在 650 ℃～900 ℃，是中温型，产于侵入岩和变质岩中。

（3）微斜长石。其成分中含钠长石可达 20%，三斜晶系，生成温度在 650 ℃以下，是低温型，多产于伟晶岩和变质岩中。

由于微斜长石含钠量最低，故熔融温度范围也比其他长石宽（钾长石，1 130 ℃～1 450 ℃），而且熔体黏度大，熔化缓慢，作为熔剂加入陶瓷坯体中，有利于防止坯体在高温下变形。

2．斜长石亚族

由钠长石和钙长石分子组成可知，两者可以任意比例组成连续的类质同象系列，其化学式可写成（100−n）$Na[AlSi_3O_8] \cdot nCa[Al_2Si_2O_8]$，$n$=0～100。含钠长石在 90% 以上的，称为钠长石；含钠长石不足 10% 的，称为钙长石。而在这中间不同比例的混熔物，则统称为斜长石。

斜长石中以钠长石的熔点最低（约 1 120 ℃），所以常用作日用陶瓷的釉用原料。

生产中一般所谓的钾长石，实际上是以含钾为主的钾钠长石，而所谓的钠长石，实际上是以含钠为主的钾钠长石。一般含钙的斜长石在日用陶瓷生产中较少使用，主要使用钾钠长石亚族中的正长石、微斜长石、透长石等。

钾钠长石中含钾长石较多的长石一般呈粉红色或肉红色，个别的可呈白色、灰色、浅黄色等，相对密度为 2.56～2.59，硬度为 6～6.5，断口呈玻璃光泽，解理清楚。钠长石与钙长石一般呈白色或灰白色，相对密度为 2.62，其他一般物理性质与钾钠长石近似。斜长石呈带浅灰或浅绿的白色，相对密度为 2.62～2.76，硬度为 6。长石类矿物的理论化学组成与物理性质见表 1-10。

表 1-10　长石类矿物的理论化学组成与物理性质

名称	化学通式	晶体构造	理论化学组成						相对密度	颜色
			SiO_2	Al_2O_3	K_2O	Na_2O	CaO	BaO		
钾长石	$K_2O \cdot Al_2O_3 \cdot 6SiO_2$	$K[AlSi_3O_8]$	64.7	18.4	16.9	—	—	—	2.5～2.59	浅红色、浅黄色、灰白色
钠长石	$Na_2O \cdot Al_2O_3 \cdot 6SiO_2$	$Na[AlSi_3O_8]$	68.6	19.6	—	11.8	—	—	2.6～2.65	含铁长石呈蔷薇色
钙长石	$CaO \cdot Al_2O_3 \cdot 2SiO_2$	$Ca[Al_2Si_2O_8]$	43.0	36.9	—	—	20.1	—	2.7～2.76	灰色、白色带黄
钡长石	$BaO \cdot Al_2O_3 \cdot 2SiO_2$	$Ba[Al_2Si_2O_8]$	32.0	27.1	—	—	—	40.9	3.37	无色、白色或灰色
钾钠长石	$(KNaO) \cdot Al_2O_3 \cdot 6SiO_2$	K＞Na							2.57	
斜长石	$Na_2O \cdot Al_2O_3 \cdot 6SiO_2 +$ $CaO \cdot Al_2O_3 \cdot 2SiO_2$	$(100-n) Na[AlSi_3O_8] \cdot nCa[Al_2Si_2O_8]$，$n=0～100$							2.62～2.76	白色、灰色带绿或浅蓝色

　　实际生产中使用的长石的成分稍复杂一些，但不如黏土含的杂质成分多，其杂质常有石英、霞石、云母、角闪石及铁的化合物等。作为陶瓷原料，石英的存在关系不大，霞石的成分与长石相似，也无影响，然而云母（尤其是黑云母）、角闪石和铁的化合物，能使制品显色，影响白度，特别是黑云母在高温时能熔化为黏稠的液体，且不与长石互融，而独自以黑斑存在。所以，工业上对长石的含铁量要求比对黏土的要求更为严格，长石中Fe_2O_3含量应控制在 0.5% 以下。

想一想

　　长石的种类包括哪些？试列举长石的主要性质。

二、长石的熔融特性

　　长石在陶瓷坯料中是作为熔剂使用的，在釉料中也是形成玻璃相的主要成分。为了使坯料便于烧结而又防止变形，作为熔剂的长石，一般

长石的性质及作用

希望长石具有较低的熔化温度、较宽的熔融范围、较高的熔融液相黏度和良好的溶解其他物质的能力。因此，长石的熔融特性对于陶瓷生产来说具有很重要的意义。

从理论上讲，各种纯的长石的熔融温度分别为钾长石 1 150 ℃、钠长石 1 100 ℃、钙长石 1 550 ℃、钡长石 1 715 ℃。但实际上，尽管长石是一种结晶物质，因其经常是几种长石的互熔物，加之又含有一些石英、云母、氧化铁等杂质，所以，陶瓷生产中使用的长石没有一个固定的熔点，只能在一个不太严格的温度范围内逐渐软化熔融，变为玻璃态物质。煅烧试验证明，长石变为滴状玻璃体时的温度并不低，一般在 1 220 ℃以上，并依其粉碎细度、升温速度、气氛性质等条件而异，其一般熔融温度范围为钾长石 1 130 ℃～1 450 ℃，钠长石 1 120 ℃～1 250 ℃，钙长石 1 250 ℃～1 550 ℃。

由此可见，钾长石的熔融温度不是太高，且其熔融温度范围宽。这与钾长石的熔融反应有关。钾长石从 1 130 ℃开始软化熔融，在 1 220 ℃时分解，生成白榴子石与 SiO_2 共熔体，成为玻璃态黏稠物，其反应式为

$$K_2O \cdot Al_2O_3 \cdot 6SiO_2 \rightarrow K_2O \cdot Al_2O_3 \cdot 4SiO_2（白榴子石）+2SiO_2$$

温度再升高，逐渐全部变成液相。由于钾长石的熔融物中存在白榴子石和硅氧熔体，故黏度大，气泡难以排出，熔融物呈稍带透明的乳白色，体积膨胀 7%～8.65%。钾长石这种熔融后形成黏度较大的熔体，并且随着温度升高熔体的黏度逐渐降低的特性，在陶瓷生产中有利于烧成控制和防止变形。所以，在陶瓷坯料中以选用正长石或微斜长石为宜。

钠长石的开始熔融温度比钾长石低，其熔化时没有新的晶相产生，液相的组成和未熔长石的组成相似，形成的液相黏度较低，故熔融范围较窄，且其黏度随温度的升高而降低的速度较快，所以，一般认为在坯料中使用钠长石容易引起产品变形。但钠长石在高温时对石英、黏土、莫来石的溶解最快，溶解度也最大，以之配合釉料是非常合适的。也有人认为钠长石的熔融温度低、黏度小，助熔作用更为良好，有利于提高瓷坯的瓷化程度和半透明性，关键在于控制好烧成制度，根据具体要求制定出适宜的升温曲线。

由于长石类矿物经常互相混熔，钾长石中总会掺入钠长石。如将长石原矿煅烧至熔融状态，可得到白色乳浊状和透明玻璃状的层状体。白色层为钾长石，而透明层为钠长石。在钾钠长石中若 K_2O 含量多，熔融温度较高，熔融后液相的黏度也大。若钠长石较多，则完全熔化成液相的温度就剧烈降低，即熔融温度范围变窄。另外，若加入氧化钙和氧化镁，则能显著地降低长石的熔化温度和黏度。图 1-8 所示为不同长石的高温黏度变化值。

钙长石的熔化温度较高，高温下的熔体不透明，黏度也小，冷却时容易析晶，化学稳定性也差。斜长石的化学组成波动范围较大，无固定熔点，熔融范围窄，熔液黏度较小，配成瓷件的半透明性强，强度较大。

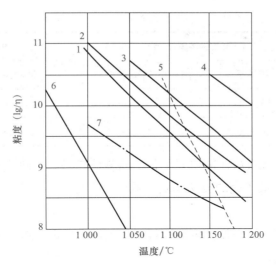

图 1-8　不同长石的高温黏度变化值

1—钾长石；2—钾长石 75%+ 石英 25%；3—钾长石 60%+ 石英 40%；4—钾长石 40%+ 石英 60%；

5—钠长石；6—钾长石 98%+CaO 2%；7—钾长石 98%+MgO 2%

日用陶瓷一般选用含钾长石较多的钾钠长石，一般要求 K_2O 与 Na_2O 总量不小于 11%，其中 K_2O ：Na_2O 应大于 3，CaO 与 MgO 总量不大于 1.5%，Fe_2O_3 含量在 0.5% 以下为宜。在选用时，应对长石的熔融温度、熔融温度范围及熔体的黏度做熔烧试验。陶瓷生产中适用的长石要求共熔融温度低于 1 230 ℃，熔融温度为 30 ℃～ 50 ℃。

想一想

长石的高温黏度如何变化？

三、长石在陶瓷生产中的作用

长石在陶瓷原料中是作为熔剂使用的，因而，长石在陶瓷生产中的作用主要表现为它的熔融和熔化其他物质的性质。

（1）降低烧成温度。长石在高温下熔融，形成黏稠的玻璃熔体，是坯、釉料中碱金属氧化物（K_2O、Na_2O）的主要来源，能降低陶瓷坯体组分的熔化温度，有利于成瓷和降低烧成温度。

（2）提高机械强度和化学稳定性。熔融后的长石熔体能溶解部分高岭土分解产物和石英颗粒（其溶解度见表 1-11），促进莫来石晶体的形成和长大，赋予了瓷体的力学强度和化学稳定性。

表 1-11 长石熔体对黏土、石英的溶解度

被溶解的物质	1 300 ℃的溶解度 /%		1 500 ℃的溶解度 /%	
	钾长石	钠长石	钾长石	钠长石
钾长石	15～20	25～30	40～50	60～70
钠长石	5～10	8～15	15～25	18～28

（3）提高透光度。长石熔体能填充于各结晶颗粒之间，有助于坯体致密和减少空隙。冷却后的长石熔体，构成了瓷的玻璃基质，增加了透明度，并有助于瓷坯的机械强度和电气性能的提高。

（4）缩短干燥时间。长石作为瘠性原料，在生坯中还可以缩短坯体干燥时间，减少坯体的干燥收缩和变形等。

想一想

长石在陶瓷生产中的作用有哪些？

四、长石的代用原料

天然矿物中优质的长石资源并不多，工业生产中常使用一些长石的代用品，主要有伟晶花岗岩和霞石正长岩等。

1. 伟晶花岗岩

伟晶花岗岩是一种颗粒很粗的岩石（与细晶花岗岩相对应）。其矿物成分主要是石英和正长石、斜长石，以及少量的白云母等。大多是岩浆中酸性最大的溶液冷却后的产物，石英成分波动较大，适用于陶瓷工业的伟晶花岗岩中石英含量不能太多，一般石英含量为 25%～30%；长石含量为 60%～70%；其余杂质较少。组成中以 Fe_2O_3 最有害，使用时应磁选，如含黑后母杂质须考虑筛选。一般要求 Fe_2O_3 控制在 0.5% 以下，K_2O、Na_2O 含量 ≥ 8%，CaO 含量 ≤ 2%，游离石英含量 ≤ 30%，K_2O/Na_2O 质量比 ≥ 2。

2. 霞石正长岩

霞石正长岩的矿物组成主要为长石类（正长石、微斜长石、钠长石）及霞石（Na，K）$AlSiO_4$ 的固熔体，次要矿物为辉石、角闪石等。它的外观是浅灰绿色或浅红褐色，有脂肪光泽。

霞石正长岩在温度为 1 060 ℃开始熔化，随着碱含量的不同而变化，在 1 150 ℃～1 200 ℃的范围内完全熔融。由于霞石正长岩中 Al_2O_3 的含量比正长石高（一般在 23% 左

石），以及几乎不含游离石英，而且高温下能溶解石英，故其熔融后的黏度较高。用霞石正长岩代替长石使用，可使坯体烧成时不易沉塌，制得的产品不易变形，热稳定性好，机械强度有所提高。但它的含铁量往往较多，需要精选。

3．酸性玻璃熔岩

酸性玻璃熔岩属火成玻璃质岩石，主要由玻璃质组成，含 SiO_2 较多，一般为 $65\% \sim 75\%$，它们的碱金属氧化物含量较高（可高达 $8\% \sim 9\%$），含铁钛等着色氧化物较少。这类熔岩包括珍珠岩、松脂岩、黑曜岩、浮岩（又称浮石）等。

4．含锂矿物

含锂矿物是优良的熔剂。锂与钾、钠同属碱金属，锂的化学活性要比钠、钾高，Li_2O 的摩尔质量要比 Na_2O、K_2O 低得多，用等质量的碱金属氧化物，则 Li_2O 的物质的比 Na_2O、K_2O 都多，故锂的熔剂作用比钠、钾强得多。另外，锂质熔液溶解石英的能力比钾、钠长石熔液要大。以含锂矿物作为熔剂，无论在坯或釉中，都可降低热膨胀系数，低溶质黏度，降低烧结和成熟温度，缩短烧成和熔融时间，也可提高产品的密度和强度。

用含锂矿物作坯、釉熔剂，其最突出的特点是热膨胀系数极小，有时甚至可表现为负值，其对于制造耐热炊具及要求耐热冲击性能特别好的无膨胀陶瓷来说是十分重要的原料。常用的含锂矿物有锂云母，其构造式为 $KLi_{1.5}Al_{1.5}[AlSi_3O_{10}](F, OH)_2$；锂辉石的结构式为 $LiAlSi_2O_6$。

想一想

长石可以用什么矿物替代？

单元四　钙镁质类原料

一、碳酸盐类原料

碳酸盐类原料在高温下起熔剂作用，其中最常见的是含氧化钙和氧化镁的原料。

1．碳酸钙类

碳酸钙类原料主要有方解石、石灰石、大理石、白垩等，主要成分是 $CaCO_3$。

（1）方解石属三方晶系，晶体呈菱面体，有时呈粒状或板状。方解石含杂质较少，一般为乳白色或无色，当含有各种混入物时呈各种不同颜色，如灰色、黄色、浅红色、

绿色、蓝色、紫色和黑色等。玻璃光泽解理面为珍珠光泽，性脆，硬度为3，相对密度为2.6～2.8。在冷稀盐酸中极易溶解并急剧起泡。将方解石加热至850℃左右开始分解，放出CO_2气体，950℃左右反应激烈。

方解石在坯料中于分解前起瘠化作用，分解后起熔剂作用，方解石能和坯料中的黏土及石英在较低温度下起反应，缩短烧成时间，并能增加产品的透明度，使坯釉结合牢固。在制造石灰质釉陶器时，方解石的用量可达10%～20%，制造软质瓷器时为1%～3%。

方解石在釉料中是一个重要原料。在高温釉中能增大釉的折射率，因而提高光泽度，并能改善釉的透光性。但在釉料中配合不当，则易出现乳浊（析晶）现象。单独作熔剂时，在煤窑或油窑中易引起阴黄、吸烟。

（2）石灰石是石灰岩的俗称，为方解石微晶或潜晶聚集块体，无解理，多呈灰白色、黄色等。质坚硬，其作用与方解石相同，但纯度较方解石差。

（3）大理石是微晶的碳酸钙晶粒在高温、高压下经再结晶而形成的变质岩。

（4）白垩是由海底含石灰石的微生物或贝壳的遗骸沉积而成，含有机物较多。

2. 菱镁矿类

菱镁矿是一种天然矿石，化学通式为$MgCO_3$，常含有铁、钙、锰等杂质，因此，其多呈白、灰、黄、红等色，有玻璃光泽，硬度为3.5～4，相对密度为2.8～2.9，分解温度为730℃～1000℃。但在陶瓷坯料中，CO_2完全脱离$MgCO_3$的温度要到1100℃左右。用菱镁矿代替部分长石，可降低坯料的烧结温度，并减少液相量。另外，MgO还可以减弱坯体中由于铁、钛等化合物所产生的黄色，提高瓷坯的半透明性和坯体的机械强度。在釉料中加入MgO，可增宽熔融温度范围，改善釉层的弹性和热稳定性。

3. 白云石

白云石是碳酸盐矿物，分别有铁白云石和锰白云石。它的晶体结构像方解石，常呈菱面体。遇冷稀盐酸时会慢慢出泡。白云石是组成白云岩和白云质灰岩的主要矿物成分。白云石是碳酸钙和碳酸镁的固溶体。其化学式为$CaCO_3 \cdot MgCO_3$，常含铁、锰等杂质，一般为灰白色，有的白云石在阴极射线照射下发橘红色光。有玻璃光泽，硬度为3.5～4.0，相对密度为2.8～2.9，分解温度为730℃～830℃，首先分解为游离氧化镁与碳酸钙，950℃左右碳酸钙分解。当白云石经1500℃煅烧时，氧化镁成为方镁石，氧化钙转变为结晶α-CaO，结构致密，抗水性强，耐火度高达2300℃。

白云石在坯体中能降低烧成温度，增加坯体透明度，促进石英的溶解及莫来石的生成。它也是瓷釉的重要原料，可代替方解石，且能提高釉的热稳定性。

我国白云岩矿床分布在碳酸盐岩岩系中，时代越老的地层赋存的矿床越多，且多集中于震旦系底层中。如东北的辽河群、内蒙古的桑子群、福建的建瓯群中都有白云岩矿床产出。其次，震旦系、寒武系中白云岩矿床也比较广泛，如辽东半岛、冀东、内蒙古、山西、江苏等地也由大型矿床产出。石炭、二叠系中的白云岩矿床多分布于湖北、湖南、广西、贵州等地。

我国白云岩矿床资源丰富，已探明的储量能够满足经济建设的需要，各矿床多已开发利用，产地遍布各省，其中尤以辽宁营口大石桥、海城一带产量最多。

想一想

用于陶瓷生产的碳酸盐类主要原料有哪些？

二、滑石、蛇纹石

滑石和蛇纹石均属镁的含水硅酸盐矿物，是制造镁质瓷的主要原料。在普通陶瓷的坯釉中也可加入少量以改善性能。

1. 滑石

滑石是天然的含水硅酸镁矿物，其结晶构造式为 $Mg_3(Si_4O_{10})(OH)_2$，化学通式为 $3MgO \cdot 4SiO_2 \cdot H_2O$。成分中常含有铁、铝、锰、钙等杂质。纯净的滑石为白色，含杂质的一般为淡绿、浅黄、浅灰、淡褐等颜色。具有脂肪光泽，富有滑腻感，多呈片状或块状。莫氏硬度为1，相对密度为 $2.7 \sim 2.8$。

滑石在普通日用陶瓷中一般作为熔剂使用，在细陶瓷坯体中加入少量滑石，可降低烧成温度，在较低的温度下形成液相，加速莫来石晶体的生成，同时扩大烧结温度范围，提高白度、透明度、机械强度和热稳定性。在精陶坯体中如用滑石代替长石（即镁质精陶），则精陶制品的湿膨胀倾向将大为减少，釉的后期龟裂也可相应降低，在陶瓷釉料中加入滑石可改善釉层的弹性、热稳定性，增宽熔融范围。

滑石在镁质瓷中是作为主要原料使用的。滑石在镁质瓷中不仅是瘠性原料，而且能与黏土反应在高温下生成镁质瓷的主晶相，根据滑石与黏土的使用比例不同（滑石用量可达 $34\% \sim 90\%$）可制成堇青石（$2MgO \cdot 2Al_2O_3 \cdot 5SiO_2$）质耐热瓷、用于高频绝缘材料的原顽火辉石 – 堇青石质瓷和块滑石瓷（原顽火辉石瓷）及日用滑石质瓷等。

由于滑石多数是片状结构，破碎时易呈片状颗粒并较软，故不易粉碎。在成型时也极易随于定向排列，造成收缩不一致而引起开裂，故在使用时常采用预烧的方法来破坏滑石的原有片状结构。预烧温度随各产地原料组织结构不同可在 1 200 ℃～ 1 350 ℃ 选择。

2. 蛇纹石

蛇纹石与滑石同属镁的含水硅酸盐矿物，结晶构造式为 $Mg_3(Si_2O_5)(OH)_4$，化学通

式为 $3MgO \cdot 2SiO_2 \cdot 2H_2O$。常含铁、钛、镍等杂质，铁含量较高。一般蛇纹石质较柔软，多呈片状或块状，外观呈绿或暗绿色，叶片状蛇纹石呈灰、浅黄、淡棕、淡蓝等颜色，具有玻璃或脂肪光泽。硬度为 2.5 ～ 3，相对密度为 2.5 ～ 2.7。

蛇纹石的成分与滑石有一定相似之处，但由于其铁含量高（可达 7% ～ 8%），一般只用作碱性耐火材料原料。也可用以制造有色的炻瓷器、地砖、耐酸陶器及堇青石质匣钵等。蛇纹石在使用时与滑石一样也需预烧，预烧温度为 1 400 ℃，以破坏其鳞片状和纤维状结构。它也可以在陶瓷配料中代替滑石使用。

想一想

滑石和蛇纹石有哪些相似之处？

三、硅灰石、透辉石、透闪石

1. 硅灰石

硅灰石是偏硅酸钙类矿物，其化学式为 $CaO \cdot SiO_2$，天然硅灰石常用透辉石、石榴石、绿廉石、方解石、石英等共存，故其组成中含有少量 Fe_2O_3、Al_2O_3、MgO、K_2O、Na_2O 等杂质。

硅灰石单晶体呈板状或片状，集合体呈片状、纤维状、块状或柱状等。颜色常呈白色及灰白色，具有玻璃光泽。硬度为 4.5 ～ 5，相对密度为 2.8 ～ 2.9，硅灰石有晶型转变，熔点为 1 540 ℃。

硅灰石作为碱土金属硅酸盐，在普通陶瓷坯体中可起到助熔作用，降低坯体烧结温度。用它代替方解石和石英配釉时，釉面不会因析出气体而产生釉泡和针孔。但若用量过多会影响釉面的光泽。

硅灰石在陶瓷生产中常作为低温快烧配方的主要原料使用，与黏土配制成硅灰石质坯料。由于硅灰石本身不含有机物和结构水，干燥收缩和烧成收缩都很小，其膨胀系数也小，仅为 6.7×10^{-6}/℃（由室温至 800 ℃），因此适宜于快速烧成。烧成后生成的针状硅灰石晶体，在坯体中交叉排列成网状，使产品的机械强度提高，同时，所形成的含碱土金氧化物较多的玻璃相，其吸湿膨胀也小，可用于制造釉面砖、日用陶瓷、低损耗无线电陶瓷、火花塞等。

2. 透辉石

透辉石是偏硅酸钙镁，其化学式是 $CaMg[Si_2O_6]$，它与硅灰石一样都属于链状结构硅酸盐矿物。透辉石主要形成于接触交代过程，也可是硅质白云岩热变质的产物。透辉石常与含铁的钙铁辉石系列矿物共生，故常含有铁、锰、铬等成分。透辉石是单斜晶系，晶体呈短柱状，集合体呈粒状、柱状、放射状，颜色呈浅绿或淡灰，当钙铁辉石含量较高时颜色较深。玻璃光泽，硬度为 6 ~ 7，相对密度为 3.3。透辉石无晶型转变，纯透辉石熔融温度为 1 391 ℃。

透辉石在普通陶瓷中的应用与硅灰石类似，既可作为助熔剂使用，也可作为主要原料。由于透辉石与硅灰石性质相似，不含有机物和结构水，膨胀系数也不大，其收缩小，热效应也较小，故透辉石坯料可制成低温烧成的陶瓷坯体，也易于快速烧成，尤其在釉面砖生产中得到了广泛应用。

由于透辉石中的 Mg^{2+} 离子可与 Fe^{2+} 离子进行完全类质同相置换，天然产出的透辉石中都含有一定量的铁，所以在生产白色陶瓷制品时，透辉石原料需要控制和选择。

3. 透闪石

透闪石是双键状结构的硅酸盐矿物，属于角闪石族单斜角闪石亚族，其结构式为 $Ca_2Mg_5[Si_4O_{11}]_2(OH)_2$。另外，还有 FeO 和少量的 Na、K、Mg 等的氧化物，FeO 的含量有时可达 3%，其中 OH^- 也可由 F^-、Cl^- 等置换。透闪石晶体结构属单斜晶系。晶体呈长柱状、针状，有时呈毛发状。通常呈柱状、放射状或纤维状集合体。有时形成致密隐晶粒块状体，称为软玉。透闪石色白或灰，硬度为 5 ~ 6，相对密度在 3 左右。

透闪石是典型的变质矿物，主要由接触交代变质作用形成，原岩中含有 Si、Ca、Mg 时，也可通过区域变质作用形成。透闪石可产于不纯石灰岩或白云岩中；或产于结晶片岩中，常与滑石共生；也可产于火成岩中，为由橄榄石、辉石等因热液蚀变构成的二次矿物。故透闪石可能伴生有方解石、白石石，或也可能伴生透辉石或橄榄石及石英等。

透闪石作为钙镁硅酸盐在陶瓷中的应用与硅灰石、透辉石相似，常作为釉面砖的主要原料使用。透闪石作为陶瓷原料的特点与硅灰石相似，也适用于快速烧成，但因晶体结构中有少量结构水，其结构水的排出温度较高（1 050 ℃），故可能不适用于一次低温快烧。另外，透闪石矿常有其他碳酸盐伴生，使坯体烧失量大，气孔率难以控制，也难以实现快烧，在使用前应注意检选。由于常见的透闪石与硅灰石相同，呈放射状或纤维状集合体，风化后虽易破碎，但不易磨细，且硬度较高，对设备磨损较大。

想一想

硅灰石在陶瓷生产中作用是什么？

四、骨灰和磷灰石

骨灰和磷灰石属于含钙的磷酸盐类，主要用于骨灰瓷的生产。

1. 骨灰

骨灰是脊椎动物骨骼经一定温度煅烧后的产物。其中绝大部分有机物被烧掉，而剩下无机盐类，其主要成分是羟基磷灰石，其结构式为 $Ca_{10}(PO_4)_6(OH)_2$，另有少量的氟化钙、碳酸钙、磷酸镁等。另有一种看法认为骨头主要成分的结构式为 $Ca_4(PO_4)_2(HPO_4)_{0.4}(CO_3)_{0.6}$，这与羟基磷灰石中的 Ca 与 P 之摩尔比是一致的，也与天然骨中的碳酸盐含量是一致的。

生产中使用的骨灰是牛、羊、猪等骨骼先在 900 ℃～1 000 ℃温度下用蒸汽蒸煮脱脂，然后在 900 ℃～1 300 ℃下煅烧，煅烧后经球磨机细磨，磨后经水洗、除铁、陈化、烘干备用。煅烧时一定要通风良好，避免炭化发黑。一般骨胶厂在提取骨胶后的骨渣，也可使用。

骨灰在骨灰瓷中为主要原料，用量可达整个坯料的一半左右，是骨灰瓷中主晶相 $\beta-Ca_3(PO_4)_2$ 的主要来源。骨灰在细磨后呈微弱可塑性，为了保证骨灰瓷坯料的成型塑性，需加入一定量的增塑黏土。实践证明，骨灰的加工处理（包括蒸煮、煅烧、细磨等）对坯料的可塑性有很大关系。另外，骨灰的用量对骨灰瓷制品的色调、透明度及烧成温度和强度等也都有较大影响。

骨灰作为原料其本身是难熔的，$Ca_3(PO_4)_2$ 的熔融温度可达 1 720 ℃，可是在普通黏土坯料中骨灰用量较少时（2%～20%）可作为一种强助熔剂使用。

2. 磷灰石

磷灰石是天然磷酸钙矿物，化学式为 $Ca_5(PO_4)_3(F，Cl，OH)$，按成分中附加阴离子的不同，常见的有氟磷灰石 $Ca_5(PO_4)_3F$ 和氯磷灰石 $Ca_5(PO_4)_3Cl$，另外，还尚有羟基磷灰石 $Ca_5(PO_4)_3(OH)$ 和碳酸磷灰石 $Ca_5(PO_4)_3CO_3$ 等。通常以氟磷灰石居多。

磷灰石是六方晶系，呈六方柱状或粒状集合体，柱面具有纵的条纹，解理不完全。外观呈灰白或黄绿、浅蓝、紫等色。具有玻璃光泽，也有土状光泽，性脆，硬度为 5，相对密度为 3.18～3.21。

由于磷灰石与骨灰的化学成分相似，故可部分代替骨灰作骨灰瓷，坯体的透明度很好，但形状的稳定性较差。同时，因含有一定量的氟，作为坯料使用不利，常有针孔、气泡或发阴现象，选择原料时必须注意。

将磷灰石少量引入长石釉中，能提高釉面光泽度，使釉具有柔和感，但用量不宜过多，如 P_2O_5 含量超过 2% 时，易使釉面发生针孔、气泡，还会使釉难熔。

想一想

骨质瓷中骨灰的含量是多少？

单元五　其他类原料

一、其他天然矿物原料

1．锡石 SnO_2

锡石产于和花岗岩有关的伟晶岩和气成热液矿脉中。其硬度为 6～7，相对密度为 6.8～7.0。化学组成为 Sn 78.8%，O_2 11.2%，成分中经常含有 Nb^{5+}、Ta^{8+}、Ti^{4+}、Fe^{3+} 等混合物。钽锡石含 Ta_2O_5 达 9%。锡石通常为黄褐色、黄色，粒状。含 Nb^{5+}、Ta^{5+} 高者甚至为沥青黑色，透明至半透明，条痕黑色至淡黄褐，金刚光泽，断口呈强油脂光泽。

陶瓷工业主要用锡石作为釉中的乳浊剂，以增加釉层对坯胎的覆盖能力。

2．金红石 TiO_2

金红石分布广泛，形成在较高温度下，经常为酸性岩浆的副矿物。其硬度为 6～6.5。相对密度随成分发生变化为 4.2～5.6，熔点为 1 560 ℃。化学组成为 Ti 60%、O_2 40%；常含有 Fe^{2+}、Fe^{3+}、Sn^{4+}、Nb^{5+}、Ta^{5+} 等。金红石晶体呈柱状至针状。常呈褐色、红褐色或暗红色；含铁多者呈黑色，半透明。条痕黄至黄褐，金刚光泽。

在陶瓷工业中，常以钛白粉或金红石引入珐琅或低温陶器釉中作乳浊剂。

3．锆英石 $ZrSiO_4$

锆英石是各种岩浆岩，尤其是花岗岩、碱性岩的一种常见副矿物。因硬度大，化学稳定性好，常转入砂中。其硬度为 7～8，相对密度为 4.6～4.71。对于因放射性而发生变化作用的变种，非晶质化硬度可降至 6，相对密度可降至 3.8。化学组成为 ZrO_2 67.1%，SiO_2 32.9%。锆英石晶体随成因而变化，纯净者无色。常染成黄色、橙色、红色、褐色；金刚光泽，有时呈油脂光泽。

氧化锆对降低热膨胀效果显著，可以提高釉的热稳定性，还因它的化学惰性大，故能提高釉的化学稳定性，特别是耐酸能力。近年来，锆英石微粉广泛用作建筑卫生陶瓷的乳浊剂。

4. 锂辉石 LiAlSi$_2$O$_6$

锂辉石为含 Li 花岗岩的特征产物。其硬度为 6.5 ～ 7。相对密度为 3.03 ～ 3.2。熔点为 1 423℃。化学组成为 Li$_2$O 8.07%，Al$_2$O$_3$ 27.44%，SiO$_2$ 64.49%，并含有 Na$^+$、Fe^{3+}、Cr^{3+}、Mn^{3+} 等混入物，有时含有 Cs 和稀土元素。锂辉石集合体成柱状，也有呈致密隐晶块体。常呈白色、浅黄绿色及淡紫色调。

在陶瓷工业中，锂在釉中的助熔作用极强，使用少量 Li$_2$O 或锂辉石可增加釉面光泽度。

5. 锂云母 KLi$_{1.5}$Al$_{1.5}$［AlSi$_3$O$_{10}$］（F，OH）$_2$

锂云母主要产于含 Li 的伟晶岩中，与锂辉石、含 Li 电气石、钠长石等共生，另外，在云英岩和高温热液矿脉中也有产出。其硬度为 2.5 ～ 4，相对密度为 2.8 ～ 2.9。化学组成为 K$_2$O 4.82% ～ 13.85%，Li$_2$O 1.23% ～ 5.90%，Al$_2$O$_3$ 11.33% ～ 28.82%，SiO$_2$ 46.90% ～ 60.06%，H$_2$O 0.65% ～ 3.15%，F 1.36% ～ 8.71%。在混入物中有 CsO、Rb$_2$O 等。锂云母通常呈片状、鳞片状集合体。呈浅紫色，有时为白色、桃红色（含 Mn）。玻璃光泽。

在陶瓷工业中，锂云母除作为提取锂的主要原料之一外，还在陶瓷釉中作为助熔剂和提高釉面质量的原料之一，在陶瓷坯体中也有作为添加剂使用的报道。

5. 硼砂 Na［B$_4$O$_7$］·10H$_2$O

硼砂易溶于水。硬度为 2 ～ 2.5。相对密度为 1.69 ～ 1.72。化学组成为 Na$_2$O 16.2%，B$_2$O$_3$ 36.6%、H$_2$O 47.2%。无色或白色，微带灰绿和蓝色等。玻璃光泽，断口呈油脂光泽。

陶瓷釉料中使用硼砂，可降低釉的熔点和黏度，减少析晶体倾向，提高热稳定性，减少釉裂，增强釉的光泽度和硬度。

> **想一想**
>
> 可降低釉料熔点的天然矿物有哪些？

二、工业废渣原料

变废为宝，改善环境，降低成本已受到社会各界的高度重视。近年来，工业废渣在建筑卫生陶瓷行业的应用和研究已取得显著成绩，获得了良好的经济效益和社会效益，下面介绍几种已被建筑卫生陶瓷行业广泛应用的工业废渣。

1. 煤矸石（煤夹石）

煤矸石是煤矿的副产品和废渣。煤矸石的主要矿物成分是高岭石、石英、伊利石；含较多的有机质。有害成分主要是铁的硫化物、氧化物和钛的化合物。

煤矸石主要用于内墙釉面砖、卫生陶瓷和陶管的坯体中，少数好的煤矸石也用于釉料中。表 1-12 所列为山西蒲白煤矿两种煤矸石的化学成分。

表 1-12　山西蒲白煤矿两种煤矸石的化学成分　　　　　　　　　　　%

名称	SiO_2	Al_2O_3	Fe_2O_3	TiO_2	CaO	MgO	K_2O	Na_2O	灼烧减量
200 矸	45.33	38.7	0.11	—	0.54	—	0.17	0.20	15.23
500 矸	31.0	27.47	0.87	1.19	—	1.07	0.10	0.14	37.54

2．粉煤灰

粉煤灰是发电厂的废渣。其主要成分是 SiO_2 和 Al_2O_3。粉煤灰在建筑卫生陶瓷工业中首先用于以耐火材料为主的陶瓷中，其次也有用于彩釉砖和陶管等坯料中的。表 1-13 为两种粉煤灰的化学成分。

表 1-13　粉煤灰的化学成分　　　　　　　　　　　%

名称	SiO_2	Al_2O_3	Fe_2O_3	Ti_2O	CaO	MgO	K_2O	Na_2O	灼烧减量
南京热电厂粉煤灰	54.18～54.39	21.59～33.21	4.84～11.50	—	3.60～4.77	0.43～1.73	1.14～1.32	0.22～0.37	1.58～13.38
唐山发电厂粉煤灰	51.60	36.51	2.33	1.12	2.35	1.23	1.85	—	2.06

3．陶瓷工业自身废物利用

（1）废瓷片用于坯釉料中。

（2）废坯泥、生坯经过筛除去杂质后的再利用。

（3）废窑具重新配料，用于窑具及其他耐火材料中，也可用于彩釉砖、釉面内墙砖。

（4）废石膏模经处理形成再生石膏后的再利用。

（5）粉尘、废水的回收利用等。

可用于建筑卫生陶瓷工业的废渣很多，如花岗岩，特别是伟晶花岗岩的尾砂、铅锌矿尾砂、水淬磷渣、铝厂赤泥等。

另外，陶瓷工业在釉料和色料中使用以工业纯为主的化工原料，主要有 ZnO、$CaCO_3$、Al_2O_3、$BaCO_3$、CoO 等。

想一想

陶瓷工业常用的工业废渣有哪些？

单元六　陶瓷原料的评价

陶瓷原料总体要求：成分稳定且长期保持均匀；有益组分成分可不限制；成分中杂质含量不超限。

原料的选用除适当的化学组成外，还必须充分考虑或利用物相在制造及使用过程中的晶型、体积变化和与介质的化学反应。

对于原料的评价，化学成分是质量的重要指标。但是，有些化学成分差的原料，工艺性能却很好，可以通过加工来提高其质量，我国历来就有这种做法。我国原料蕴藏丰富、普遍，而且往往可以就地取材。对于某些劣质原料制成的陶瓷，为使其外观优美，可采用"化妆土"。

评价陶瓷原料特征的三个参数（三种成分类型）是化学成分、矿物成分和颗粒成分。

陶瓷原料中的有益组分能有利于提高产品性能的成分，也是原料的主要构成成分，如高岭土中的 Al_2O_3、SiO_2。高岭土成分为 $Al_2O_3 \cdot 2SiO_2 \cdot 2H_2O$。

中性成分，有时也可算作有益组分，如 CaO、MgO、K_2O、Na_2O，它们也是成瓷的重要组分，但含量高时，会降低高岭土的耐火度，缩短烧结范围，过多时还会引起坯泡。其中，CaO 含量多还会影响色面。试验证明，当坯体中 CaO 的含量超过 1.5% 时，便会出现淡绿色。

影响产品性能的组分有害组分，如 Fe_2O_3 和 TiO_2，其主要影响就是使产品产生不希望的颜色。富铝高岭土，要求 Fe_2O_3 和 TiO_2 的含量 < 1.2%，否则对白瓷色面将带来愈加有害的影响。

以陶瓷原料中的矿物组成（高岭土）为例，有益组成为高岭石、长石－高岭石之间的中间矿物和石英。石英低温时可削弱黏土质的可塑性、结合性。超过 1 450 ℃时，为强的易熔物，与黏土物质组成易熔共融物，降低耐火度。有害组成为铁质矿物和钛质矿物。铁质矿物存在形式褐铁矿、黄铁矿、菱铁矿、钛铁矿、赤铁矿等。易使产品发生溶洞、鼓胀、斑点或显色。在还原性气氛中烧成，将成氧化亚铁，而使坯体显蓝绿色。随着铁含量的增加，最后可能变成蓝黑色。在氧化性气氛中烧成，则都成为三价铁。根据铁含量的多少，坯体将显现淡黄色至深红色。钛质矿物是一种较强的熔剂，对瓷的颜色也有较大的影响，易使黏土呈蓝灰色。

以长石原料为例，要求其中含 K_2O 或 Na_2O，碱金属尽可能多，着色氧化物尽可能少。在外观质量上，一般要求矿石呈致密块状，无明显云母和黏土杂质，无严重铁质污染。矿石或粉末经1 350 ℃高温煅烧后为半透明和乳白色或稍带淡黄色，无明显斑点和气泡。陶瓷生产中一般都喜欢使用钾长石（钾钠长石中含钾量较多者），这是因为其熔融物的黏度比钠长石大，随温度变化的速度也慢，烧成温度范围也就较宽，因而易于烧成，防止高温变形等。长石中含铁量的要求严格，不仅因为其使制品白度降低，而且由于长石常与云母、角长石伴生，这些含铁矿物不在高温下不能与长石互熔，因而使制品出现黑色斑点。

以石英原料为例，SiO_2是陶瓷坯料的重要组成部分，在建筑陶瓷中，它的含量在70%以上，SiO_2成分除黏土、长石供给一部分外，石英是主要供给者；不同的产品和用途，对石英的质量要求也不同，但总是希望其SiO_2含量要高而着色氧化物要低。

评价原料有两种情况：一是入厂前的原料评价→决定是否采购该批原料；二是入厂后的原料检验→决定是否可直接用于配方中。很多频繁变换原料产地，上述工作成了日常的工作，且配方的稳定性工作难度较大。

应从三个方面评价原料的成分：化学成分（通常所用）、矿物成分（难以测量）和颗粒成分（用加工达到、应用两指标，一是颗粒的大小，二是颗粒的分布）。评价与加工实质上是尽可能使上述三种成分达到工艺要求。

想一想

评价陶瓷原料的指标有哪些？

陶瓷经典小故事

草鞋码头

拓展知识一

中国陶瓷原料概况

古语云：第一做皇帝，第二火烧泥……

陶瓷，土与火的情愫，水与土的升华，人文精神的载体，演绎着多少世事之沧桑。

陶瓷泱泱大国魂，风流滔滔五千年。陶瓷之于中国或者之于世界，无论是何种建筑与何种建设，无不因她的绚丽出世与变化而亦步亦趋。久违的秦砖汉瓦，似乎离我们非常遥

远，而近在咫尺的现代陶瓷又不得不让我们去关注她的典雅与富丽，她的精湛与广泛，她的出世与入世，她的灿烂与文明。

一片小小的陶瓷会牵动我们无数梦想，一片小小的陶瓷会感悟我们对艺术的追求。家与陶瓷，品质与艺术，生产与管理，技术与实力，价格与市场，原材料的四面汇合，还有开采与检验……似乎这一些看似毫不相干的东西，在此时此刻有血缘般的亲近。

在中国，如果说从事陶瓷为生的人是数以百万计，享受陶瓷的人又何尝不是数以亿计呢？有几个人生活中能离开陶瓷？有几个人不知道陶瓷？正如有几个人不知道自己的名字一样。陶瓷无处不渗透进我们的肌肤，无处不在开启我们这个文明的历史与嬗变、文化与交响。而组成陶瓷的千百种原材料又能来自哪里？我们可能去寻求一个让有心之人去揭示审美根源，了解陶瓷原材料的来龙去脉，我们就会了解中国陶瓷的发展，展望中国陶瓷的未来。

1. 我国陶瓷原料的储藏及开发利用概述

我国陶瓷原料矿物资源十分丰富，陶瓷原料矿点分布遍及全国各省、市、自治区。我国陶瓷企业在长期的开发利用实践中，积累了丰富的技术与经验，创造出很大的经济效益，其概述如下：

（1）陶瓷黏土。如依据最新统计资料，全国已经探明的陶瓷黏土矿床达到180余处。其中高岭土矿床，湖南占全国的29%，其次有江苏、广东、江西、辽宁、福建等省，探明的储量均达到1 000万吨以上。福建省龙岩发现了我国目前最大的高岭土矿，其储量高达5 400万吨。瓷石的储量以江西和湖南最多，湖南醴陵马泥沟的储量达到1亿吨。陶土的储量中以新疆为最，仅塔士库一地陶土矿储量就达到1.7亿吨。另外，还有吉林、江苏、江西等省集中了全国75%的陶土储量。作为可塑性陶瓷原料的黏土，可用于陶瓷坯体、釉色、色料等配方。高岭土原料除用于生产陶瓷产品外，还被广泛用作造纸工业及建筑材料中涂料的填料等。

（2）石英。石英在地球上储量多，在陶瓷工业中属于非可塑性陶瓷原料，可用于陶瓷产品的坯体、釉料等配方。我国优质石英资源储量丰富，以湖南、江西、河北、福建等省最丰富。它们通常以水晶、脉石英、石英岩、石英砂岩、石英砂、燧石、硅藻土、海卵石及粉石英等形式存在。石英的化学成分主要是二氧化硅。石英是陶瓷坯体中的主要原料，它可以降低陶瓷泥料的可塑性，减小坯体的干燥收缩，缩短干燥时间，防止坯体变形。在烧成中，石英的加热膨胀可以部分抵消坯体的收缩；高温时石英成为坯体的骨架，与氧化铝共同生成莫来石，能够防止坯体发生软化变形；石英还能提高瓷器的白度与半透明度。石英在釉料中既能够提高釉的熔融温度与黏度，减少釉的膨胀系数，也能够提高釉的机械强度、硬度、耐磨性与耐化学腐蚀性。

（3）熔剂原料。通常指能够降低陶瓷坯釉烧成温度，促进产品烧结的原料。陶瓷工业常用的熔剂原料有长石、钾长石、钠长石、方解石、白云石、滑石、萤石、含锂矿物等。我国长石资源分布于江西、湖南、福建、广西、广东、河南、河北、辽宁、内蒙古等地。

烧成前，长石属于非可塑性原料，可以减少坯体收缩与变形，提高干坯强度。长石是坯釉的熔剂原料，在坯体中占25%的含量；在釉料中占50%的含量。长石的主要作用：降低烧成温度；在烧成中，长石熔融玻璃可以充填坯体颗粒间空隙，并能促进熔融其他矿物原料；长石原料还可以使坯体质地致密，提高了陶瓷制品的机械强度、电气性能与半透明度。在各种陶瓷产品中，长石是一种不可缺少的常用的陶瓷原料。

（4）碳酸盐类熔剂原料。作为主要的陶瓷熔剂原料，碳酸盐类熔剂原料品种非常多。它们有碳酸钙、方解石、大理石、白云石、菱镁矿、碳酸镁、石灰岩等。碳酸盐类熔剂原料在我国分布面积很广，如方解石、石灰石，我国各地均有出产。石灰岩分布在我国北方河北、内蒙古、山西、陕西与大西南的四川、云南、广西、贵州等省区；出产方解石的地区有湖北鄂西咸丰、江西萍乡与景德镇、湖南湘潭；菱镁矿的主要产区集中在辽宁海城与营口，储量占全国80%以上，约为世界产量的1/4。另外，山东省、河北省、四川省、甘肃省、西藏自治区、青海省都产出菱镁矿原料。碳酸盐类熔剂原料的主要成分——碳酸钙在陶瓷坯釉料中主要是发挥熔剂作用。尤其在陶瓷面砖中，使用石灰石、方解石、大理石，其用量为5%～15%。其用于釉料中可以增加釉的硬度与耐磨度；增加釉的抗腐蚀性；降低釉的高温黏度与增加釉的光泽度等。碳酸盐类熔剂原料在建筑卫生陶瓷产品中使用很多。

（5）镁硅酸盐类原料：产地有辽宁、山东、内蒙古、广西、湖南、云南等省区。该类原料主要有滑石、蛇纹石及镁橄榄石。滑石在陶瓷工业中用途范围很广，可以生产白度高、透明度好的高档日用陶瓷产品、电瓷及特种陶瓷制品。建筑卫生陶瓷坯料中加入滑石后，可以降低烧成温度，扩大烧成范围，提高产品的半透明与热稳定性。滑石加入釉料中时，能够防止釉面的开裂，增加釉料的乳浊性，并能扩大釉料的烧成范围，提高成品率。

另外，还有广东的萤石、霞石、锆石英，新疆的含锂矿物，东北地区的透辉石，遍布全国许多地区的硅灰石及磷酸盐类原料等，在我国的储量均非常丰富，许多原料可供使用上千年或上万年。这一资源优势既能够为继续推动我国陶瓷发展打下基础，又为我国发展陶瓷原料大批量出口，创造了丰厚的条件。

2. 广东省陶瓷原料的资源分布概况

广东省目前已探明的矿产有116种，其中具有利用储量的矿产有82种，部分非金属矿产丰富，储量资源在国内排名前五位的有10种，如高岭土、陶瓷土、大理石、玻璃砂、钾长石、硫铁矿等。用于生产陶瓷的原料有高岭土、耐火黏土、萤石矿、钾长石、硅灰石、石膏等矿物。下面就这些矿物资源情况概括如下：

（1）高岭土矿。陶瓷工业是广东省高岭土用量最多的行业，年需高岭土约在120万吨。佛山地区高岭土原料主要来自沿海地区，清远、增城地区生产卫生洁具、高级日用瓷的中外合资企业生产中所用原料主要来自佛冈、中山、高要、惠阳等地区。

高岭土矿（包括陶瓷土）为广东省优势矿产之一，其资源丰富，分布范围广，矿床成因类型多。1980年以来，发现和探明了一批质优、量大的高岭土矿床，探明储量大幅度增长。省内陶瓷用黏土矿区遍布全省，以潮州、惠阳、廉江三地瓷土规模最大、开发最早。如潮州飞天燕矿区已探明矿石储量3 200万吨，该矿区高岭土除部分可用作低档铜版纸涂料外，主要用作陶瓷工业原料。该矿矿石的原岩含石英量为10%～15%，长石晶屑量为5%～10%，玻璃量为10%～15%，胶结物量为65%～75%。矿石中黏土矿物为高岭石、伊利石、埃洛石和水云母，呈鳞片状、眼球状、棒状，也含有长石、石英残余碎屑及微量磁铁矿、褐铁矿、金红石、白钛石、锆石等。该矿年开采量为50万吨，并建有年产10万吨的原矿选厂，主要供应本地及周边陶瓷行业。台山玉环矿区已探明陶瓷土及高岭土约450万吨，矿石主要由20%～35%黏土、25%长石、32%石英和5%～10%白云母及少量电气石、萤石及稀土矿物组成。黏土矿物以高岭石为主，埃洛石次之，伊利石占5%～15%，蒙脱石占55%以下。产品主要销往广州、佛山、顺德等地区。

（2）耐火黏土。广东省耐火材料制品每年消耗耐火黏土约3万吨，用作陶瓷原料配料约30万吨，制作马赛克、无釉墙地砖餐具瓷器及高级瓷用泥饼，出口用量为2～3万吨，全省耐火黏土年耗量约为35万吨，全部取自广东省内各地产的软质、硬质耐火黏土。

广东省耐火黏土矿其主要矿床成因类型属沉积矿床，目前已知的矿床点主要分布于粤北的曲江、乐昌、粤中及珠江三角洲的清远、花都、东莞等地区。其中，清远市高桥—龙塘矿区由两个矿床组成，分布于四周多为花岗岩出露的山间盆地第四纪沉积岩中，均为软质一、二级品耐火黏土。矿体呈层状，长为1 000～2 000 m，宽为500～650 m，带状分布，厚为1～3 m，深为0～10 m，可露天开采。已探明D级以上储量为514万吨。矿石含Al_2O_3为32%～45%，Fe_2O_3为1.5%～2.5%，烧失量为9%～10%，耐火度为1 710～1 730 ℃，可塑性为2.78～3.45，收缩率为0.51%～8%。

（3）萤石矿。广东省水泥、玻璃、陶瓷等工业萤石年消耗量约为2万吨，冶金行业萤石年消耗量为1万吨，化工行业萤石年消耗量为1万～2万吨，全省年需萤石在5万吨左右。

广东省萤石主要应用于冶金、水泥、玻璃和陶瓷的生产中，也是出口的矿产品。全省列入统计的探明D级以上储量1 100万吨，居全国第六位，且多数已知矿床未勘探完全，还有较大的潜在储量。广东省萤石矿体主要属中、低温热液裂隙充填脉状矿床，围岩以花岗岩为主，少数为火山岩，小部分可露天开采，主要分布于河源、兴宁、乐昌、南雄及佛冈等地的花岗岩体或接触内外带。矿体最长可达3 km以上，最厚达23 m，一般延深150～360 m，氟化钙含量为39.77%～96.02%，矿石经过手选可获高品位萤石富矿。

广东萤石矿皆由乡镇地方、集体和个体户开采，产量约为12万吨。在生产萤石的县市，都建有规模不等的选矿厂或萤石粉加工厂。除省内大量需求外，部分销往省外厂家，也有相当数量销往德国、日本、中国香港、美国等地。

（4）钾长石。广东省钾长石资源丰富，探明储量居全国第四位，有13处矿床，80%是伟晶岩矿床，还有热液交换和混合岩变质型矿床。矿床受大断裂带与侵及岩体影响。钾长石矿床主要是块状或是加工成200～325目的钾长石粉，供广东省内的陶瓷厂、玻璃厂及搪瓷工业使用。矿石中的K_2SO_4含量达10%。在清远、中山、云浮、五华、高州等地约有10个点由地方小规模开采，年产矿石约2万吨。由于广东省内加工方法简单，质量不稳定，故部分高质量钾长石粉仍需从湖南购入。

近年来，根据对五华白石矿床的调查发现，该矿是广东省目前已知规模最大、地质工作程度已达勘探的钾长石矿，属伟晶岩型，探明矿石储量 263 万吨。矿体呈脉状，长为 291 m，宽为 40 m，厚为 28 m，其中含 K_2O 10.3%，Na_2O 1.82%，CaO 1.31%，MgO 0.085%，SiO_2 68.45%，Fe_2O_3 1.33%，Al_2O_3 15.27%，烧失量为 0.85%。目前由地区组织非正规小型开采，年产不足 5 000 吨，在五华城镇建设有磨粉工厂，矿石经选矿处理后，Fe_2O_3 含量要降至 0.28% 以下，可供陶瓷厂做原料使用。

（5）硅灰石。广东省的硅灰石矿主要分布于粤北酸性侵入岩与石灰岩接触变质带，朝天矿区上二统与花岗岩接触带，含硅灰石 79%、石英 6.7%、方解石 8.2%、白度 80.7。矿体长约为 1 500 m，宽为 490 m，似层状，出露地表，精矿含 SiO_2 44%，CaO 40%，年产数千吨，主要用于陶瓷工业、冶金等方面。

（6）石膏。广东省的石膏矿主要分布于粤北、粤中及兴宁地区的第三纪、白垩纪内陆湖泊断陷盆地中，属沉积矿床。矿石类型为硬石膏、二水石膏、泥膏和纤维石膏，平均含 $CaSO_4$ 78% ～ 79%，呈多层状。主矿层长为 2 600 ～ 21 000 m，宽为 1 200 ～ 4 200 m，单层厚为 0.2 ～ 2 m。四会、三水、兴宁等地均已建厂开采，年产矿石约 57 万吨，产值 5 800 万元人民币，全部供应广东省内自用，其中，90% 用于水泥生产，千余吨用于石膏板材、石膏粉及陶瓷模具等的生产。

拓展知识二

瓷器鉴定的九大诀窍，你知道多少？

无论是瓷器鉴赏，还是瓷器鉴定，上手亲自触摸与感受都是必不可少的。手感不仅可以印证、补充观感和判断，甚至可以修正、矫正、否定观感结论。但瓷器的手感是一个微妙的感知体验过程，需要长时间的经验积累作为后盾，虽因人而异，却异中有同。下面是瓷器的九大鉴定诀窍。

1. 轻重感

瓷器的轻重是相对的，没有绝对的标准，因而需要大量的上手实践和感知揣摩，才能形成既贴近客观真实又有个性差异的"轻重感"。瓷化度的高低、胎体或釉层的薄厚、器皿的大小等任何细微的差别，都足以导致瓷器轻重的变化（图1-9、图1-10）。

只有通过尽可能多的上手实战，并不断自我感知、体悟、对比、修正，才能最终找到适合自己用

图1-9 钧窑玫瑰紫釉鼓钉三足洗

来区分新旧、好坏、真假、仿赝的轻重感。而一旦形成自己的轻重感的系统和体系，对于不明瓷器的断代及区分窑口、品质、品位和新旧、真假、仿赝等都有不可替代的重要作用（图1-11）。

 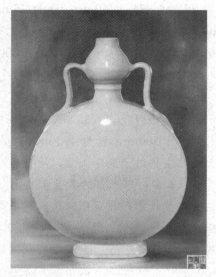

图1-10 北宋龙泉窑青瓷多管瓶　　　　　图1-11 清雍正仿汝釉扁腹绶带葫芦瓶

【提示】 手感尽管很重要，具有一定的准确性、可靠性和不可替代性，但由于其具有必然的模糊性、差异性和含混性，不可量化、复制和对照，因而也往往作为观感目鉴的必要补充性的辅助手段来使用，很难独当一面、一锤定音。

2. 干湿感

有句话说："古瓷会出汗。"瓷器的年龄不同，衣着也不同。所以，在相同的温度、湿度下，捧在手里，其干湿感也会有明显的不同。一般来说，瓷器的年龄只有在200岁以上者才会有出汗的手感，但800岁以上的瓷器也少有出汗的、湿润的手感。

200年以下的新瓷，其手感干而涩、干而滞、干而燥，反复揉搓瓷器表面或者呵气摩挲釉面会发出干涩、钝滞、刺耳的摩擦声；而800年以上的瓷器虽比较干，却有润、滑、爽的感觉，无论如何揉搓与摩挲都绝对不会出现干涩、刺耳的摩擦声。

所谓涩、滞、燥与润、滑、爽，每个字都是一片天地，每个字都是经验、汗水甚至泪水的结晶。要品味出其中的真意、深意和精意，一定需要成千上万次地反复上手、揣摩、总结、凝练、提纯（图1-12～图1-14）。

另外，瓷器的衣着即釉质也决定着瓷器是否出汗和出汗的多少。总的趋势是：透明釉比乳浊釉易出汗，玻化度高的比玻化度低的易出汗（图1-15）。

图 1-12　唐代白釉净瓶

彩图 1-12～彩图 1-15

图 1-13　北宋定窑黑釉斗笠碗

图 1-14　明洪武釉里红牡丹纹玉壶春瓶

图 1-15　宋定窑褐地剔花梅瓶

【提示】　　在瓷器断代时，干或湿的手感只是辅助的手段。所谓"古瓷会出汗"和干湿的手感，都是一种手上的感受而已，并不是真的有可见的汗液或汗滴出现；另外，瓷器干湿的手感与你是不是汗手无关。

3．润涩感

新、旧瓷器润涩感的差异十分明显和巨大。百年以上的老瓷器手感非常朗润、爽润、舒润和温润，而且是越古越润、越老越爽（图 1-16、图 1-17）。

新的瓷器，无论是蒸煮还是烧烤，无论是打磨还是涂药，无论是土埋还是海泡，任他绞尽脑汁、搜索枯肠、百计千方也终究无济于事，诸多努力也许能蒙骗人们的观感，但绝对欺骗不了人们的手感（图 1-18）。

图1-16　宋哥窑梅花洗　　　图1-17　元代彭窑蒜头瓶　　　图1-18　清中期三色哥釉活环洗口瓶

【提示】　新瓷的生涩感、滞涩感、阻涩感是绝对不可以人为地令其跨越岁月的年轮的，拔苗助长只能适得其反！

4. 软硬感

软硬感是一种极其微妙、精细的手感，只对个别瓷器品种如越窑、定窑、耀州窑等具有一定的区分和标识意义（图1-19）。

瓷器手头的软硬感是一种综合了视觉的线性刚柔感、触觉的锐性利钝感的复合性感觉，而不是一种纯粹的质地刚性的软硬感。越窑瓷器无论是釉色、廓线还是文饰相较于其他任何瓷器品种都有一种冷硬感、生硬感、挺硬感，定窑的阴线刻画与耀州窑的阴地刻花工艺，都有其各自独特的刚硬的特性（图1-20）。

图1-19　元建窑洗口瓶　　　　　　图1-20　北宋官窑冰裂纹花口碗

【提示】　硬感是一种很难用语言来形容和表述的犀利感、尖锐感、鲜明感、独特感的复合体，复杂、混杂而微妙，唯有反复上手、揣摩、分析、比对方可略见端倪。

5．温凉感

温凉感是区别瓷器品质优劣、品位高低的分水岭和试金石。顶级的瓷器，尤其是宋代五大名窑的瓷器（特别是顶级的哥窑、汝窑瓷器），的确像宝玉和宝石一样，温润如玉、冬暖夏凉（图1-21）。

【提示】 许多瓷器在同等条件下确实存在明显的温差，这也许与"玛瑙入釉"或者古人的"爱不释手"有关。

图1-21 北宋汝窑莲花氏碗

6．生熟感

生熟感是手感与听觉紧密结合的产物。

瓷器也像瓜果一样，由于烧成温度不同而有生熟之分。烧成温度低，在1 150 ℃以下，则其声若瓦，为生；烧成温度稍高，在1 200 ℃左右，则其声类硬木，为半生；烧成温度再高，在1 260 ℃左右，则其声如石，略有回声，为半熟；烧成温度若在1 320 ℃以上，则其声像金，回声悠长，余韵悠然，为熟（图1-22、图1-23）。

与瓜果的生熟状况正好相反，瓷器越生，其手感就越轻，也越易破碎；反之，瓷器越熟则其手感就越重。熟悉了瓷器的生熟感，也就基本把握了宋代五大名窑的烧成温度的主要特征，当生者熟或当熟者生则都是不对的（图1-24）。

图1-22 明龙泉双龙耳瓜棱瓶

图1-23 宋汝窑天青椭圆无纹水仙盆

图1-24 南宋哥窑双耳香炉

【提示】 所谓瓷器的生、半生、半熟与熟，既不是瓷器品质好坏的分水岭，也不是瓷器成败的试金石，而是不同瓷器品种、不同釉层釉质的客观特殊需求，是古人巧夺天工的技艺、智慧和能力的最高展示。

7．滑滞感

滑滞感既是润涩感的延续，又是润涩感的结果和原因：润则滑、润必滑，滑就润、滑定润；涩必滞、涩定滞，滞则涩、滞才涩（图1-25）。

凡古瓷必滑，光滑、润滑、油滑不等，滑溜、滑润、滑腻、滑爽有别，但滑不可缺，凡古必滑，是古定滑。因此，也就有了无滑不古，不滑非古，凡滞必新，是滞就新的说法（图1-26）。

图1-25　南宋龙泉弦纹瓶　　　　　　　　图1-26　金代钧窑紫斑碗

【提示】　古瓷之滑源自岁月、发自肌骨、来自年轮，是历史的烙印、是衰变的结果、是沧桑的必然。这种自然之滑爽绝不是人为打磨、涂油、上蜡等机巧所能仿效和再现的。

8．粗细感

瓷器的品种窑口不同、历史年代不同、保存环境不同、脱玻程度不同，都会导致瓷器釉面粗细感方面的巨大差异和不同。

古代民窑的瓷器，往往简易、粗糙、率意，其粗细感最为粗糙；古代官窑瓷器，尽管技艺水平和用工选料方面为历代之最，但终究逃脱不掉历史自然衰变的法则，所以，其手感并不如近现代的新瓷那样精细，反而略显粗糙（图1-27、图1-28）。

图1-27　宋官窑贯耳穿带瓶　　　　　　图1-28　宋定窑绿釉印花荷花蝴蝶纹碗

【提示】　古代官窑瓷器往往寓巧于拙、驭精于粗、御美于陋，简约而不简单，朴素而不普通，平凡而不平常，这是值得把握的。

9．凹凸感

凹凸感对甄别、鉴定元代和明代中期以前的青花、釉里红的真伪意义重大。

明中期以前的青花瓷器用的都是低锰高铁的苏麻离青进口青花料，所以在青花着料略重之处，往往呈现明显向下凹陷和釉面有锡银光泽结晶两大突出特征（图1-29）。

釉里红的情形与青花恰好相反，由于以铜为着色剂的釉里红对温度极为敏感，也极易流淌，从而形成凸起，所以真正的明中期以前的釉里红瓷器往往都呈现出明显向上凸起和红色深浅不一有发黑、烧飞和绿苔点等突出特点，极易辨认且很难仿造（图1-30）。

图1-29　元青花牡丹纹花梅瓶（一对）

图1-30　元釉里红转心杯

另外，宋官钧窑所独有的蚯蚓走泥纹也有凸起、凹陷和平展三种形态与手感。在民国以前，曾被作为判断钧釉的唯一标准（图1-31）。

【提示】　瓷器凹凸感的形成有其历史原因，很难仿制；而凹凸感所形成的特殊美感，则是别有味道。

图1-31　宋钧窑龙首八方洗

拓展知识三

影响陶瓷原料白度的因素有哪些？

当一束光线入射至物体表面时，可以同时发生镜面反射、漫反射、透射等光学现象。白度反映入射光在釉面上的漫反射光的强弱。陶瓷行业一般需要经历高温烧结过程，因此，陶瓷行业的原料一般检测为烧白度检测。即将陶瓷所用原料先打成小饼，然后放置窑炉或电窑内烧制1 200 ℃，然后检测其表面白度，然后判断该原料的实用性。白度主要受

原料的化学组成、烧结气氛和烧成温度影响。在检测原料时，一般检测白度主要是看原料中的铁钛含量，基本上来说，铁钛含量越高，白度就越低。但在实际操作中，应该综合判断原料的物性，避免因为太过注重白度数据而错失好料。

1. 高熔剂料白度一般偏低

高熔剂料如钠长石，钠的含量越高，其白度越低，而实际上钠长石钠含量越高，钠长石的品质越好。生活中最典型的案例就是玻璃了。玻璃的一个简单产品，钠钙硅系玻璃，以纯碱、方解石和石英砂来配料。这三种原料几乎都不含铁，含铁量都在万分之几的含量上。但是，如果去检测玻璃的白度，就会发现其白度几乎为零。因为照射后光线几乎全部透过玻璃，没有什么反射光，仪器无法检测到反射光，给出的检测数据就是白度几乎为零。对类似于这样的原料，如果以白度去衡量其品质，结果将是非常遗憾的。因此，选择长石类原料的时候，不仅要看其烧结白度，同时还要看其钾钠含量和铁含量，来综合判断原料的品质。

2. 看起来白，烧后不见得白

一款白色的滑石看起来白度很高，自然白度能达到80°。检测后，该样品镁含量很高，可达到28%，铁含量也有2.6%之多，然而其的烧白却仅仅只有30℃左右。类似的样品还有江西地区有些地方出现的白泥，挖出时看着雪白雪白的，烧制完成后却惨不忍睹。这些白泥往往是镁质泥，即含有相当数量的镁，不知道是不是江西地区陶瓷原料的一个特色。

3. 同样的白度，不同感觉

有时候会碰到这样的情况，两个样品的烧结程度相差不大，在白度检测时，出现的数值也是几乎一样的。但是，给我们的感觉不同。一般来说，也就是一个样品偏青白调，一个样品偏黄调。从我们的感受来说，一般会认为偏青白调的，更好看。这种现象在卫浴行业也有类似，技术员们为了让产品的白色看起来更柔和些，甚至会在卫浴产品的釉料里加入很少量的钴，用来中和釉料的黄调，变成青白调，虽然检测时，白度值基本并无变化，但给客户的感觉，大不相同。

4. 白度高，泡水白度低

白度高，泡水白度低的现象往往出现在那些烧结程度差的陶瓷原料上，如高铝料、钾钠砂等物料上。具体情况就是烧白数据看起来很好，但一泡水后，样品看起来发红色。笔者曾经接触过一款高岭土，其属于花岗岩风化产品，里面含有大量的未风化完全的云母。做完试验后，烧出来的白度有85℃，饼面呈灰色干燥，泡水后，白度立刻下降至50多摄氏度，饼面可明显看到黑色的小点，即未除干净的微细云母片。这样的泡水白度检测对那些风化陶瓷原料检测非常有效，而对那些长石类熔融程度好的陶瓷原料，基本没有效果。

在对一种原料去做评估时，最好能从多方面来评估一个原料。以避免错失好原料。如铁的存在对陶瓷是不利的，但铁含量如果高到一定程度，就变成了紫砂泥；如有些泥类原料风化厉害，因此烧后白度很低，但泥性非常好，泥性的卖点高过白度的卖点等。

案例分析

如何创建陶瓷原料新配方

如果要开发新的陶瓷产品，该如何对陶瓷原料进行筛选？哪些现有的原料可以使用？还需要引进哪些新原料？

1. 明确新产品的工艺要求及性能指标

新产品开发，首先要明确新产品的工艺要求及性能指标。其中，性能指标可能来自客户需求，也可能是国家标准或者行业标准的要求。无论是前者还是后者，必须达到这个要求才有市场价值，这也是配方调试的根本目标。

性能指标主要是来自生产部门的要求，新产品不仅要在试验室完成样板制作，最终还是要上线生产，只有达到一定的成活率和优先率指标的配方才有实用价值。因此，新配方在满足产品性能的同时还要满足生产工艺指标。

示例：要开发一款玻化砖产品，指标要求见表 1-14。

表 1-14 新产品工艺参数及性能指标要求

指标名称	指标值	指标名称	指标值	指标名称	指标值
泥浆残渣量 /g	2～3	干燥前荷重强度 /MPa	＞0.7	烧成后抗折强度 /MPa	＞30
泥浆流速 /s	25～45	干燥收缩率 /%	±0.3	烧成后吸水率 /%	＜0.1
泥浆水分	37% 以下	干燥后荷重强度 /MPa	＞1	烧失量 /%	＜8
成型后膨胀 /%	＜0.7	烧成后收缩率 /%	＜9	2.21	0.452 4
C.O.E	220～230	呈色	发白色佳		

其中，成品吸水率、强度、呈色等是性能指标，是要求的结果。其他为工艺指标，是生产过程中必要达到的生产参数。原料的筛选以实现以上指标为基本目标。

2. 化验备选原料的化学成分

注：本节举例原料名称多为企业名称，企业编号及地名，不能完全代表其真实的矿物组成。

备选原料的化学成分见表 1-15。

表 1-15　备选原料的化学成分

组成名称	NaO	K$_2$O	MgO	CaO	Al$_2$O$_3$	SiO$_2$	Fe$_2$O$_3$	TiO$_2$	总计
天硅灰石	0.00	0.00	2.24	38.37	2.62	54.22	0.89	0.00	98.35
六步石粉	5.62	0.00	2.70	3.01	13.09	73.57	0.40	0.00	99.15
中信滑石	0.00	0.10	33.67	0.08	3.36	61.10	0.80	0，08	99.18
林场石粉	5.83	2.43	0.25	1.41	17.08	71.46	0.54	0.21	99.21
张景石粉	4.35	2.38	0.21	1.60	16.78	72.98	0.29	0.16	98.76
105 长石	6.48	1.79	1.18	3.92	16.80	68.21	0.40	0.20	99.00
清桂石粉	5.22	1.30	2.68	2.00	14.14	73.08	0.66	0.10	99.20
西城瓷砂	0.00	2.53	0.00	0.09	19.44	75.88	1.07	0.13	99.15
M6 混合泥	0.00	1.61	1.57	0.17	27.88	66.00	1.18	0.61	99.02
茶山砂	0.81	3.12	1.11	0.24	26.33	66.63	0.70	0.23	99.16
神石片土	0.00	5.42	0.68	0.00	30.62	60.08	1.41	1.22	99.44
神鹰白泥	0.00	2.32	0.96	0.30	22.91	69.84	1.25	1.33	98.89
中信石粉	4.34	2.11	0.00	2.08	17.03	73.10	0.26	0.19	99.10
黑滑石	0.00	0.17	33.83	3.84	1.65	59.24	0.18	0.00	98.91
神叶蜡石	1.91	4.94	0.70	0.47	22.80	68.10	0.68	0.17	99.06

3．测定备选原料球磨工艺参数

备选原料球磨工艺参数见表 1-16。

表 1-16　备选原料球磨工艺参数

原料名称	水 /mL	流速 /s	比重 / (g · mL^{-1})	残渣 / (g · 100 mL^{-1})	干燥收缩率 /%
天硅灰石	250	48.00	1.70	2.47	0.018
六步石粉	250	28.03	1.67	0.48	−0.022
中信滑石	300	227.16	1.58	1.85	−0.061
林场石粉	250	120.81	1.68	2.45	−0.020
张景石粉	300	61.00	1.63	3.11	0.059
105 长石	275	104.85	1.65	1.73	−0.018
清桂石粉	250	34.38	1.68	0.38	0.236
西城瓷砂	250	108.75	1.65	1.36	0.000
M6 混合泥	350	30.72	1.54	3.14	−0.065
茶山砂	350	44.72	1.62	1.04	0.028
神石片土	250	61.66	1.70	1.30	−0.128
神鹰白泥	250	15.00	1.69	1.97	−0.012

原料名称	水 /mL	流速 /s	比重 / $(g \cdot mL^{-1})$	残渣 / $(g \cdot 100\ mL^{-1})$	干燥收缩率 /%
中信石粉	250	132.03	1.68	1.39	0.061
黑滑石	275	35.19	1.63	0.86	−0.508
神叶蜡石	250	110.72	1.64	2.01	−0.018
石灰石	250	16.50	1.70	0.43	0.068
高岭土	250	33.00	1.65	0.05	−0.144

4．测定备选原料的烧成性能指标

备选原料的烧成性能指标见表 1–17。

表 1–17　备选原料的烧成性能指标

原料名称	烧失量 /%	收缩率 /%	吸水率 /%	呈色
六步石粉	4.73	12.10	0.07	青灰色
中信滑石	5.80	4.14	11.55	灰白色
林场石粉	2.75	10.12	0.36	黄棕色
张景石粉	2.85	7.78	3.55	灰色
105 长石	3.67	8.33	0.11	青灰色
清桂石粉	4.58	11.36	0.20	黄棕色
西城瓷砂	5.13	2.59	14.75	深红白色
M6 混合泥	10.56	4.71	12.91	浅黄灰色
神石片土	5.56	8.56	2.34	红棕色
神鹰白泥	6.45	4.72	6.11	黄棕色
中信石粉	3.13	7.65	3.82	灰白色
黑滑石	10.26	6.83	7.90	白色
球土	16.07	10.93	7.16	灰色
石英	1.51	0.08	26.64	灰色
石灰石	43.64	2.86	遇水反应	白色
高岭土	14.32	8.38	15.84	红白色

5．测定备选原料的烧成性能指标

陶瓷原料筛选原则如下：

（1）满足化学成分需要，利于成瓷；

（2）球磨、黏度、收缩、烧失等工艺性能良好，利于成型和烧成；

（3）白度；

（4）性价比。

根据以上原则，对备选原料进行分析。

（1）M6混合泥。高Al高Si，各项参数适中，呈色较浅，有机物含量较高，且有一定的触变性，但利于成型和增加生坯强度，且价格低廉。Al_2O_3/SiO_2质量比值为0.422，略大于目标玻化砖的化学成分要求，因此可引入足够的Al_2O_3。所以，初选为黏土原料之一。

（2）105长石。SiO_2含量高，Al_2O_3/SiO_2质量比值为0.246，恰好可与M6混合泥配出目标玻化砖铝硅比。而且其中NaO＋K_2O达到8.27%，所以有很好的助熔作用，可降低烧成温度。工艺测试的结果可以证明这一点，它是在烧成后熔融程度最高的原料。并且105长石烧失量小，有0.11%的低吸水率。由此确定它为重要的长石原料之一。

（3）神鹰石片土。Fe、Ti含量超过2%，烧成后颜色太深。因此，认为它不适合做将来可以不必上釉的玻化砖坯料。

（4）神鹰白泥。各项指标适中，且优于M6混合泥，但其价格较贵，可取少量与M6混合泥配合使用。

（5）黑滑石。比中信滑石的吸水率小，且烧成后为纯白色。而它烧前呈黑色，说明其中有机物含量较高，利于成型和增加生坯布强度，非常符合玻化砖的要求。所以认为黑滑石要优于中信滑石。但由于黑滑石烧失量与收缩率都很大，因而只能少量使用。

（6）高岭土。呈色好，有好的成型性能，利于增加生坯强度。考虑其成本，选择少量使用。

（7）西城瓷砂与茶山砂。西城瓷砂吸水率大，呈色深。因此，选择茶山砂。

（8）中信石粉与六步石粉。一个收缩率小，另一个吸水率小，各有优势，都可作为备选长石原料。

（9）清桂石粉与林场石粉。呈色较深，但吸水率小。在无更好的原料时也可考虑使用。

（10）石灰石。高温分解，且烧后本身与水反应，加入后会增加吸水率，且对坯体强度不利。

（11）球土。呈色过深，不适用。但如果生产中急需增加生坯强度，或者生产带色通体砖，有使用价值。

（12）石英。单烧吸水率在20%以上，对于成瓷不是很有利，但如果茶山砂与长石不能提供足够的Si含量，就有可能需要石英引入，作为备选原料。

（13）张景石粉。吸水率略大，但其他性能适中，可作为备选原料。

经过以上分析，再结合一些前期的探索试验，最终确定以下原料为首选项原料：

M6混合泥		105长石
神鹰白泥	黑滑石	中信石粉
高岭土	茶山砂	六步石粉

1. 根据原料的工艺特性，可将陶瓷原料分为哪几类？其在陶瓷生产中各有何主要作用？

2. 黏土按成因不同可分为哪几类？它们在组成和性能上有何特点？

3. 黏土的三大组成是什么？它们对黏土的工艺性能有何影响？

4. 黏土按矿物组成可分为哪几类？它们在工艺性能上有何特点？

5. 简述高岭土在加热过程中几个主要阶段的物理化学变化。

6. 分别叙述黏土、石英、长石在陶瓷生产中的作用。

7. 黏土的工艺性质有哪些？

8. 对石英进行预处理时，一般在 1 000 ℃左右预烧，然后快速冷却，其目的是什么？

9. 比较钾长石与钠长石的熔融特性，并说明其对陶瓷生产的影响？

10. 简述长石的熔融特性。

11. 说明塑性指数和塑性指标的意义。

12. 试述氧化硅、氧化铝、氧化钾、氧化钠、碱土金属氧化物在陶瓷中的作用。

13. 选择陶瓷原料时应考虑哪些主要因素？

14. 硅灰石作陶瓷原料有何特点？

15. 简述废瓷片在陶瓷生产中的作用。

陶瓷原料加工 | 模块二

知识目标

了解原料预处理的方法。

了解原料的破碎设备。

掌握原料预处理的作用。

掌握典型设备破碎原料的工作原理及影响因素。

能力目标

能根据原料的性质选择合适的预处理方法。

能根据破碎的要求选择合适的设备。

能分析破碎设备操作的影响因素。

能根据原料的性质、破碎的要求选择正确的破碎工艺条件。

素质目标

具有吃苦耐劳、爱岗敬业的职业道德和积极进取的职业精神。

有较强的集体意识和团队合作精神，能够进行有效的人际沟通和协作。

具有分析问题、解决问题、融会贯通的能力。

具有独立思考、逻辑推理、信息加工和创新的能力。

案例导入

日用陶瓷使用的主要原料有黏土、长石和石英等矿物原料，一般需要对其先进行开采、选矿等预加工，然后才送入陶瓷生产企业进行陶瓷坯釉料的制备。在预加工过程中，陶瓷原料要进行哪些预处理？原料加工的方法又有哪些呢？

单元一　原料的预处理

一、原料的精选

天然原料中总会有一些杂质，使用时有必要进行拣选和洗涤。如长石、石英、方解石等硬质原料一般在粗碎后用转筒机加水冲洗，以除去表面杂质。黏土精选的目的是将其中的粗粒杂质，如砂砾、石英砂、长石屑、石灰石粒、硫铁矿及树皮、树根等除去，以纯化原料。由于精选工序较复杂，成本也较高，因此，通常只对含杂质较多的高岭土与黏土，以及质量要求较高的陶瓷用料进行精选。黏土精选法有淘洗法、水力旋流法和浮选法等。

1．淘洗法

淘洗时，一般可以在搅拌池中将黏土调制成泥浆，流进沉砂池中去除粗砂，泥浆由沉砂池中溢流到淘洗沟内。控制水流速度、沉砂沟的深度和长度，可将细砂全部沉淀下来。黏土原料中的细颗粒随泥浆进入泥浆池备用。泥浆流经途中安置筛网，可控制泥浆的细度和提高其纯度，经淘洗后原料品位得以提高，但生产周期长，占地面积较大。我国南方采用原生黏土做原料的陶瓷工厂至今有些仍采用这种精选的方法精制原料。图 2-1 所示为黏土原料淘洗装置示意。

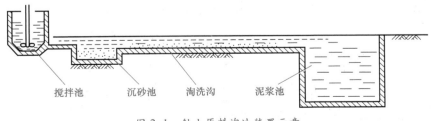

搅拌池　　　沉砂池　　　淘洗沟　　　泥浆池

图 2-1　黏土原料淘洗装置示意

目前也有采用淘洗系统来进行精选原料，一般由粉碎机、搅拌机、除砂机、沉淀池与压滤机等组成。此法操作方便，设备简单，故使用广泛。但生产周期较长，占地面积大，劳动强度较大，生产效率低，对于分离几个微米的杂质和黏土矿物晶格中的杂质则无能为力。

2. 水力旋流法

水力旋流器是湿法精选原料的效率较高的一种设备，它具有结构简单、投资少、维护方便、分离精度高且产量可在较大的范围内进行调整等特点。目前，国内外陶瓷厂广泛用其精选高岭土矿。

图 2-2 所示为水力旋流器结构示意。物料浆在相当高的压力作用下通过给浆管 2，沿着圆筒的切线方向进入水力旋流器的短圆筒 4 内，在离心力的作用下，粗和重的物料被抛向水力旋流器的器壁，沿着边壁向下滑行到圆锥体底部的排砂管 3 排出，而含细料的泥浆则从溢流管 1 排出。

衡量水力旋流器精选质量的重要指标之一是临界粒度，它是指溢流浆中最大的物料粒度，大于这个粒度的物料由排砂口排出。水力旋流器的圆筒直径的选择主要取决于对生产能力与临界粒度的要求。当要求生产能力高而临界粒度大时，宜选用直径较大的水力

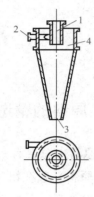

图 2-2 水力旋流器结构示意
1—溢流管；2—给浆管；
3—排砂管；4—短圆筒

旋流器；当生产能力高而临界粒度小时，宜选用小直径的水力旋流器并联使用。陶瓷工业精选高岭土时，临界粒度在 30 μm 左右，通常选用圆筒直径为 75～200 m 的水力旋流器。水力旋流器可用陶瓷材料制成，也可以在金属旋流器内衬贴橡皮，以保证其耐磨性。

水力旋流器可以分离出 10 μm 的颗粒。当精选浓度为 30% 的高岭土泥浆时，若需得到小于 30 μm 的临界颗粒，进浆压力应随其直径增大而加大。一般进口压力为（4.8～19.6）×10^4 Pa，要获得更细的边界粒度时，则需维持在（14.7～19.6）×10^4 Pa。

进口压力须维持恒定，用砂泵供浆时，如进口压力较低，则压力波动较大。为此，一般将泥浆送入高位稳压池中，再由稳压池自流给浆。一般直径为 7 cm 的水力旋流器每小时可处理 2.4～3.6 m^3 的泥浆。图 2-3 所示为水力旋流器工作示意。

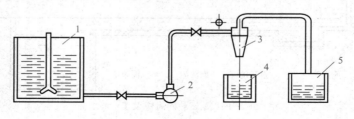

图 2-3 水力旋流器工作示意
1—搅拌池；2—砂泵；3—水力旋流器；4—沉淀池；5—溢流池

原料经过精选后，其化学组成和矿物组成均有变化。一般来说，精选后黏土矿物相应增加，二氧化硅减少，氧化铝含量提高，在配料时应予注意。

另外，还有浮选法、化学精选法、电渗电解精选法等方法进行原料精选。

为什么要进行原料的精选？

二、原料的预烧

陶瓷工业使用的某些原料，往往具有多种结晶形态（如石英、氧化铝、二氧化锆、二氧化钛等）或特殊结构（如滑石有层片状和粒状结构、黏土的片状结构），在成型及以后的生产过程中，多晶转变和特殊结构都会带来不利的影响。多晶转变将伴随体积变化，影响产品质量；而特殊结构如片状结构会使得压制成型时的致密度不易得到保证，容易呈定向排列，烧成时各个方向收缩不一致，会引起坯体开裂、变形。为避免出现上述情况，就要求配料前先将这些原料预烧一次，破坏原来的结构，使原料晶型稳定下来，从而提高产品质量。

同时，通过预烧，使得一些具有多晶转变的原料（如石英）预烧至一定温度后再进行急冷，一般烧至 900 ℃ ~ 1 000 ℃，以强化晶型转变，然后在空气或冷水中急冷，加剧产生内应力，由于多晶转变引起体积变化而产生较大的内应力，使得大块岩石易于破碎，从而降低破碎过程的能耗。我国陶瓷工业用石英原料通常都是采用脉石英或石英岩，它们都是质地坚硬的块状原料，其莫氏硬度为 7，粉碎困难，粉碎效率低。天然石英是低温型的 β – 石英，当加热到 573 ℃时，由于低温型 β – 石英转变为高温型 α – 石英，其体积发生骤然膨胀。利用石英的这一性质，将石英在粉碎前，促使其碎裂。

预烧还有对于拣选出含杂质物的原料，提高原料的纯度。如石英煅烧可以使着色氧化物的呈色加深，并使夹杂物暴露出来，便于肉眼鉴别及挑选。石英煅烧设备可以采用立窑、平焰或倒焰窑等。国内有些工厂为改善操作条件、减轻劳动强度，也有采用抽屉窑或梭式窑来煅烧石英的，但设备投资较大。

有时为了制造尺寸精确的产品提高其中某些主要成分的含量，可将收缩大、灼减较多的原料（如黏土类）先进行预烧再配料，这样可减少产品的收缩，增加坯体中 Al_2O_3 的含量。在陶瓷工业中，常需预烧的原料主要有石英、氧化铝、二氧化钛、滑石等。滑石预烧后，结晶水排出，原有结构被破坏，形成偏硅酸镁 $MgO \cdot SiO_2$，不再是鳞片状结构，因而可以防止泥料分层及颗粒定向排列，引起制品变形及开裂，同时有利于滑石原料的细碎。预烧滑石的温度取决于原料的性质。对于有较大薄片状颗粒的滑石，破坏这种结构要求预

烧到较高的温度（1 400 ℃～1 450 ℃），如辽宁海城的滑石。对于呈细片或粒状构造而且有一定杂质的滑石，则促使结构破坏的温度较低（1 350 ℃～1 400 ℃），如山东掖南的滑石。为了降低预烧的温度，可以加入硼酸、碳酸钡或苏州土等。例如，在海城滑石中加入 5% 的苏州土时，其预烧温度可以下降 40 ℃。

另外，预烧可以减少烧成缺陷。长石是陶瓷坯体和釉料常用的原料，一般坯体用长石无须预烧，釉料在特定的条件下才需要预烧。配釉长石普遍采用钾长石，为了减少成熟的釉中产生气泡的倾向，可以将长石先进行煅烧，目的是最大限度地防止气泡对和面造成不良影响。另外，长石预烧还可以避免长石中的 K_2O、Na_2O 在球磨和搅拌过程中被水溶液浸出，减少由于碱性成分分布不均匀而带来的烧成缺陷，当然，长石预烧要视长石的品质、釉性能要求而定。氧化锌一般用在陶瓷釉中，用量较多时会造成釉缩缺陷，故而需要预烧。氧化锌预烧的温度一般为 1 250 ℃左右。可以把粉状氧化锌装在匣钵中，在倒焰窑或隧道窑中煅烧。然后磨细待用。

黏土有时需要进行预烧成熟料后使用，用来调节坯料的可塑性、浆料的流动性和渗透性，降低坯体的干燥收缩，同时又不影响坯料中 Al_2O_3 成分含量对坯料性能的影响。一般预烧温度为 700 ℃～900 ℃。

预烧虽能保证产品质量的需要，但该工序会妨碍生产过程的连续化，会降低某些原料的塑性，增大成型模具的磨损。

原料的晶型、结构及物理性能均与预烧温度有关，其影响因素是多方面的，如原料产地、转变特性、转变速度，故预烧制度要根据原料的性能及工艺要求等来确定。

原料预烧设备可采用普通立窑、简易平焰窑或倒焰窑等。国内有些工厂为改善操作条件、减轻劳动强度，也有采用抽屉窑或梭式窑来煅烧石英的，但设备投资较大。

想一想

原料预烧的作用是什么？

单元二　原料的破碎

陶瓷工业中用机械力使物料减小粒度（即破碎）的方法应用极为广泛，粉碎物料可以使原料中的杂质易于分离，提高原料精选效率；各种原料能够均匀混合，使成型后的坯体致密；增大各种原料的表面积，使其易于进行固相反应或熔融，提高反应速度并降低烧成温度等。

粉碎依设备破碎力物料施力方式的不同可分为压碎、研磨、冲击、劈碎及刨削等几种，一般机械均具有一种或两种功能。依粉碎机处理后物料的粒度不同可分为：粗碎——处理后物料直径小于或等于 40 ～ 50 mm；中碎——处理后物料直径小于或等于 0.5 mm；细碎——处理后物料直径小于或等于 0.06 mm。另外，采用超细磨可粉磨细度要求高的物料，其直径小于 0.02 mm。

陶瓷工业中的粗碎设备一般使用颚式破碎机，中碎采用轮碾机，细碎则使用球磨机或环辊磨机。另外，依据产量、颗粒形状与细度的要求不同而采用笼式打粉机、锤式打粉机及振动磨等破粉碎设备。

一、原料的粗碎

1. 颚式破碎机

颚式破碎机是陶瓷工业中广泛采用的粗碎设备，它是利用活动颚板（简称动颚）对固定颚板（简称定颚）做周期性往复运动，从而将两块颚板之间的物料破碎的。它具有结构简单、操作方便、产量高等特点。按照动颚的运动特征可分为简单摆动式（简称简摆式）、复杂摆动式（简称复摆式）、综合摆动式及液压装置式，如图 2-4 所示。复杂摆动与简单摆动区别在于：前者活动颚板有微小的上下运动，因而具有研磨

颚式破碎机

作用。另外，设备较轻，出料均匀而较小。但其维修较难，遇到硬质材料时会因机体不够坚固而发生振动，从而导致偏心轴的主轴承发热而缩短工作寿命，因此，它不宜用于加工粗大硬质物料块。

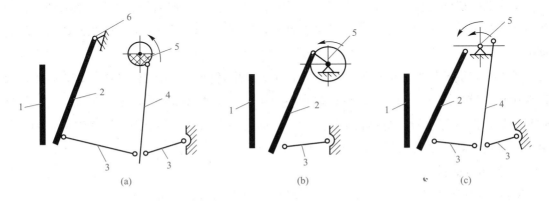

图 2-4　颚式破碎机
（a）简单摆动型；（b）复杂摆动型；（c）综合摆动型
1—定颚；2—动颚；3—推动板；4—连杆；5—偏心轴；6—悬挂轴

颚式破碎机的出料粒度可通过调节出口处两颚板之间的距离来控制。一般其粉碎比不大，约为4，而进料粒度又很大。因此，其出料粒度都较粗，且细度调节范围也不大，主要用于块状料的前级处理。

2．圆锥破碎机

用于粗碎的圆锥破碎机主要是旋回破碎机。圆锥破碎机按结构可分为悬挂式和托轴式两种。其主要结构如图2-5所示。

圆锥破碎机的优点是产能力大、破碎比大、单位电耗低，但也存在构造复杂、投资费用大、检修维护较困难等缺点。

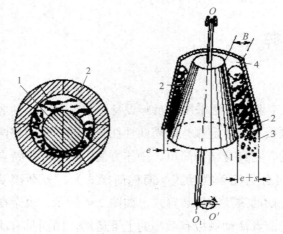

图2-5　圆锥破碎机
1—动锥；2—定锥；3—破碎后的物料；4—破碎腔

3．锤式破碎机

锤式破碎机的主要工作部件为带有锤子的转子。通过高速转动的锤子对物料的冲击作用进行粉碎。由于各种脆性物料的抗冲击性差，因此，在作用原理上，这种破碎机是较合理的。

锤式破碎机的优点是生产能力高、破碎比大、电耗低、机械结构简单、紧凑轻便、投资费用少、管理方便。但是，粉碎坚硬物料时锤子和篦条磨损较大，金属消耗较大，检修时间较长，需均匀喂料。粉碎黏湿物料时生产能力降低明显，甚至因堵塞而停机。为避免堵塞，被粉碎物料的含水量应不超过 10% ～ 15%。

4．反击式破碎机

反击式破碎机的破碎作用表现在自由破碎、反弹破碎和铣削破碎等。

反击式破碎机（图2-6）与锤式破碎机工作原理类似，主要是利用高速冲击能量的作用使物料在自由状态下沿其脆弱面破坏，因而粉碎效率高，产品粒度多呈立方块状，尤其适用于粉碎石灰石等脆性物。

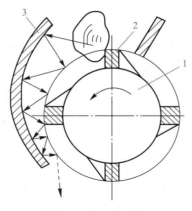

图 2-6 反击式破碎机
1—高速转子；2—板锤；3—反击板

想一想

陶瓷原料常用的粗碎设备各有什么优缺点？

二、原料的中碎

轮碾机是陶瓷工业生产所常采用的一种中碎设备，是利用碾轮和碾盘之间的相对运动使碾盘上的物料受到挤压和研磨作用的粉碎机械。碾轮越重，尺寸越大，则粉碎力越强。

轮碾机粉碎比较大，约为 10 以上。其细度是通过机外粉碎系统的筛分设备来控制的。细度要求高，则筛分设备回料量大，生产能力相应降低。为改善操作条件，常采用水轮碾，即加水破碎，且同时应加强粉碎后料浆的搅拌及均匀。

轮碾机

轮碾机的最大允许加料尺寸取决于碾轮与碾盘之间的钳角，一般轮子直径 $D=14 \sim 40$ 倍的物料块直径。硬质料取上限，软质料取下限。轮碾机通常用于中等硬度物料（熟料）的细碎和粗磨，也可作为物料混合机械。细碎时产品的平均尺寸为 $3 \sim 8$ mm，粉磨时为 $0.3 \sim 0.5$ mm。

轮碾机的出料具有一定的颗粒组成，其中含有大量粉尘粒。当细度控制在 0.5 mm 以下时，粉尘粒含量更高，电耗剧烈增加，设备工作条件变坏。除水轮碾外，其他轮碾机不适合粉碎含水量为 15% 以上的物料。否则，不但工作效率低，而且会将物料压成泥饼，以致设备无法正常工作。

根据构造的不同，轮碾机常可分为轮转式和盘转式两种，如图 2-7 所示。轮转式轮碾机既可用于干法粉碎；也可用于湿法粉碎。盘转式轮碾机一般用于物料的干法粉碎，因

此，通常装有密封式的通风罩，以防止工作时粉尘外逸。

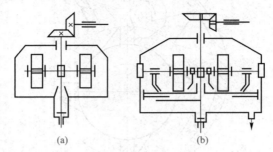

图 2-7　轮碾机的两种基本形式
（a）轮转式；（b）盘转式

　　该工艺是根据物料颗粒大小采用不同的粉磨设备进行粉磨。这种组合，可显著提高粉磨效率。尤其是立磨+连续磨组合工艺，可以改变原料车间主要靠人工，自动化水平低的现状，可以实现物料粉碎自动化。

　　立磨与球磨机在陶瓷原料粉磨中的联合应用，是针对当前陶企普遍使用的陶瓷原料（砂石料和泥料）用"传统单一球磨"的加工工艺进行的一种陶瓷原料加工工艺的创新。

　　轮碾机是一种效率较低的粉碎机械，但它在粉磨过程中同时具有破碎和混合作用，从而可改善物料的工艺性能；而且碾盘的碾轮均可用石材制作，能避免粉碎过程中因铁质掺入而造成物料的污染；另外，可较方便地控制产品的粒度。因此，轮碾机在陶瓷工业中作为细碎和粗磨机械仍占有一定地位。

想一想

影响轮碾机粉碎效率的因素有哪些？

三、原料的细碎

　　陶瓷原料细碎常用的设备有球磨机、环辊磨机（又称雷蒙磨）。另外，还可根据产量、颗粒形状与细度的要求不同而采用振动磨等（破）粉碎设备。

球磨机

1. 球磨机

　　陶瓷工业中普遍采用间歇式球磨机，它既是细碎设备，又起混合作用。间歇式球磨机（图 2-8）的筒体长度与直径之比一般小于 2，筒体内壁的衬板和研磨体（习惯上称为磨球）应不污染原料。通常采用硬质硅石和瓷球作研磨体，用瓷砖或硬质硅石作内衬，最好同所粉碎的原料材质相近。

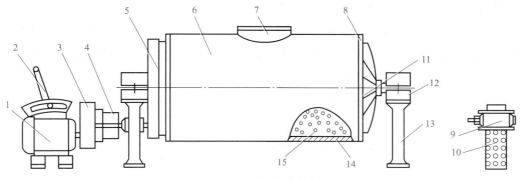

图 2-8　间歇式球磨机
1—电动机；2—离合器操纵杆；3—减速器；4—摩擦离合器；5—大齿圈；6—筒身；7—加料口；8—端盖；
9—旋塞阀；10—卸料管；11—主轴头；12—轴承座；13—机座；14—衬板；15—研磨

近年来，国内外工厂在球磨机内已使用橡胶衬里，并取得了良好的研磨效果，如使磨机的有效容积增大，台时产量提高，单位产量的电耗降低等。另外，橡胶内衬的磨损速度小，使用寿命比燧石内衬长 1 ～ 2 倍。另外，还可降低运转时的噪声，对塑性料和半干压料的工艺性能及产品质量均无影响。但因其球磨时间长，散热性能不好，以致因料浆温度升高而使橡胶失去弹性，变硬发脆，加剧其磨损等。再者，它们对注浆料工艺性能的影响还需研究，所以，橡胶内衬的应用也存在一定的局限性。

间歇式球磨机工作时，筒体旋转带动研磨体旋转，靠离心力和摩擦力的作用，将磨球带到一定高度。当离心力小于其自身质量时，研磨体下落，冲击下部研磨体及筒壁，而介于其间的粉料便受到冲击和研磨。相较于其他细碎设备，间歇式球磨机的动力消耗大，粉碎效率也较低。影响球磨机粉碎效率的主要因素如下。

（1）球磨机的转速。球磨机的工作转速是指研磨体产生最大粉碎效果时的转速。它与球磨机的内径有关，依理论计算和经验数据，它们之间有如下关系：

当球磨机内径 $D < 1.25$ m 时，工作转速

$$n = \frac{40}{\sqrt{D}}$$

当球磨机内径 $D = 1.25 \sim 1.7$ m 时，工作转速

$$n = \frac{35}{\sqrt{D}}$$

当球磨机内径 $D > 1.7$ m 时，工作转速

$$n = \frac{32}{\sqrt{D}}$$

当转速过快时，离心力也大，研磨介质将附在球磨机内壁随球磨机筒体同步旋转

［图2-9（a）］，失去研磨和冲击作用。当转速过慢时，离心力过小，低于临界转速很多时，研磨介质上升不高就滑落下来，冲击能力也很小［图2-9（b）］。只有当转速适当时，在临界转速附近，研磨介质紧贴在筒壁上，经过一段距离，当其重力的分力等于离心力时，研磨介质就离开筒壁向下降落［图2-9（c）］，这时的物料将受到最大的冲击力和研磨作用，产生最大的粉碎效果。这一速度与球磨机内径有关。

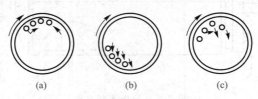

图2-9　球磨机转速对球磨效率的影响

（2）研磨体的密度、大小和形状。增大研磨体的密度既可以加强它的冲击作用，又可适当地减少研磨体所占体积，提高装料量，因而，密度大的研磨体可以提高研磨效率。

大尺寸研磨体易于打碎粗粒原料，而小尺寸研磨体的研磨效率却高一些，因为它与物料的接触面积较大。球磨机内加入的研磨体越多，则在单位时间内物料被研磨的次数就越多，球磨效率也越高。但加入过多，反而会太多地占据球磨机内有效空间，导致效率降低。研磨体的大小及级配取决于球磨机的直径。可用下式来表示研磨体最大直径、物料粒度和球磨机直径三者之间的关系。

$$D/24 > d > 90d_0$$

式中　D——球磨机圆筒有效直径（m）；

　　　d_0——物料粒度（mm）；

　　　d——研磨体最大直径（mm）。

同时，研磨体越小，比表面积越大，则其与物料的接触面积越大，研磨效率也就越高，但研磨体也不能太小，应考虑它在运动下落时本身自重所产生的撞击力对物料的击碎作用，否则冲击力不够。依工厂实际，如研磨体为鹅卵石，大球（直径为 70 ～ 100 mm）占10%，中球（直径为 50 ～ 70 mm）占20%，小球（直径为 30 ～ 50 mm）占70%。

研磨体的形状也影响研磨效率。圆柱状、扁平状接触面积大，研磨作用强。圆柱状的研磨体研磨作用较大，因它们之间的接触是线接触，而圆球体之间只是点接触，故前者较后者的接触面积大，因而研磨效率高一些。另外，圆球形研磨体的冲击力量大而集中，圆柱体的研磨作用较平均，因而，粉碎后物料粒度分布较均匀。因此，圆柱状的研磨体的效率较高一些。

由于陶瓷产品的性能要求，不希望原料加工过程中混入铁质，故钢球作研磨体是不适宜的。

（3）球磨的方法。球磨的方法有湿法和干法两种。物料和液体介质（一般为水）一起在磨机内粉磨，称为湿磨。湿磨时，主要依靠研磨体的研磨作用来粉碎物料，颗粒较细，单位容积的产量大，灰尘少，出料时用泵和管道输送比较方便，生产中用得较多。球磨机内只装入物料而不加入液体介质称为干磨。干磨时，主要依靠研磨体的冲击作用与磨削作用来粉碎物料，干磨后期，由于粉料之间的吸附作用，容易粘结块，降低粉碎效果，因而得到的颗粒较湿法粗。

湿磨的效率比干磨高得多，因湿磨中还存在着液体介质的劈裂作用。液体介质对物料的湿润能力越强，劈裂作用越大。

液体介质除可提高粉磨效率外，在特种陶瓷和陶瓷颜料的生产中，还可促进配料各组分分布均匀，不致黏附球磨机的筒壁，并且可防止研磨时粉状原料氧化。但是，此时采用的液体介质已不是水，而是有机溶剂，如酒精、苯和丙酮等。

选择液体介质时，要求它和原料在湿磨过程中不发生化学反应，同时希望干燥时介质易挥发。基于这个原因，当粉碎含硼砂、氧化镁、氧化钙等水溶性物质的配料时，不应用水作液体介质。

（4）料、球、水的比例。球磨机中加入的研磨体越多，单位时间内物料被研磨的次数就越多，研磨效率也越高。但磨球过多，会占用球磨机的有效空间，降低物料的装载量。在干法球磨中，原料与磨球的松散堆积体积比一般为 1 ∶（1.3 ～ 1.6）；在湿法球磨中，加水量应适宜。如加水过少，则料浆太浓，磨球粘上一层物料，或磨球自身粘在一起，减弱了研磨和冲击作用。如加水过多，则料浆太稀，料球易打滑，也降低研磨效率。加水时，应考虑原料的吸水性，如黏土、二氧化钛等吸水性强，而长石、石英、方解石等不太吸水。具体来说，即软质原料多则应多加水。一般料球比为 1 ∶ 1.5 ～ 1 ∶ 2.0。比重大的可取下限，比重小的可取上限。对难磨的粉料及细度要求较高的粉料，可以适当提高研磨体的比例。有资料报道，当料球比为 1 ∶（4 ～ 8）时，粉料细度可以大大提高。

在湿法球磨中，一般情况下用不同大小的瓷球研磨普通坯料时，料、球、水的质量比为 1 ∶（1.5 ～ 2.0）∶（0.8 ～ 1.2）。

（5）采用助磨剂。加入适量表面活性物质可以强化粉碎过程，提高物料的球磨细度，缩短研磨时间。助磨剂均为表面活性物质，它们能使物料颗粒表面形成一层胶粘吸附层，降低颗粒表面能，避免团聚（二次粒子）。同时可进入矿物晶层、粒子的微裂缝中，产生劈裂作用，从而提高研磨效率。湿磨时，水也可作为助磨剂起到提高粉磨效率的作用。常用的助磨剂有亚硫酸纸浆废液、松香皂、油酸、石蜡、脂肪酸等，其用量在 1% 以下。

（6）加料方式。球磨时装料的方式除常见的一次加料外，还可采用二次加料法，即先将硬质料或难磨的原料，如长石、石英、锆英石等先磨若干小时（为使硬质料在研磨时不沉淀，可加入少量黏土），再加入黏土原料，这样可以提高球磨效率。球磨釉料时，应先将着色剂加入，以提高釉面呈色的均匀性。

（7）球磨机直径。从研磨效率看，筒体大，则效率高。这是因为筒体大研磨体也可相应增大，研磨和冲击作用都会提高，进料粒度也可增大。所以，大筒径的球磨机，可大大提高球磨细度（可达几十微米，甚至几微米），而且产量大、成本低，可以制备性能一致、组分均匀的粉料。目前，普通陶瓷使用的球磨机向大型化、自动化方向发展。国外已采用装载量为 14 ～ 18 t 的球磨机。国内目前大量生产与使用的大型球磨机是 QM3 000×500 型球磨机，一次装料量为 15 t。一般筒体长度与直径之比小于 2。

（8）加料粒度、装载量、球磨机内衬的材质。加料粒度越细，则球磨时间越短。若过细，则将加重中碎的负担。一般加料粒度为 2 mm 左右。通常，球磨石的总装载量以容积计算时约占球磨机空间的 4/5。采用燧石、瓷砖等做球磨机内衬，研磨效率高，有杂质，噪声大。采用橡胶内衬做球磨机内衬，磨损小、寿命长、易维修、噪声小、杂质少，但研磨效率低。

2．振动磨

振动磨是一种超细粉碎设备，是利用研磨体在磨机内做高频振动而将物料粉碎的。粉碎过程中，研磨介质做激烈的循环运动和自转运动，在高频振动下会沿着物料最弱的地方产生疲劳破坏，这就是振动磨能有效地对物料进行超细粉碎的原因。振动粉碎比球磨粉碎的粉碎效率高得多，粉碎时混入的杂质少，粉碎的坯料工艺性能好。

振动粉碎

振动磨的进料粒度一般在 2 mm 以下，出料粒度小于 60 μm（干磨最细粒度可达 5 μm，湿磨可达 1 μm，甚至可达 0.1 μm）。

振动粉碎效率的影响因素主要有以下几点。

（1）振动频率和振幅。它们直接影响着研磨体与物料的撞击次数和冲击力量。一般来说，频率高、振幅大，粉磨效率也高。具体来说，较粗的物料需要较大的冲击力，因而希望振幅大一些，或者说粉碎的开始阶段希望振幅大一些；较细的颗粒主要通过研磨作用而粉碎，所以希望频率高一些，也可以说在粉碎的末期要求高频振动。新型振动磨机就是根据这个原理设计的，在粉碎初期，频率较低（如 750 ～ 1 440 r/min），振幅较大（5 ～ 10 cm）。随着颗粒变细，频率增加到 1 440 ～ 3 000 r/min，而振幅减少到 1.5 ～ 3 mm，甚至进一步提高频率到 1 000 r/min，振幅降低到 0.5 mm 以下。

当频率和振幅一定时，振磨至一定时间，颗粒会黏结聚集，不再变细。由此可以确定振动粉磨的时间。

（2）研磨体的材料、大小和数量。振动磨中常用的研磨体是由耐磨材料（如淬火钢、碳化钨、高铝瓷等）制成的磨球或磨柱（长度为直径的 1 ～ 1.5 倍）。瓷球密度较钢球小，所以冲击力也较小，但不会带入铁质。采用瓷球时，原料入磨颗粒最好为 0.5 ～ 1 mm；采用钢球时，入磨颗粒希望为 1 ～ 2 mm。

粉碎粗粒和脆性材料时，振幅大小起主要作用，这时希望采用大而重的研磨体，当粉碎细粒材料时，粉碎效率取决于振动频率和研磨体与物料的冲击次数，因而希望选用小的研磨体。生产中常将大小不同的常球混合使用，大、小球质量之比为 1：3～1：5（小球为磨球总量的 75%～80%）。大、小磨球直径比可为 1～2：1；若用三种大小的磨球时，各约占 1/3，大球稍多些。磨球的大小应为入磨物料直径的 5～8 倍，甚至达 15～20 倍，物料和磨球体积之比一般为 1：2.5。湿法振磨时料与水的质量比约为 1：0.8。振动粉碎时同样可加入助磨剂，以提高粉碎效率，选用的助磨剂和球磨粉碎时相同。

3. 雷蒙磨

雷蒙磨的主要结构如图 2-10 所示。物料由机体侧部通过给料机和溜槽给入机内，在辊子和磨环之间受到粉碎作用。气流从磨环下部以切线方向吹入，经过辊子与圆盘之间的粉碎区，夹带微粉排入盘磨机上部的风力分级机中。梅花架上悬有 3～5 个辊子，绕集体中心轴线公转。公转产生离心力，辊子向外张开，压紧磨环并在其上面滚动。给入磨机内的物料由铲刀铲起并送入辊子与磨环之间进行磨碎。铲刀与梅花架连接在一起，每个辊子前面有一把倾斜安装的铲刀，可使物料连续送至辊子与磨环之间。破碎的物料又经排放风机和分离器进行粒度分级处理，大颗粒重新回到磨机破碎，合格产品则被排出。出料粒度一般为 325～400 目。

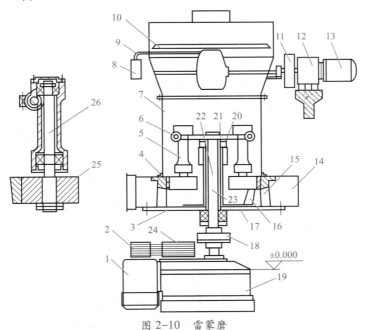

图 2-10　雷蒙磨

1，13—电动机；2—V 带轮辊子；3—底盘；4—磨环；5—磨辊；6—短轴；7—罩筒；8—滤气器；9—管子；10—空气分级器；11，24—V 带轮；12—电磁转差离合器；14—风筒；15—进风孔；16—刮板；17—刮板架；18—联轴器；19—减速器；20—进料口；21—梅花架；22—主轴；23—空心立轴；25—辊子；26—辊子轴

4．助磨剂

助磨剂通常是一种表面活性剂，它由亲水基团（羧基（—COOH）、羟基（—OH））和憎水的非极性基团（如烃链）组成。在粉碎过程中，助磨剂的亲水基团易紧密地吸附在颗粒表面，憎水基团则一致排列向外，从而使粉体颗粒的表面能降低。而助磨剂进入粒子的微裂缝中，积蓄破坏应力，产生劈裂作用，从而提高研磨效率。

常用的助磨剂可分为液体助磨剂、气体助磨剂和固体助磨剂三类。液体助磨剂如醇类（甲醇、丙三醇）、胺类（三乙醇胺、二异丙醇胺）、油酸及有机酸的无机盐类（可溶性质素磺酸钙、环烷酸钙）；气体助磨剂如丙酮气体、惰性气体；固体助磨剂如六偏磷酸钠、硬脂酸钠或钙、硬脂酸、滑石粉等。

一般来说，助磨剂与物料的润湿性越好，则助磨作用越大。当细碎酸性物料（如二氧化硅、二氧化钛、二氧化钴）时，可选用碱性表面活性物质，如羧甲基纤维素、三羟乙基胺磷脂等；当细碎碱性物料（如钡、钙、镁的钛酸盐及镁酸盐铝酸盐等）时，可选用酸性表面活性物质（如环烷基、脂肪酸及石蜡等）。

想一想

球磨机、雷蒙磨和振动磨的工作原理分别是什么？研磨体对物料的粉碎作用有何不同？

技能训练

球磨机粉磨试验

粉磨作业在陶瓷工业中占有重要的地位。球磨机的分类方式很多，有的按粉磨所用的介质分类；有的按球磨机筒体的形状分类；有的按球磨机的排料方式分类。

1．目的意义

（1）了解利用球磨机进行物料粉磨的工作原理及球磨机的结构；

（2）掌握球磨机的操作方法，并能够独立使用球磨机。

2．工作原理

图 2-11 所示为球磨机的结构示意。球磨机有一个圆形筒体 1，筒体两端装有端盖 2，端盖的轴颈支承在轴承 3 上，电动机通过装在筒体上的齿轮 4 使磨机回转。

在筒体内装有介质（球、棒）和被磨的物料。其总装入量为整个筒体容积的 25%～45%。

当筒体回转时，在摩擦力和离心力的作用下，介质被筒体衬板带动提升。当提升到某一高度后，由于介质本身受重力作用，产生自由泄落或抛落，从而对筒体内的物料进行冲击、研磨和碾碎。物料达到粉磨要求后，便从筒体内排出。

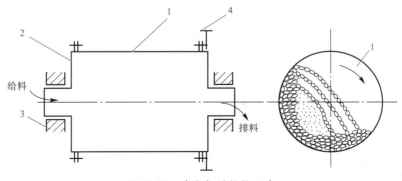

图 2-11　球磨机的结构示意
1—筒体；2—端盖；3—轴承；4—齿轮

在湿磨时，物料顺水流出；在干磨时，物料靠抽风或自然排料方式排出。

3．试验步骤

（1）试验物料的准备：准备需要粉磨的试样若干（球磨一次最多 5 kg），要求最大进料粒度不超过 5 mm；粉磨物料需要在 105±5 ℃烘干。

（2）检查球磨机是否处于正常状态：轴承油量线在观察口的中间，紧固螺栓和盖板是否齐全，并准备一个扳手。

（3）装料洗磨：为了保证球磨机筒体内没有其他杂质，需要首先进行洗磨。洗磨就是将一定量的待磨物料装入球磨机内，盖上密封盖，紧固螺栓和垫圈后，启动电机，进行粉磨，一定时间后将物料卸出，洗磨的主要作用就是将球磨机内原来存在的其他物料用待粉磨的物料洗净，以确保磨机内（壁面和研磨介质上粘贴着的）只有待粉磨的物料，所以，洗磨时间和次数要根据实际情况而定。

（4）物料的粉磨：将称量好的物料装入球磨机内，盖上密封盖，用扳手紧固螺栓和垫圈，启动电机，记下粉磨开始时间。

（5）粉磨时间结束后进行卸料：停止电机，将密封盖卸下，并把卸料盖装上，再次开动电机，卸料时间通常不需要太长，具体情况具体对待。粉磨好的料卸在底部的抽斗内。

完成上述五个步骤即完成一次粉磨。可进行下一次粉磨，若仍然是同种物料，便不需要再次洗磨，直接粉磨即可。

（6）所有物料粉磨完成后，应对试验球磨机及其所在的试验室进行卫生清扫，保证试验室在试验前后干净整洁。

4. 试验注意事项

（1）密封盖和卸料盖的拧紧螺母一定要垫上垫圈，方可紧固螺母，并确保螺母拧紧后才可开机使用。

（2）使用前还需要检查轴承内的油量，以防止电机烧坏。

（3）设备使用结束后，要检查配件，确保齐全后，方可离开。

5. 试验结果

（1）记录、分析料球比对粉料球磨效果（粒度分析）的影响，得出结论。

（2）记录、分析球磨时间对粉料球磨效果（力度分布）的影响，得出结论。

陶瓷经典小故事

青花瓷的传说

拓展知识

你知道哪些球磨粉碎工艺？

目前，我国陶瓷企业原料的制备基本上都采用球磨粉碎工艺，而且是采用间歇式的球磨粉碎工艺进行球磨。

为什么要采用球磨粉碎工艺？还是间歇式？原因有两个：一是因为原料多种多样，配合比不同，希望原料通过球磨以后不要发生变化；二是通过球磨，由于存在过度粉碎，反而可以增加原料的可塑性。

目前，间歇式球磨粉碎工艺不可避免地出现了"过度粉碎现象"，但其优点就是确保陶瓷原料的配合比在球磨前后不会发生变化，物料混合得非常均匀。缺点就是球磨时间过长，能耗高。

由于原料种类太多，含水量差异太大，连续磨相比间歇式球磨，配料和供给难度大。

1. 间歇磨＋间歇磨

在粉磨过程中，由于物料粒度、硬度等不同，对研磨体的大小、球磨机的转速要求不一样，所以有的企业采用这种工艺，也能够实现节能。据统计，可节省 15% ～ 18% 能耗。

2. 间歇式球磨机＋连续式球磨机

该工艺解决了配料和物料的输送，克服了连续球磨在我国推广的难点。这是我国发明的，在国外，要么是间歇磨，要么是连续磨。我国在推广连续磨时找到了一个方法，通过间歇式球磨机来解决原料的配料问题。

因为采用间歇磨是传统的成熟的工艺，整个陶瓷厂原来物料配合比系统，都可以很好地使用。将通过预磨的泥浆再放到浆池里面用泵来泵到连续磨内，解决了连续磨给料的问题，这是一种比较好的方式。

连续磨基本上采用的是多单元连续式球磨机（图2-12）。所谓多单元，就是将原来单个间歇球磨机串联在一起，每个间歇球磨机有它的传动方式，可以根据它的配合比、转速来运行，也解决了大的筒体制造难度。从目前来讲，这应该是比较好的一种方案。因为不同的筒体，研磨体的配合比、转速都可以调整达到最佳的配合比状态。

图 2-12　多单元连续式球磨机

3. 立磨＋间歇磨或立磨＋连续磨

该工艺是根据物料颗粒大小采用不同的粉磨设备进行粉磨。这种组合，可显著提高粉磨效率。尤其是立磨＋连续磨组合工艺，可以改变原料车间主要靠人工，自动化水平不高的现状，可以实现物料粉碎自动化。

立磨与球磨机在陶瓷原料粉磨中的联合应用，是针对当前陶企普遍使用的陶瓷原料（砂石料和泥料）用"传统单一球磨"的加工工艺进行的一种陶瓷原料加工工艺的创新，如图2-13所示。

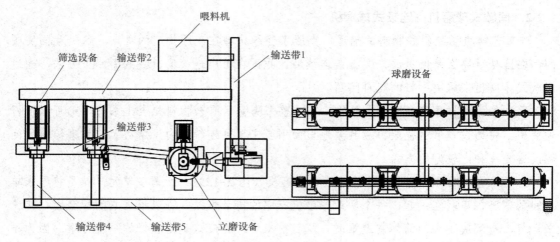

图 2-13　立磨＋球磨机工艺

先将砂石料经立磨进行粗粉磨处理后，再送入球磨机进行研磨。采用二段粉磨流程，避免大的物料在球磨机初始粉碎阶段的大能量消耗，极大地缩短了物料的整个球磨过程时间，大大降低了球磨机的能耗，从而达到了在原料制备阶段的节能。

复习思考题

1. 为什么对陶瓷原料进行预处理？
2. 陶瓷原料破碎常用的设备有哪些？
3. 如何选择陶瓷原料破碎设备？
4. 原料的精选方法有哪些？
5. 什么是湿法球磨和干法球磨？
6. 简述提高球磨效率的途径。
7. 简述振动粉碎的特点。
8. 气流粉碎的原理是什么？
9. 影响气流粉碎的因素有哪些？
10. 简述气流粉碎设备的优缺点。

模块三 | 坯料制备及质量控制

知识目标

了解坯料的类型。

了解配料、除铁、过筛、搅拌、练泥与陈腐过程。

了解泥浆脱水过程及方法。

了解坯料制备的主要工序及设备。

掌握坯料配料的方法及计算原料量。

掌握各种坯料的工艺性能要求和制备过程。

掌握泥浆脱水中影响压滤效率和喷雾干燥效率的因素。

能力目标

能根据工艺要求选择合适的坯料种类。

能根据配方进行换算配料单。

能根据工艺要求选择筛分设备。

能根据坯料特点简单设计各种坯料制备的主要工艺流程。

素质目标

具有吃苦耐劳、爱岗敬业的职业道德和积极进取的职业精神。

具有安全意识、绿色环保意识、规范意识、标准意识、质量意识和节约意识。

具有较强的集体意识和团队合作精神，能够进行有效的人际沟通和协作。

具有独立思考、逻辑推理、信息加工和创新的能力。

具有精益求精、追求卓越的工匠精神。

具有职业生涯规划意识，热爱陶瓷行业。

某陶瓷厂主要产品为日用陶瓷，产品涵盖陶瓷餐具、陶瓷炊具、陶瓷水具、陶瓷杂具四大类，拥有釉上、釉中、釉下、色釉、色土、浮雕瓷等多种陶瓷装饰工艺技术。产品主要成型方法为注浆成型和滚压成型，因此，需要把陶瓷原料进行加工而制备成合格的泥浆、可塑性泥料。不同种类坯料制备的工艺过程如何？陶瓷坯料质量又是如何控制的呢？

单元一 坯料制备

坯料是指陶瓷原料经过配料和加工后，得到的具有成型性能的多组分混合物。坯料一般由几种原料配制而成，陶瓷种类不同其原料种类及配比也不同，但在制备坯料时，均应符合以下条件：

（1）配方准确。按照配方进行准确称量，且加工过程中避免杂质混入。

（2）组分均匀。坯料中各种组分，包括主要原料、水分、添加剂等都应充分混合，使其均匀分布，若组分出现离析，会使成型坯体或陶瓷制品出现缺陷，从而影响性能。

（3）细度合理。各组分的颗粒达到要求的细度，并具有合理的粒度分布。

（4）空气含量少。应尽量减少空气的含量，避免在成型坯体中形成过量气泡，影响陶瓷制品的性能。陶瓷坯料按成型方法不同可分为可塑坯料、注浆坯料和压制坯料三类。根据坯料可塑性能产生的特点及加水后的变化，常用含水率作为特征：

可塑坯料：含水率为 18% ～ 25%。

注浆坯料：含水率为 28% ～ 35%。

压制坯料：含水率为 8% ～ 15%（半干压坯料），3% ～ 7%（干压坯料）。

不同的成型方法对坯料的要求各不相同，为获得适合成型需要的坯料，应确定适宜的加工工艺，选用配套的设备，执行严格的质量检查。

一、配料与细粉磨

1．配料

按陶瓷配方准确配料是保证陶瓷制品性能和质量的必要条件。坯料的配料方法一般有干法配料和湿法配料两种。

（1）干法配料。干法配料是原料粉碎后按配方比例称料，一起加入球磨机中细磨。在此过程中，球磨机具有细磨和混合的作用。也可以将各种原料分别在雷蒙磨中干磨成细粉后，按配合比一起倒入料浆池中加水搅拌混合。

注意：应先加黏土类原料，搅拌 1 h，然后再加瘠性原料，继续搅拌，这样可提高泥浆的悬浮性。配料过程中要保证各种原料、水、电解质计量的准确性，从而保证配方的准确。

干法配料在配料前，应按照要求取样，检测原料的含水率，按干基加入量计算出实际原料加入量，原料电解质及水的加入应有专人负责。加水量应扣除原料中带入部分，原料称量过秤时应二人同时进行，电子秤或传送带自动配料都应定期校验，保证其称量的准确性。

（2）湿法配料。湿法配料又称泥浆配料，是将各种原料分别在球磨机中磨成泥浆，然后按规定的配合比将几种泥浆混合的过程。

湿法配料一般采用体积法。首先分别测定各种原料浆的密度，并计算出每立方米原料料浆中分别含有各种干物料的质量，然后按照坯料的配料比计算所需各种原料料浆的量，将其混合在一起进行搅拌。所需原料料浆量的计算方法如下：

1）计算原料料浆中干料量。两种密度不同的物料均匀混合成一种混合物，其密度与这两种物料含量的关系如下：

$$P=P_1X+P_2（1-X） \tag{3-1}$$

式中　P——料浆的密度（kg/L）；

　　　P_1，P_2——两种物料的密度（kg/L）；

　　　X——两种物料之一的含量（%）。

例如，在黏土料浆中，已知黏土的密度为 2.14 kg/L，而水的密度为 1 kg/L。若此料浆中黏土含量为 35%，则此料浆的密度为

$$P=2.14×0.35+1×（1-0.35）=0.75+0.65=1.40（kg/L）$$

反之，若测出了料浆的密度，也就可以按公式求出黏土的含量。

各种原料的真密度可采用比重瓶粉末法精确地测出，料浆的密度可用比重计测定，这样，就可以求出料浆中各种干原料的含量。

计算每种料浆中的干原料质量（干料重），可按下式计算：

$$G=PX \tag{3-2}$$

式中　　G——每升泥浆中干原料质量（kg）；

　　　　P——泥浆的密度（kg/L）；

　　　　X——泥浆中原料含量的百分率（%）。

例如，上面求出黏土浆的密度为 1.40 kg/L，其中黏土含量为 35%，则每升黏土浆中黏土干料质量为

$$G=1.40×0.35=0.49（kg）$$

2）计算各种原料料浆所需量。例如，要用黏土、石英、长石三种原料浆配合 1 000 kg 泥料，三者的配合比为黏土 50%、石英 25% 和长石 25%。经分别测定，黏土浆、石英浆和长石浆的密度分别为 1.40 kg/L、1.66 kg/L 和 1.70 kg/L。已知黏土浆中黏土含量为 35%；石英浆中石英含量为 50%；长石浆中长石含量为 50%。则每升原料料浆中原料的干重（干原料的质量）分别为

黏土　　　　　　　1.40×0.35=0.49（kg）

石英　　　　　　　1.66×0.50=0.83（kg）

长石　　　　　　　1.7×0.50=0.85（kg）

按上述配合比调配 1 000 kg 泥料，各原料料浆所需量分别为：

黏土浆　　　　　　1 000×0.5/0.49=1 020（L）

石英浆　　　　　　1 000×0.25/0.83=301（L）

长石浆　　　　　　1 000×0.25/0.85=294（L）

2．细粉磨

原料经过粗碎、中碎处理后，还需进行细粉磨（即细碎）才能满足生产工艺的要求。细粉磨通常采用球磨机、环辊磨机、振动磨等设备。具体细粉磨设备的粉碎效果及工艺参数的确定详见原料的细碎。

想一想

干法配料为什么检测物料含水率？

二、除铁、筛分与搅拌

1．除铁

陶瓷坯料中铁质杂质对陶瓷制品易造成降低白度、产生黑斑点等外观缺陷。因此，除铁是坯料制备过程中不可缺少的一道重要工序。

陶瓷原料的含铁杂质主要可分为金属铁、氧化铁和含铁矿物。这些

除铁器

含铁杂质来自原矿或坯料制备过程中机器的磨损物。原矿中夹杂的铁质多半为含铁矿物，如黑云母、普通角闪石、磁铁矿、褐铁矿、赤铁矿与菱镁矿等；外来混入的铁则由设备零部件的磨损带入其中。

（1）除铁方法选择。除铁方法主要有选矿法、淘洗法、磁选法等。原料中大部分铁质矿物可采用选矿法与淘洗法除去，但这些方法只对含有铁质的粗粒原料有效，细粉状有磁性的铁质则可采用磁选法进行分离。

磁选法通常采用磁铁分离器设备，利用磁铁吸附的原理将有磁性的含铁杂质与非磁性物料分离开。要使磁选过程有效地进行，必须符合的条件：一是有磁场存在；二是必须是不均匀的磁场；三是被选的物料应具有一定的磁性。

磁场对不同的含铁矿物有不同的磁效应：含铁矿物的磁化率越大，则磁场对它的作用力也越大。含铁矿物按磁化率大小可分为以下四类：

1）强磁性。单位磁化率大于 3×10^{-3}，如金属铁、磁铁矿（Fe_3O_4，8×10^{-2}）和磁黄铁矿（FeS，5.4×10^{-3}）等。

2）中磁性。单位磁化率为（$3 \sim 30$）$\times 10^{-4}$，如黑钛铁矿（$FeTiO_3$，3.99×10^{-4}），赤铁矿（Fe_2O_3，2.9×10^{-4}）。

3）弱磁性。单位磁化率为（$2.5 \sim 30$）$\times 10^{-5}$，如褐铁矿（$2Fe_2O_3 \cdot 3H_2O$，8×10^{-5}），铁矿（$FeCO_3$，4.7×10^{-5}）。

4）非磁性。单位磁化率小于 2.5×10^{-5}，如黄铁矿（FeS_2，7.5×10^{-6}）。

通常，磁选机只能除去强磁性矿物（如金属铁、磁铁矿等），不能除去弱磁性及非磁性矿物（如菱铁矿、黄铁矿、黑云母等）。

（2）除铁设备及特点。磁选机有干法与湿法两种除铁工艺。

1）干法除铁。干法一般用于分离中碎后粉料中的铁质。常用的干法除铁的设备有电轮式磁选机、滚筒式磁选机和传动带式磁选机等。因物料与磁极之间存在间隙，故干式磁选机的实际有效磁场强度很低，只对薄层料流中的强磁性矿物有效，因而它的磁选效率很低。

2）湿法除铁。湿法用于分离泥浆中的铁质。湿法除铁一般采用过滤式湿法磁选机，其结构如图 3-1 所示。操作时先通入直流电，使带筛格的铁芯磁化，随后由漏斗进入的泥浆在静水压作用下由下往上经过筛格板，此时含铁杂质被吸除，净化的泥浆则由溢流槽流出。当泥浆通过筛格板时，呈薄层细流状，故湿法磁选机的除铁效果较好。

湿法磁选机除铁效率与泥浆相对密度、泥浆流量等有关，泥浆相对密度一般控制在1.7 以下。磁选机对金属铁、磁铁矿的除铁效果较好，而对菱铁矿、黄铁矿、黑云母等除铁效果不佳。

为了提高除铁效率，可将湿法磁选机多级串联使用。若将振动筛（6 400 孔 /cm^2）和磁选机配合使用，则能更好地除去含铁杂质。

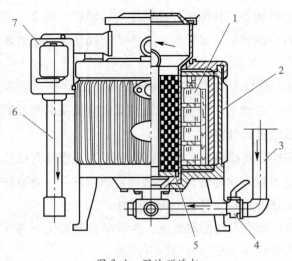

图 3-1　湿法磁选机

1—线圈；2—外壳；3—进料管；4—阀门；5—格子板；6—出料管；7—电磁阀

　　陶瓷工业使用的除铁设备目前常用于泥浆的湿式除铁，电磁除铁设备一般为抽出滤芯（格子板）冲洗铁渣的间歇式磁选机，近年来又出现了自动排渣磁选机。其结构如图 3-2 所示。

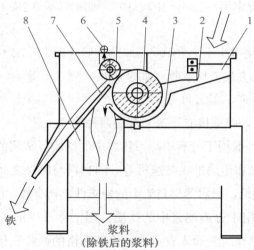

铁

浆料

（除铁后的浆料）

图 3-2　GY-F-1000 型强力自动清洗除铁器结构

1—入料槽；2—截留挡板；3—过滤槽；4—主磁铁轮；5—副磁铁轮；6—自动喷水管；
7—铁粉卸料滑板；8—液浆卸料口

2. 筛分

　　筛分是将粉碎后的物料置于具有一定大小孔径的筛面上进行振动或摇动，使其分离成颗粒尺寸范围不同的若干部分的操作方法。

　　筛分在陶瓷工业中具有以下作用：第一，粉碎过程中及时筛去已符合细度要求的颗粒，避免过分的粉碎，使粗料能得到充分粉碎，以提高设备的粉碎效率；第二，使物料粒度符合下一工序的要求。如轮碾后的原料须经筛分除去较大颗粒，以保证进入球磨机的物料粒度；第三，确保颗粒的大小及其级配，并限制坯料中粗颗粒的含量，从而改善泥料的工艺性能，保证陶瓷制品的质量。

（1）筛分方法选择。筛分可分为干筛和湿筛两种。干筛的筛分效率主要取决于物料湿度、物料相对于筛网的运动形式和物料层厚度。当物料湿度和黏性较高时，易黏附于筛面上，使筛孔堵塞而影响筛分效率。当料层较薄而筛面与物料之间相对运动较剧烈时，筛分效率就较高。湿筛的筛分效果则主要取决于料浆的黏度和稠度。

（2）筛分设备及特点。常用的筛分机有振动筛、摇动筛和回转筛。

1）振动筛筛分。振动筛的筛面除发生偏移运动外还有上下振动，从而增加了物料和筛面的接触和相对运动，防止了堵塞筛孔，因而筛分效率较高，常用于中碎后的筛分，如图 3-3 所示。

振动筛不适用于筛分水分高、黏性大的物料；因为受振动后颗粒间易粘结成团，影响筛分进行。另外，因其高频振动而对厂房建筑要求高。

图 3-3　惯性振动筛

2）摇动筛筛分。摇动筛是利用曲柄连杆机构使筛面做往复直线运动。依据筛网的支持形式不同，可分为悬挂式及滚轮式两种。摇动筛用于分离 12 mm 以下的物料，一般作中碎后细颗粒的分离，与中碎设备构成闭路循环系统，如图 3-4 所示。摇动筛可用于干筛分与湿筛分。

3）回转筛筛分。回转筛的筛面仅做回转运动，因而筛分时物料与筛面之间的相对运动很小，使得相当大的一部分细颗粒物料分布在上层而无法分离出来，故筛分效果较差。回转筛按筛面形状可分为圆筒筛、圆锥筛和多角筛等数种（图 3-5），多角筛筛分效率较高，生产上使用较多。回转筛的转速不能太快，否则物料会紧贴于转筒的内壁上而失去筛分作用。

图 3-4　摇动筛

（a）　　　　　　　　　　　　　（b）

图 3-5　回转筛

（a）六角筛；（b）圆筒筛

过筛是控制坯料（泥浆粉料）粒度的有效方法；一般采用振动筛，其特点是产量高，不易堵塞。

3. 搅拌

搅拌目的是使浆池储存的泥浆保持稳定的悬浮状态，防止分层或沉淀。另外，还用于黏土或回坯泥的加水分散及干粉料在浆池中的加水混合等。

（1）搅拌设备选择。常用的泥浆搅拌机有框式搅拌机与螺旋桨式搅拌机两种。框式搅料机结构简单，但搅拌效率较低，特别是难以将沉淀后的泥浆再重新搅拌均匀，所以，实际中采用螺旋桨式搅拌机较多。其结构如图 3-6 所示。由于这种设备的螺旋片倾斜向下，具有将泥浆向上翻动的作用，即使泥浆已经沉淀，也可将其搅拌起来，获得搅拌均匀的效果。

（2）搅拌池设计。搅拌池（浆池）一般为六角形或八角形。如采用圆形浆池，则料浆在搅拌时会随桨叶一起运动，影响搅拌作用。搅拌池的尺寸依桨叶直径来定，如图 3-7 所示（D 为搅拌器桨叶直径的 4 倍，d 为桨叶直径的 1.5～2 倍，$D=1.5H$，池底倾角一般为 45°）。

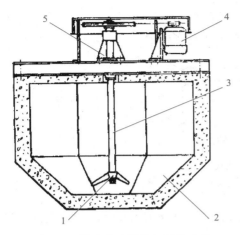

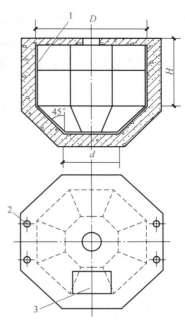

图 3-6 螺旋桨式搅拌机结构示意
1—螺旋桨；2—搅拌池；3—立轴；4—电动机；5—机体

图 3-7 八角形浆池的结构
1—瓷砖；2—地脚螺栓预留孔；3—人孔

想一想

陶瓷制品表面的黑斑点是什么原因产生的？怎样可以避免呢？

三、泥浆脱水

采用湿法粉碎得到的泥浆，其含水量约为 60%，不能直接用于成型，需要进行脱水处理。在陶瓷生产中，泥浆的脱水通常采用压滤法或喷雾干燥法。前者一般可得到含水量为 20% ~ 25% 的坯料，可供可塑成型使用；后者可得到含水量 8% 以下的坯料，可制得适用于压制成型的粉料。

1. 泥浆压滤脱水法

利用厚浆池、水力旋流器等设备可以脱除浆料中的部分水分，但还需继续增稠泥浆。压滤是陶瓷工业生产中将浆料脱水而得到塑性泥料的基本方法，其专用设备是各种形式的压滤机。

（1）泥浆压滤脱水法的基本原理。压滤是将泥浆输送到具有很多毛细孔的过滤介质中，在压力作用下，泥浆中的水分自毛细孔通过，将固体物料截流在介质上，从而将泥浆中的水分除去的操作，也称榨泥。

泥浆压滤脱水

过滤过程如图3-8所示。在过滤操作中，将需要过滤的料浆称为滤浆；作为过滤用的多孔材料称为过滤介质；通过过滤介质的清水称为滤液；截留在过滤介质上含水少的固体物料称为滤饼；压滤机上使用的过滤介质是各种不同纤维编织的布，称为滤布。

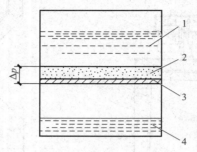

图3-8　过滤过程
1—滤浆；2—滤饼；3—过滤介质；4—滤液

过滤的推动力是指滤饼与过滤介质之间的压力差，过滤阻力是随时间变化的。过滤速度是指在单位时间内，通过单位过滤面积滤出的滤液体积。

过滤操作方式包括两种：一种是恒压过滤，即在过滤过程中，压力差保持不变；另一种是恒速过滤，即在过滤过程中过滤速度保持不变。

（2）箱式压滤机的构造和工作原理。箱式压滤机由过滤部分、压紧装置、机架等组成，如图3-9所示。

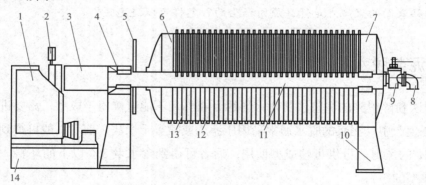

图3-9　箱式压滤机示意
1—电气箱；2—电接点压力表；3—油缸；4—前座；5—锁紧手轮；6—头板；
7—尾板；8—料浆进口；9—旋塞；10—机架；11—横梁；12—滤液出口；13—滤板；14—油箱

过滤部分由滤板、筛板、滤布及头板、尾板等组成。滤板形状主要有圆形和方形两种。材质有铸铁、铝合金及工程塑料等，滤板外缘有环形槽，装有橡胶圈以防料浆喷漏，中心处有一圆孔，以形成一条料浆通道，中间顺水槽与滤液出口相通，如图3-10所示。工程塑料的滤板在凸缘上一般不设置密封槽。

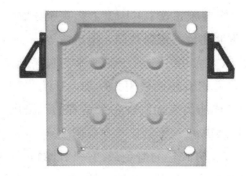

图 3-10 滤板

铝质筛板和滤布,用铜质或塑料质空心螺栓夹紧于滤板的两侧。夹布器如图 3-11 所示。筛板作用是保证顺水槽的畅通,滤布多用帆布或尼龙布制成。

图 3-11 夹布器

板框式压滤机的过滤原理如图 3-12 所示。首先把装好滤布的滤板全部放置在机架的横梁上,然后用压紧装置压紧。这样,在每两块滤板之间,就构成了一个滤室。滤浆用泵送入,经由尾板的进浆口分别进入每个滤室。在压力作用下,滤液通过滤布、筛板和滤板上的排水槽,最后汇集于滤液出口流出。固体物料则由于滤布的阻拦而在滤室中形成滤饼。当滤室中充满滤饼,滤液流出速度很慢时即可停止送浆,排除余浆,松开滤板,取出滤饼,然后再装好使用。

压紧装置可分为螺旋式和液压式。机动螺旋压紧装置是由电动机通过 V 带和小齿轮带动大齿轮旋转时,螺杆随之转动,从而可压紧或松开滤板,如图 3-13 所示。

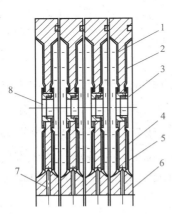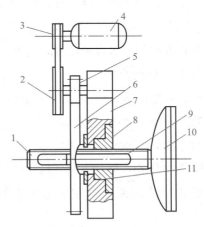

图 3-12 板框式压滤机过滤原理图

1—滤室;2—滤板;3—拼帽;4—筛板;5—滤布;
6—密封圈;7—排液孔;8—进浆通道

图 3-13 机动螺旋压紧装置

1—螺杆;2—大带轮;3—小带轮;4—电动机;
5—小齿轮;6—大齿轮;7—前座;8—螺母;
9—键;10—滤板;11—压环

（3）影响压滤效率的因素。影响压滤效率的因素主要包括压力大小、加压方式、泥浆温度、泥浆密度、泥料性质、电解质等。

1）压力大小。一般压滤速率与进浆压力成正比，但超过一定数值时，由于毛细管道曲折、孔道变小而使阻力增加，压力增高，压滤速率降低，此值与泥料的性质有关。因此，工作压力应控制在一个适宜的范围内。随坯料配方的不同，一般压滤时的压力为 $0.8 \sim 1.2$ MPa。

2）加压方式。为避免最初一层滤饼过于致密、毛细管减少、滤布孔阻塞，采取加压初期压力较低，在压滤开始后的 30 min 左右保持 $0.3 \sim 0.5$ MPa 的压力，形成一层泥饼后再提高到最终压力。

3）泥浆温度。液体的黏度随温度升高而降低，因而，将泥浆加热至适当的温度会增加压滤速率。工厂中常用蒸汽通入浆池来加热泥浆，并可增加泥浆的搅拌效果。通常，泥浆适宜温度为 40 ℃～ 60 ℃。

4）泥浆密度。泥浆密度较小时，往往会延长压滤时间。一般泥浆密度为 $1.45 \sim 1.55$，含水率在 60％左右。

5）泥料性质。颗粒越细，黏度越大的泥料压滤也越困难。一般来说，新泥料易于榨泥，旧浆料榨泥则较慢，因而生产中常将新、旧泥按一定比例混后进行压滤。

6）电解质。泥浆中加入 0.15％ ～ 0.2% $CaCl_2$ 或醋酸等电解质可促使泥浆凝聚，从而构成较粗的毛细管而有利于提高压滤效率。

压滤是陶瓷生产中生产效率较低，劳动强度较大的工序之一。为了减轻劳动强度，一般将压滤机安装在高于地面 1.5 ～ 2.0 m 的平台上，平台下面设置小车或皮带运输机。这样，卸下的泥饼便可以直接落在它们的上面，再送往真空练泥机加工成泥库陈腐。压滤时，另有盛水装置放在压滤机下面，水由此盛水盘的一角流向管道。该盛水盘由铝板制作，压滤后可将此盛水盘推出来，并有专用轨道供其推行。

2. 喷雾干燥脱水法

喷雾干燥脱水法是把泥浆经一定的雾化装置分散成雾化的细滴，然后在干燥塔内进行热交换，将雾状细滴中的水分蒸发，最后得到含水量在 8% 以下、具有一定粒度的球形粉料的方法。在陶瓷工业中，喷雾干燥法的适用性比较广，既可用于干燥原料，也可用于干燥各种坯料；既可用于制备半干压成型的粉料，也可以制备热压铸成型的粉料；甚至可塑成型的坯泥也可用喷雾干燥制得的粉料与一定比例的泥浆进行调制的方法来制备。

（1）喷雾干燥过程。喷雾干燥过程主要由泥浆制备与输送、热源与热气流供给、雾化与干燥和干粉收集与废气分离工序组成，如图 3-14 所示。它采用以喷雾干燥塔为主体，附有泵、风机与收集细粉的旋风分离器等设备构成的机组来完成整个干燥过程。

操作时，泥浆由泵送入干燥塔的雾化器内，雾化器将泥浆雾化成许多细小的液滴。热空气从顶上经进气管进入干燥塔，与液滴相遇后产生强烈的热量和质量的传递，液滴中的水分迅速蒸发，很快成为干燥的粉料，最后沉降到干燥塔底部，从粉料出口排出。带有少量细粉的干燥尾气则经过旋风分离器等收尘设备收集其中细粉后放入大气中。整个系统在负压下工作，以防止粉尘外逸。

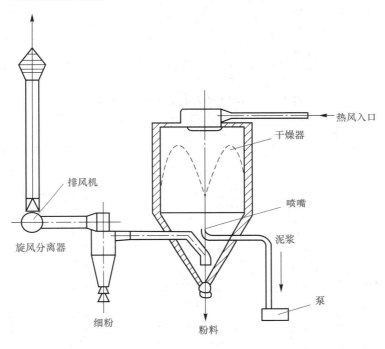

图 3-14　喷雾干燥器操作示意

（2）喷雾干燥器的构成。喷雾干燥法依造雾方法可分为压力法、离心法和气流法三种；而每一种依热空气和物料流动形式又可分成逆流式与顺流式两大类。目前，陶瓷工业采用较多的是离心顺流法（雾化器为离心回转盘）和压力混合流法（雾化器为喷嘴）两种。

喷雾干燥器系统主要包括雾化器、泥浆供给系统、干燥塔、热风系统、气固分离系统、卸料及运输系统。

离心式喷雾干燥器是一个上部为圆柱形、下部为圆锥形的圆筒 6，这个圆筒称为干燥塔。圆筒的顶上有进气管 5 和热空气分配器 9，底部为粉料出口。粉料出口的上方有排气管 14，排气管与收集细粉的旋风收尘器 13 和袋式收尘器 11（或其他形式的收尘器）相连，在筒体的中间装有泥浆雾化器 8，如图 3-15 所示。

图 3-16 所示为采用压力喷嘴式雾化器的喷雾干燥器及其附属设备示意图，其工作原理与离心式喷雾干燥器基本相同。

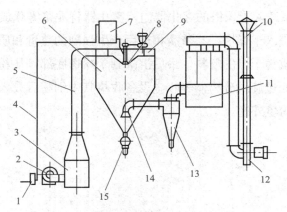

图 3-15　离心式喷雾干燥器及其附属设备

1—泥浆泵；2—风机；3—空气加热器；4—泥浆管；5—进气管；
6—干燥塔；7—高位槽；8—雾化器；9—热空气分配器；10—放空气管；
11—袋式收尘器；12—排风风机；13—旋风收尘器；14—排气管；15—叶轮卸料器

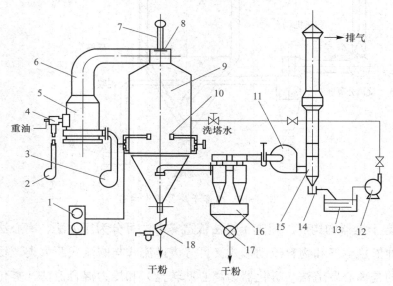

图 3-16　压力喷嘴式喷雾干燥器及其附属设备

1—泥浆泵；2—雾化风机；3—配温风机；4—烧嘴；5—空气加热器；6—热风风管；
7—废弃烟囱；8—升降阀门；9—干燥塔；10—压力喷嘴式雾化器；11—排风风机；12—循环水泵；
13—沉淀池；14—水封器；15—洗涤塔；16—旋风分离器；17—叶轮卸料器；18—振动筛

（3）气液两相的流向。根据热空气与液滴在干燥塔内的流向不同分并流式向下、并流式向上、逆流式和混流式。

1）并流式向下。热空气进口和料浆雾化都在干燥塔的内部，热空气和雾状料浆一起沿塔向下流动。干燥产品的温度不会很高，易造成粗细颗粒的干燥程度不均匀；塔内热气速宜保持在 0.2 ～ 0.5 m/s，低于 0.2 m/s 时，将降低传热和传质的速度，对压力式和离心式都适用。

2）并流式向上。热气从塔底进入，喷嘴在塔的下部向上喷雾。产品粒度较均匀。

3）逆流式。热空气向上流动，雾状料浆从塔的上部喷下，成品含水量较低，热的利用率较好。逆流式干燥，产品的孔隙率降低，密度较大。

4）混流式。雾化器安装在塔的中上部，热空气从塔顶流入，热利用率高，这是压力式喷雾器特有流向，陶瓷工业广泛采用。

（4）雾化器雾化原理。泥浆的喷雾干燥过程中最主要的是雾化和干燥过程。下面介绍离心盘式、压力喷嘴式和气流式雾化器的雾化原理。

1）离心盘式雾化器。离心盘式雾化器机理是将料浆送到高速旋转的雾化盘上，在离心力和空气摩擦力等作用下，料浆被拉成薄膜，同时速度不断增加，最后从盘的边缘甩出而成为液滴。当料浆流量小、雾化盘转速低时，形成滴状雾化；当料浆流量加大、雾化盘转速增高时，形成丝状雾化；当料浆流量继续增加，雾化盘转速继续提高时，形成膜状雾化。

常用的型式是在盘上开浅槽或装设喷孔，陶瓷泥浆具有较强的磨蚀性，在雾化盘内表面加耐磨衬垫，如碳化钨、刚玉等，安装耐磨喷嘴，采用钛合金、耐强酸物料喷雾干燥等，以延长使用寿命。

离心机是使离心盘实现连续按要求的转速旋转和喷雾的机器，由动力部分、传动部分、润滑部分、离心盘、料液分配部分组成，如图 3-17 所示。

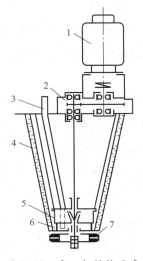

图 3-17　离心机结构示意

1—电动机；2—齿轮箱；3—喂料管；4—水冷罩；5—油箱；6—料液分布器；7—离心盘

2）压力喷嘴式雾化器。压力喷嘴式雾化器由旋流室和喷嘴两部分组成，如图 3-18 所示。料浆用泵以比较高的压力沿切向槽送入旋流室，在旋流室中，料浆高速旋转，形成近似的自由涡流，因而越靠近喷嘴中心，流速越大而压力越小，料浆在喷嘴内壁与空气柱之间的环形截面中以薄膜的形式喷出，随着薄膜的伸长、变薄而拉成细丝，最后细丝断裂成为液滴。从喷嘴出来的液滴喷炬，其形状近似为一个空心圆锥，圆锥的锥角称为雾化角 θ。适用于低黏度或不含大颗粒的悬浮液料浆，结构简单、紧凑，装拆和更换容易，维修方便，动力消耗少。但需要高压泵，泥浆应预先过筛，由于泥浆喷射速度高，喷嘴磨损较大，其切向槽板和喷嘴一般采用钨钴类硬质合金，也有采用人造宝石的。

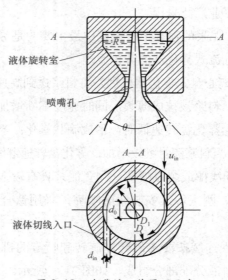

图 3-18　喷嘴的工作原理示意

　　3）气流式雾化器。输浆管道至喷出口是一个双层复式管，压缩空气由外层管道中向上喷出，将内管中压出的料浆喷成雾状。这种方法制出的粉料颗粒更细，流动性较差，一般不应用于陶瓷粉料的生产。

　　喷嘴雾化器热能利用率高，结构简单，拆换容易，但喷嘴的直径小，易磨损和堵塞。离心式喷雾盘的结构较复杂，加工要求严格，维修困难，但在连续操作时的可靠性高，不易磨损和堵塞。一般而言，离心式获得的粉料直径比压力式的小些；压力式的平均粒径为300 μm，而离心式的平均粒径仅为 150 ～ 200 μm。不过，喷嘴式得到的粉料颗粒范围比离心式的要宽一些。

　　确定雾化方式时应从干粉质量要求、操作的灵活性、设备维护和加工的要求、成本等方面全面考虑。当压制尺寸较大、坯体较厚和采用高速压机压制时，希望粉料容易排出空气和填满模腔，要求粉料的粒径稍粗一些，颗粒尺寸分布范围宽一些，堆积密度大一些。选用压力雾化易于满足这些要求。若对粉料的颗粒大小及分布要求不严（如用喷雾粉料和泥浆调制成可塑泥料），则可优先考虑离心喷雾工艺，因为该工艺的适应性强，即使泥浆性能和进浆量发生变化也仍能产生良好的雾化效果。

　　从废气中对细粉回收的效果将直接影响喷雾干燥的经济指标。泥浆喷雾干燥后废气温度高达 45 ℃ ～ 90 ℃，一般采用旋风分离器作为分离设备。

（4）影响喷雾干燥效率的因素。

1）泥浆的浓度和进浆量。泥浆含水量过高，则燃料消耗量大，不经济；反之，当泥浆含水量过低时，泥浆又不易雾化，对含50%黏土的料浆而言，其含水量一般为35%～50%。另外，喷雾干燥工艺要求采用流动性好而又无触变性的浓泥浆。为此，可采用符合原料特性的合适泥浆稀释剂，常用的电解质有碳酸钠、单宁酸钠、腐殖酸钠、木质素磺酸钠、羧基甲基纤维素等。为便于混合均匀，减少球磨时的含水量及有利于放浆，常将电解质在球磨时加入，当泥浆浓度在其他工艺条件下不变时能得到提高，则制成的干粉颗粒较粗，细粉较少，含水量也大些。另外，干粉的油耗降低，干燥塔的产量增大。当进浆量增多时，雾滴变粗，对干粉性质的影响也和浓度的影响类似。

2）干燥介质温度和排除废气温度。干燥介质温度首先取决于泥浆的组成和性质，使其不致干燥而发生化学变化，在其他条件不变时，干燥介质温度升高，粉料水分降低，若保证粉料出塔水分不变，则可加大进浆量，提高产量，但干燥介质温度过高使粉料体积密度较低，同为表面迅速形成一层硬壳阻碍雾滴收缩。进口温度一般为400 ℃～500 ℃，排气温度直接关系到粉料的水分，其他条件不变，排气温度升高，粉料水分减少。

喷雾干燥法工艺过程简单，可连续生产，自动控制，容易保证干粉质量，设备产量大，劳动条件好，生产率高，成本低。但一次投资费用高，加入稀释剂等可溶性盐类留存粉料中引起黏膜，妨碍成型操作，干粉体积密度低，成型压缩比大，比其他干燥方法单位产品热耗大。

> **想一想**
>
> 各种脱水方法制备的坯料性能特点是什么？它们分别适用于哪种成型方法？

四、练泥与陈腐

1. 练泥

经过压滤后所制得的泥饼，从整体上来说水分基本达到可塑泥料的要求，但水分和固体颗粒分布并不均匀，并且泥饼中还含有大量空气，达不到要求的可塑性。由于泥浆中的微小气泡直接影响制品的强度、表面光洁度及各种浇注性能，应设法除去。真空练泥是有效的练泥方法。真空练泥不仅可以排除泥饼中的残留空气，提高泥料的致密度和可塑性；而且可使泥料组织均匀，改善成型性能，提高干燥强度和成瓷后的力学强度。

练泥与陈腐

（1）真空练泥机的组成和工作原理。真空练泥机是一个机组，由练泥机、真空泵和抽真空辅件（管路、滤清器等）组成。真空泵及其辅件专用于抽吸练泥机真空室内的气体，使真空室保持一定的真空度。

1）双轴式真空练泥机。双轴式真空练泥机的构造如图 3-19 所示。主要由加料混合部分、挤泥出料部分、抽真空系统、机头、机嘴、动力传动装置等组成。电动机 1 通过传动装置 2 带动上绞刀轴 5 和下绞刀轴 11 转动，泥料从加料口 3 加入，经不连续螺旋绞刀破碎、混揉、捏练和输送，再经连续螺旋绞刀的挤压，通过筛板 6 被挤成细小的条状进入真空室 10。在真空室内泥料中的空气被抽走，然后泥料经下绞刀轴 11 的挤出螺旋进一步挤压揉练，由机头 12 和机嘴 13 挤出，切断后即成为具有一定截面形状、大小和一定强度、致密度的成型用泥段。真空室用管子经滤气器与真空泵相通，真空度一般不宜低于720 mmHg（96 kPa）。为了加强对泥料的搅拌和捏练，使泥料混合得更为均匀，在加料部分增加一根平行装设的不连续螺旋绞刀轴，使加料部分实质上成为一台双轴搅拌机，就成为三轴式真空练泥机。

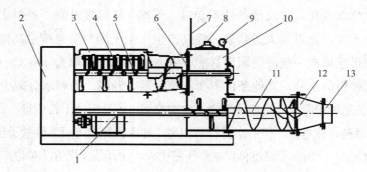

图 3-19　双轴式真空练泥机示意

1—电动机；2—传动装置；3—加料口；4—梳状挡泥板；5—上绞刀轴；6—筛板；7—真空管道；
8—真空室内照明灯；9—真空表；10—真空室；11—下绞刀轴；12—机头；13—机嘴

2）单轴式真空练泥机。单轴式真空练泥机的构造如图 3-20 所示。其构造特点是加料部分和出料部分安排在同一根轴上，工作原理同双轴式真空练泥机。单轴式真空练泥机结构简单、设备高度小，工作位置低，但真空室小，易堵塞；轴较长，刚性差，在泥料通道上设置的轴承，密封与润滑都很困难，通常只制成小型的练泥机供试制车间和试验室使用。

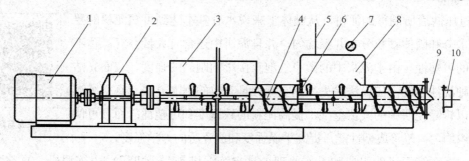

图 3-20　单轴式真空练泥机示意

1—电动机；2—减速器；3—加料口；4—螺旋绞刀；5—真空管道；
6—筛板；7—真空表；8—真空室；9—机头；10—机嘴

（2）影响真空练泥质量的因素。真空练泥时，泥段易出现螺旋状开裂或层裂的缺陷，其与泥料水分、泥料温度、加泥速度和真空度等都有一定的影响。

1）泥料水分。泥料过硬则不易被机内泥刀切碎，导致练泥机发热而影响真空度；过软又容易将真空室堵塞。

2）泥料温度。冬天室温应保持 15 ℃～20 ℃，泥饼温度不低于 30 ℃，但不超过 45 ℃。夏天则温度不应过高，最好使用冷泥。

3）加泥速度。加泥量要根据机器容量大小及泥料性能来决定。

4）真空度。真空度当然越高越好。

2. 陈腐

经过压滤所获得的泥饼组织是不均匀的，泥料除应该进行练泥外，还应该进行陈腐。陈腐俗称困料或焖料，是指将泥坯在阴暗、潮湿、温暖（20 ℃～30 ℃）的密闭小室内（最好在地下室内）储存一段时间（越长越好），改善其性能的措施。陈腐可使水分因扩散而分布得更加均匀；在水和电解质的作用下，黏土颗粒充分水化和离子交换，非可塑性矿物发生水解，变为黏土物质，可塑性提高；在细菌作用下，黏土中有机物发酵或腐烂，变成腐植酸类物质可塑性提高；一些氧化还原反应产生的气体扩散，促使泥料松散均匀。

陈腐泥库要求保持一定的温度和湿度，以利于坯料氧化和水解反应的进行。因此，储泥库通常要求关闭，并装有喷雾器，供喷水或喷蒸汽之用。陈腐时间要几十天甚至几个月，围转期很长，不能排除泥料中的空气，且陈腐泥库需占用较大的面积。陈腐虽然改善了泥料性能，但时间较长、占地面积大，中断了生产过程连续性。因此，工厂中通常把泥浆加热，多次真空练泥以获得陈腐的效果。

注浆成型用泥浆经过陈腐也是有利的。因为陈腐可使黏土与电解质溶液之间的离子交换进行得充分，促使黏度降低，因而流动性和空浆性能均可改善。一般的黏土质泥浆经过 3～4 天陈腐后，它们的黏度可以降至最低数值。

想一想

陈腐时间越长越好吗？为什么？

单元二　工艺流程选择及质量控制

一、可塑坯料制备工艺流程选择及质量控制

可塑法成型是陶瓷生产中最常用的一种成型方法，是指泥料在不同的外力作用下发生塑性变形而制成坯体的方法。可塑成型要求泥料的含水量低而又有良好的可塑性，各种原料及水分混合均匀且空气含量低。

可塑法成型坯料的
制备

1. 可塑坯料制备工艺流程选择

常用的可塑坯料制备流程有以下几种。

流程一：采用粉料进厂进行称量配料，混合化浆。这种坯料制备工艺流程的特点是：不用球磨，减少投资，降低能耗；原料生产专业化、规格化，提高和保证了原料的质量，有利于产品质量的稳定；雷蒙机粉碎会带入杂质，加重除铁的负担；雷蒙粉的颗粒级配不合理，影响泥料的可塑性；混合雷蒙粉，由于原料的密度不同，使得同一批混合粉中的前后组成有差别；粉尘较大，工人的工作环境较差（图3-21）。

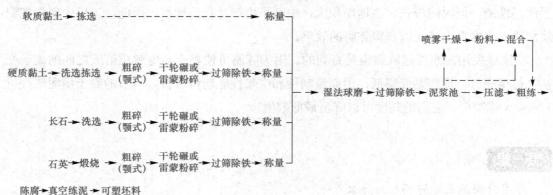

图3-21　常用的可塑坯料制备流程一

流程二：将分别粗碎后的硬质原料和软质原料按配方称量再一起投入球磨。这样得到的可塑坯料均匀性好，颗粒级配较理想，且细颗粒较多，有利于可塑性的提高。但球磨效率低、能耗大，干法轮碾或雷蒙粉碎时粉尘大，工人工作环境差，需要除尘设备（图3-22）。

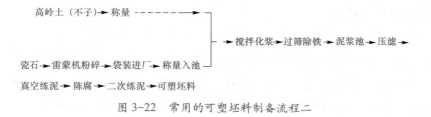

图 3-22　常用的可塑坯料制备流程二

流程三：采用湿法轮碾，解决了粉尘问题。进行湿法装磨，降低了工人的劳动强度并提高了装磨效率。但是，这种方法的配料准确性较差。将硬质原料和软质原料称量进行湿碾后的泥浆流入浆池，在用砂浆泵打入球磨机进行湿磨的过程中，由于硬质原料和软质原料密度不同，砂浆泵将一个浆池中的泥浆先后分别打入几个球磨机，各球磨机中泥浆的组成一定有差别。解决这一问题的方法是按一池一球磨进行称量湿轮碾。但又增加了浆池的数量（图 3-23）。

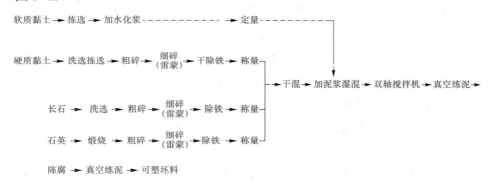

图 3-23　常用的可塑坯料制备流程三

流程四：采用干粉干混再加泥浆湿混工艺，减轻了劳动强度和减少了压滤工序，便于连续化生产。但坯料的均匀性和可塑性较差，而且雷蒙粉中带入一定量的铁杂质，降低了原料的质量（图 3-24）。

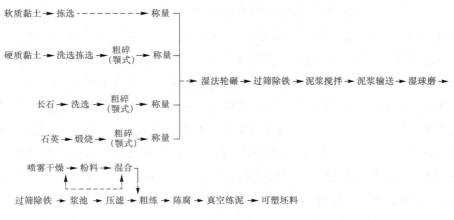

图 3-24　常用的可塑坯料制备流程四

2. 可塑坯料质量控制

（1）坯料的可塑性。可塑性是对塑性泥料质量进行控制的重要工艺性能之一。由于影响泥料可塑性的因素很多，而测定可塑性的方法又有一定的局限性，故尚未有一种方法能把可塑性的多种性质完整地表征出来（因坯料的可塑性是多种性质的综合表现）。生产上通常通过变更塑性原料及瘠性原料的品种和含量，采用胶粘剂和加入回收的废坯泥（回坯泥）来调整坯料的可塑性。

通常以"塑性指标"数值来表征泥料的可塑性大小，此数值可以反映泥料的成型性能好坏。塑性泥料的"塑性指标"数值应大于 2，如北方某厂的坯泥"塑性指标"为 2.21，南方某厂的坯泥"塑性指标"为 2.60。

（2）含水量的控制。可塑坯料的水分因采用的成型方法不同而不同。对于日用瓷来说，手工成型的可塑坯料含水量最高，为 23%～25%，旋压成型的水分为 21%～23%，滚压成型的水分为 19%～22%。生产上应控制练泥机挤制泥段及成型时毛坯的水分。

（3）颗粒细度的控制。可塑坯料的细度直接影响坯料的工艺性质和产品性能。颗粒细度越小，颗粒之间的接触面积就越大，提高各组分混合均匀度，会相应提高坯料的可塑性、干燥强度、烧后强度，改善瓷的半透明性。但同时也会使细磨时间延长而带入较多的杂质，设备效率降低，以及电耗增大。另外，还可能增加成型水分，延长干燥时间。一般瓷器坯料的细度控制在万孔筛筛余 2% 以下，精陶坯料细度控制在万孔筛筛余 2%～5%。

（4）泥料中空气含量的控制。塑性坯料含有 7%～10% 的空气，它们多以细小的气泡分散于泥料中，或吸附在粒子的表面上，也可能以较大的气泡吸存于坯体中。泥料中的空气可以降低泥料的可塑性，从而影响泥料的成型性能和瓷器的机械强度、电性能及化学稳定性等。为此，需采用真空练泥或陈腐工艺来将其排除。

（5）生坯干燥强度的控制。生坯干燥强度反映出坯料结合性的好坏，这对成型后的脱模、修坯、上釉及自动化成型流水线上坯体的传输、取拿过程中降低破损率具有重要的意义。

生产上多以干坯的抗折强度来衡量塑性坯料的干燥强度，并通过调节强可塑性黏土或结合性强的黏土用量或加入添加剂来控制。一般来说，南方的原生高岭土的结合性较差，因而生坯的干燥强度较低。然而，北方的次生高岭土的结合性好，故生坯的干燥强度也较大。为保证生产中各工序的顺利进行，干坯的抗折强度应不低于 0.98 MPa。

（6）收缩率的控制。塑性坯料的干燥收缩率和烧成收缩率对坯体的造型及尺寸稳定性具有重要的作用，尤其是在调整原有配方时将涉及石膏模及匣钵等配套辅助用品的尺寸变动和产品规格尺寸的稳定，故应严格控制。例如，景德镇地区陶瓷坯料的收缩率为：干燥线收缩 7.5%，烧成收缩 12.8%，总收缩 19.3%；唐山地区的坯料收缩率为：干燥线收缩 4%，烧成收缩 10.0%，总收缩 13.6%。

收缩率可通过塑性物料与瘠性物料相对含量来调节，一般总收缩率为 10%～16%。

二、注浆坯料制备工艺流程选择及质量控制

注浆成型是陶瓷生产中的一个基本成型工艺，即将制备好的泥浆注入多孔性模型中，由于其强烈的吸水性，泥浆在贴近模壁的一层被模子吸水而形成一厚薄均匀的泥层，该泥层随时间的延长而逐渐加厚，直至达到工艺所要求的厚度。注浆成型过程结束后，可将多余的泥浆倾出。而后该泥层继续脱水收缩进而与模型脱离，从模型中取出后即为毛坯。

注浆法成型坯料的制备

注浆成型适用于多种陶瓷制品的成型。凡是形状复杂的、不规则的、壁薄的、体积较大且尺寸要求不严格的器物都可用注浆法成型。一般日用陶瓷类的花瓶、汤碗、椭圆形盘、茶壶、手柄，卫生洁具类的坐便器、洗面具等都可用该方法成型。

1. 注浆坯料制备工艺流程选择

常用的注浆坯料制备流程有以下几种。

流程一：采用经过压滤的泥料进行化浆，滤去了原料中混入的可溶性盐类，从而改善了泥浆的稳定性，适合生产质量要求较高、形状复杂的制品。在泥料化浆时，将泥段切割成小块再入池，加入一定量的电解质，如水玻璃和碳酸钠或水玻璃和腐植酸钠等（图3-25）。

流程二：使用了真空脱泡，从而使泥浆的空气含量降低，生坯强度得到提高。真空脱泡是压力注浆料的必经工序（图3-26）。

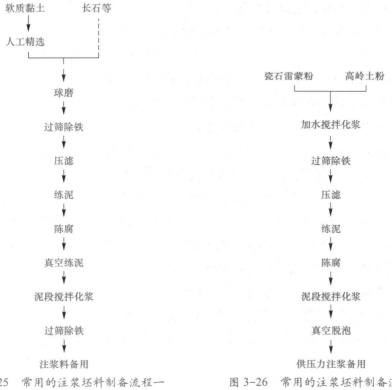

图 3-25　常用的注浆坯料制备流程一　　图 3-26　常用的注浆坯料制备流程二

流程三：只球磨不压滤的较简单的浆料制备工艺流程。球磨机起到研磨、混合、化浆的作用。这种流程所需设备少、工序少、成本低，但是泥浆的稳定性较差（图 3-27）。

流程四：最简单的浆料制备工艺流程，既不球磨也不压滤，浆料的性质取决于所用粉料的颗粒形状和所加水量，制备的泥浆物化性能不好，应少采用（图 3-28）。

图 3-27　常用的注浆坯料制备流程三　　　图 3-28　常用的注浆坯料制备流程四

2. 注浆坯料质量控制

（1）泥浆的流动性。泥浆的流动性应好，而相应的含水率应小。通常用恩氏黏度计测定 100 mL 固定比密度的泥浆流出的时间。在一定条件下，作相对比较的指标。有的工厂还用泥浆的 pH 值作为控制流动性的指标。

（2）泥浆的厚化系数。普通瓷器泥浆的厚化系数接近于 1.2，空心注浆时为 1.1～1.4，实心注浆时为 1.5～2.2。浇注产品不同，厚化系数也有出入。例如，某卫生瓷厂浇注洗面盆时的厚化系数为 1.5～2.0，浇注大便器时则为 2.0～2.2。

（3）浆料的含水量。在保证流动性的条件下，尽可能减少泥浆的含水量，这样可以减少成型时间，增加坯体强度，减小干燥收缩。

（4）由于泥浆应具有适当的浇注速度，故需要有适当的渗透性。这样，既可缩短注浆时间，提高效率，又不会因浇注速度过快而造成不易掌握坯体厚薄的困难。

（5）注浆坯件的干燥收缩要小，防止收缩过大引起坯体变形和开裂。为此，泥浆应具有足够的排湿性能，以使注件易干燥，形成坚实的坯体。脱模后，坯体即使受到一定的振动也不会塌落，且空浆性能好（即排除剩余泥浆后，注件内表面光滑，不出现泥缕）。所以，工艺上要求剩余泥浆具有良好的排出性。

泥浆的以上物理性能及工艺性能可通过调节强塑性黏土用量、泥料细度、含水率、陈腐时间、泥浆温度等参数予以控制。然而，这些物理性能及工艺性能又要根据原料的性质、产品的形状及大小、器壁的厚薄、石膏模的干燥和新旧程度，以及注浆方法来确定。

若坯料中的强可塑性黏土用量少，则泥浆水分疏散快、干燥快、脱模快，但形成的坯体一般强度差、结构不致密，易开裂。另外，这种泥浆的悬浮性差，易产生沉淀，以致浇注的坯体厚薄不均。所以，应通过试验来确定强可塑性黏土的用量。

泥料的细度因产品大小形状不同而异，小型产品（如日用细瓷、化工瓷等）成型的浆料细度比大型产品更细。若浇注小型制品泥浆中的粗颗粒太多，则易使坯体产生厚薄不均的缺陷。但是，注浆泥料的细度一般应比其他成型方法所用坯料更细。

在保证满足对泥浆流动性要求的条件下，泥浆的含水量应尽量低，以降低坯体收缩，减少石膏模吸水量，提高模型干燥速度，缩短模型使用周期和延长使用寿命。一般来说，泥浆含水量的控制可通过加入适当的电解质来调节，常加入的电解质有碳酸钠和水玻璃等。

三、压制坯料制备工艺流程选择及质量控制

压制成型是将干粉状坯料在钢模中压成致密坯体的一种成型方法。压制成型生产过程简单，致密度高，制品尺寸精确，表面质量高，设备机械化、自动化程度高，可以连续化生产。但形状复杂的制品难以成型，且模具磨损大，压力分布不均匀，致密度不均匀（相对而言）。

压制法成型坯料的制备

1. 压制坯料工艺流程选择

压制坯料制备的一般工艺流程主要有两种。

流程一：采用干法制备压制坯料，其工艺流程简单，设备投资费低，且易形成机械化作业线；不必制备泥浆然后又将泥浆脱水，因而燃耗、电耗、水耗均低。缺点是干粉除铁效率低（但对红色铺地砖和各种带色坯体的墙地砖生产这个问题不必考虑）；干法制备坯料，由于颗粒润湿、不均匀，故成型性能差且影响制品烧结；另外，粉尘严重，必须注意设备密封和安装防尘设施（图 3-29）。

图 3-29　干法制备压制坯料

流程二：采用全湿法加工工艺，解决了原料中碎工序的粉尘危害，整个加工过程湿法处理，变粉料运输为流体输送，大大降低了劳动强度，改善了劳动条件。但有些厂仍采用干碾中碎硬质原料，以后将其与软质黏土同时装入湿式球磨机细磨（图 3-30）。

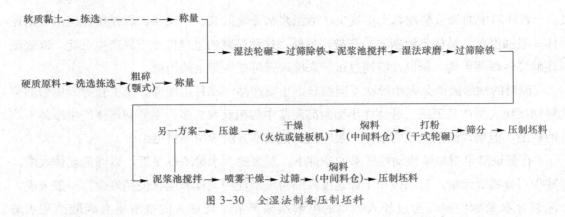

图 3-30　全湿法制备压制坯料

坯料制备工艺正在向着机械化、自动化方向发展。

2．压制坯料的质量控制

（1）含水率和水分均匀性。水是粉料成型时的润滑剂和结合剂。通常，根据坯体形状与厚度及成型压力来控制坯料的含水量。若产品形状简单，尺寸精度要求较低，成型压力较小时，水分可高一些，一般为 8% ～ 14%；若要求产品尺寸准确，而成型压力又高，需用低水分粉料。例如，半干压成型坯料的水分为 4% ～ 7%，干压成型粉料的水分为 1% ～ 4%。

当成型压力较大时，粉料含水可以少一些，反之，粉料含水可以多一些。当粉料含水不均匀，即局部过干和过湿时便会出现压制困难，且坯体在以后的干燥和烧成中易出现开裂和变形。因此，无论成型压力大小均要求粉料的水分均匀。

（2）粒度和粒度分布。压制坯料的颗粒大小及级配将直接影响坯体的致密度、收缩率、生坯强度及压缩比，需通过筛的筛孔大小或其他造粒方法来进行控制。压制坯料需要有适当的粒度分布。实践证明，粉料粒度分布宽，压制成型后的坯体机械强度高，这是因为粒度有大有小，才能获得较紧密的颗粒堆积。通常，压制成型所用粉料颗粒的最大尺寸是坯体最小尺寸的 1/10 ～ 1/5。

压制坯料由团粒、水、空气组成。其中团粒占体积的 25% ～ 40%，其余是水和空气。团粒是由几十个甚至更多的坯料细颗粒，水和空气所组成的集合体。坯料中的团粒尺寸为 0.2 ～ 0.5 mm，且不希望有大量细粉，否则会降低坯料的流动性，难以压实。

（3）堆积密度大。粉料的堆积密度常用单位容积的粉料质量来表示。一般要求堆积密度大，以减少堆积时的气孔率，降低成型的压缩比，使压制后的生坯密度大而均匀。团粒的粉料体积密度，轮碾造粒的粉料为 0.90 ～ 1.10 g/cm^3，喷雾干燥制备的粉料为 0.75 ～ 0.90 g/cm^3。

（4）流动性好。粉料应具有好的流动性能，能在短时间内填满模型的各个角落，以保证坯体的致密度和压坯速度。

（5）可塑性。压制坯料对可塑性没有严格的要求，一般可塑性原料用量多的坯料含水量也较多。为干压坯体的收缩，而获得尺寸准确的制品，可以减少可塑黏土的用量。有些干压坯料，如滑石瓷和金红石瓷，可以完全不用可塑黏土，全部是瘠性原料和化工原料，但要加入少量有机胶粘剂和增塑剂。

在制备压制粉料时，造粒后假颗粒的形状、粒度大小、粒度分布都是很重要的工艺参数，它们直接影响粉料的流动性和堆积密度。堆积密度较大的、粒度分布合理的圆形颗粒能够制成优质的压制坯料。而当颗粒形状不规则，且细颗粒较多时，容易造成拱桥效应，降低粉料的堆积密度和流动性。喷雾干燥制备的坯料，形状规则，粒度分布合理，轮碾造粒的粉体密度较大，但形状不规则，粒度分布难以控制。

在现代日用陶瓷行业生产中，陶瓷原料及坯釉料的标准化、专业化生产会显得越来越重要。在对陶瓷原料进行有计划的、专业化和标准化开采和制备的基础上，进一步将配制的坯料加工成具有一定细度的泥浆，然后经喷雾干燥得到符合合理颗粒级配、形状和水分要求的粉料，且这种粉料可适用于多种成型法（塑性成型或压制成型、压力注浆成型等）。因此，无论陶瓷生产厂家采用哪种成型方法和施釉方法，其所需坯、釉料均可由专业生产厂来提供，同时，坯釉料专业生产厂还可为陶瓷生产厂提供能满足其特殊需要的陶瓷坯釉料。这种厂际间的专业化协作的优越性为：简化生产厂的生产加工工序，减少劳动力需求，减少工厂仓储用地，节省能耗，使日用瓷生产厂从与众多原料供应商的分散合作转向和专业坯釉生产厂间的集中协作，有利于产品质量的稳定和生产的连续性，便于简化工厂管理。

> **想一想**
>
> 可塑坯料、注浆坯料、压制坯料的质量控制要点有何不同？为什么？

> **技能训练**

陶瓷注浆坯料的制备

一、试验目的

1. 掌握陶瓷坯料配料过程。
2. 掌握陶瓷坯料制备工艺方案的确定方法，全面了解陶瓷生产的工艺过程。
3. 熟悉球磨机的操作过程。
4. 掌握陶瓷注浆泥浆质量控制方法。

二、试验原理

陶瓷坯料制备大体上的工艺流程包括：

原料称量→装磨→球磨→出料→过筛→除铁→压滤→泥饼

根据不同的成型工艺制成粉料（干法成型）、浆料（注浆成型）或泥段（塑性成型）等。本试验将采用注浆成型，原料制备工艺流程仅进行到出料即可。

三、试验试剂及仪器

陶瓷原料或化学试剂：石英，高岭土，滑石，长石，紫木节，瓷石，骨粉，水玻璃，纯碱，腐植酸钠等。

仪器：研钵，料勺若干（每种原料一把），白瓷盘，台秤，电子天平，行星球磨机，500 mL 球磨罐，干燥箱，100 mL 容量瓶，325 目筛等。

四、试验过程

（1）选择需用原料，以干料为基准配制 1.5 kg 的坯料，按照配方［如骨粉 50%、石英 10%、长石 8%、高岭土 17.5%、瓷石 8.5%、滑石 0.5%、紫木节 4%、电解质 0.6%（水玻璃：纯碱：腐植酸钠 =2 ： 2 ： 2）］精确称量各种原料，并均匀混合。

（2）按料：球：水 =1 ：（1.5 ～ 2.0）：（0.8 ～ 1.2）装磨。大小球各 50%，水的用量应参考原料的特性，黏土含量高，水分也应相应增加。球磨一段时间后开始测定泥浆的颗粒度，以后每 0.5 h 测一次，直到泥浆的颗粒度达到 4% ～ 7% 325 目筛余，然后用粗网孔筛使球料分离。

（3）取 300 mL 泥浆测定比重、颗粒度和含水量。

五、数据处理

1. 测定泥浆的密度 D

参照比重瓶法（本书第 167 页），称 100 mL 容量瓶的瓶重，加水至刻度，再称重，减去瓶重，得到水的质量（数值近似瓶的容积）m_1；倒出瓶中的水，甩干，加入泥浆至刻度后称重，减去瓶重，得泥浆质量 m_2。然后按以下公式计算：

$$D= \frac{m_2}{m_1} \ (\text{g/mL})$$

2. 测定泥浆的颗粒度 F

取 100 mL 泥浆倒入 325 目筛上，用自来水缓慢冲淋，将 325 目筛上物小心收集在一个表面皿上。将表面皿放入干燥箱内干燥 0.5 h，然后准确称量筛上残留物的质量 m_{325}，并按公式计算颗粒度（S 为样品的固相百分含量）：

$$F= \frac{m_{325}}{100 \times D \times S} \times 100\%$$

3. 水分的测定 H_2O

取 50 g（m_1）泥浆放入表面皿中在干燥箱内干燥 1 h，然后称量干料的质量 m_2，计算水分：

$$H_2O= \frac{m_1-m_2}{m_1} \times 100\%$$

数据记录见表 3–1。

表 3-1　数据记录

试样编号	密度 $D/（g \cdot mL^{-1}）$	颗粒度 F	含水量 $H_2O/\%$

六、注意事项

（1）陶瓷料方设计必须以产品的理化性质与使用性能要求为依据，参照已有的产品配方，并全面了解各种原料对产品品质与工艺性能的影响。

（2）球磨坯料时应先投入硬质料如石英、长石等，数小时后再投入软质料（如黏土），以提高球磨效率。

（3）添加 Na_2CO_3（纯碱）和 Na_2SiO_3（水玻璃）两者电解质混合使用，此时应注意要先把 Na_2CO_3 和原料一起入磨，到接近规定细度时再加入 Na_2SiO_3，继续研磨 1 h 左右出磨。

（4）注浆泥料的制备流程也可以采用可塑泥料制备流程前半部分，即将可塑泥料制备流程工艺中球磨后的泥浆经过压滤脱水成泥饼，然后将泥饼碎成小块与电解质（水玻璃）以及水在搅拌池中搅拌成泥浆，并存放 1～3 d 以增加其黏度和强度。

七、思考题

（1）应如何控制注浆成型坯料的质量？
（2）样品的固相百分含量怎样计算？

陶瓷匠人小课堂

《大国工匠》之大工传世

拓展知识

你知道紫砂泥是怎么练出来的吗？

人们对紫砂壶的追捧日增，紫砂壶的品质和紫砂泥有直接关系，那么紫砂泥是否和其他泥土一样，加点水调和一下就可以制作茶壶、茶杯等各种精美的紫砂器具了，事实真的如此吗？

明清时期，通常将挖出的紫砂泥在家门外的一块平地露天晾晒风化（图 3-31），然后再捣碎、筛选、加水浸泡后装到陶瓷里密封，最后放到地窖中陈腐。当时，紫砂泥的选料及炼制等都是家传秘密。

民国时期，人们把紫砂矿石放在竹席上摊晒，用木榔头破碎，再经日晒雨淋后待其松散，然后再磨细（图3-32），过筛，加水制成泥坯，放于阴凉处陈腐，使用前再经破碎，制成熟泥。

图3-31　紫砂泥露天晾晒风化

图3-32　紫砂矿石摊晒、破碎、细磨

现代练泥在原有的基础上增减了一些步骤，引入机械化操作，总的来说基本分为以下七个步骤。

1．选料

矿料有很多，必须先进行一个筛选，筛选出色泽纯净、质感好的矿料，去掉一些杂质较多、不够纯净的矿料，如图3-33所示。

2．风化

风化就是将矿料摊晒在晾晒场，经过风吹日晒雨淋，使矿物松散，便于进一步的粉碎，一般要露天堆放一年，最少也要三个月以上，如图3-34所示。经过风化，还可提高泥料的耐火度、韧性和可塑性。如未经风化，无论后期如何调配，紫砂产品的色泽终不如意，用行话来说泥料"太暴"。

图3-33　选料

图3-34　风化

3．粉碎

粉碎就是将风化好的矿料进行粉碎，粉碎可以分石磨粉碎（图3-35）和机械粉碎。机械粉碎设备主要采用雷蒙粉碎机，粉碎效率很高，但颗粒过于一致，不如石磨效果好。

石磨是明清以来一直在使用的粉碎设备，动力由最初的人推牛拉发展到现在的电动马达。石磨磨出来的紫砂矿料，颗粒较圆，大小不一，用其制成的紫砂壶，具有丰富的砂感和质感。

4．筛选

粉碎之后要过筛，如图3-36所示，一般筛网范围为20～120目。对于紫砂壶，多为40～60目。20目很少，80目极少。对于大件紫砂壶，要使用目数较粗的泥料，因为泥料越细，收缩率越大，还极易产生坍塌、皱纹。

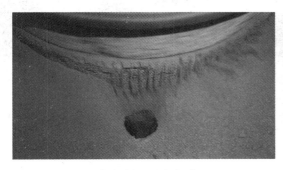

图3-35　石磨粉碎

图3-36　筛选

5. 提纯

提纯主要是去除泥料中的铁质。因为铁质存在，会使茶壶烧制后的效果非常不好看，有一些小黑点。去除的方法包括物理方法磁吸法和化学方法酸洗。酸洗可能会存在酸液残留，会对人体产生伤害。

6. 拌料

可以适当配合比原矿泥料，形成新的泥色品种。按产品需要的泥料品种拼配，然后用人工或机械拌料，最后按照比例加水搅拌成湿泥块。

7. 练泥

练泥是为了将泥料中的空气排出，可分为手工练泥和真空练泥。自1958年以来，真空练泥基本取代了手工练泥，需注意如果空气不排干净，紫砂壶烧制的时候会发生爆裂。

这就是紫砂矿料变成泥料的炼制过程。

复习思考题

1. 陶瓷坯料为什么要进行除铁处理？怎样进行除铁？除铁机理是什么？

2. 泥浆的脱水方法有哪些？机械脱水的原理是什么？

3. 陶瓷坯料筛分的目的是什么？三种筛分机各自特点有哪些？

4. 坯料为什么要经过练泥和陈腐？

5. 什么是造粒？为什么要造粒？

6. 列举影响真空练泥质量的主要因素。

7. 可塑坯料质量控制要求有哪些？

8. 注浆坯料质量控制要求有哪些？

9. 干压坯料质量控制要求有哪些？

釉料制备及质量控制 | 模块四

知识目标

了解釉的基本概念与分类。

了解釉浆制备过程及施釉方法和釉料制备引起的常见缺陷。

掌握釉的熔融性能、膨胀系数、抗拉强度及各氧化物对釉性能的影响。

掌握膨胀系数、中间层、釉的弹性和抗张强度、釉层厚度如何影响坯釉适应性，以及如何使坯釉相适应。

掌握釉浆制备过程及对釉浆工艺性能要求。

能力目标

能熟练掌握常用釉料的配制技术及工艺过程。

能熟练操作釉料制备设备。

能根据工艺要求选择合适的施釉方法。

能根据施釉缺陷分析产生原因及处理措施。

素质目标

具有吃苦耐劳、爱岗敬业的职业道德和积极进取的职业精神。

具有安全意识、绿色环保意识、规范意识、标准意识、质量意识和节约意识。

具有较强的集体意识和团队合作精神，能够进行有效的人际沟通和协作。

具有独立思考、逻辑推理、信息加工和创新的能力。

具有良好的身心素质和人文素养，具有不断追求新意境、新见解、敢于竞争的精神。

具有职业生涯规划意识，热爱陶瓷行业。

某厂快速烧成陶瓷釉面砖，已知烧成温度为 1 180 ℃，出窑温度为 200 ℃。吸水率允许范围为 3% ~ 8%，生产时出窑制品外观质量和吸水率抽检均为良好，码堆于仓库待次日检选，可是检选中有 20% ~ 30% 的制品釉面破裂，试分析造成制品破裂的原因，并提出解决方案。

单元一　釉及釉的性质

釉是覆盖在陶瓷制品表面的无色或有色的玻璃质薄层，是用矿物原料（长石、石英、滑石、高岭土等）和化工类原料按一定比例配合（部分原料可先制成熔块）经过研磨制成釉浆，施于坯体表面，经一定温度煅烧而成。

一、认识釉

1．釉的作用与特点

在陶瓷坯体表面上施釉的目的是改善坯体表面性能和提高产品的力学性能，并起到对产品进行装饰的作用，具体作用如下：

（1）使坯体对液体和气体具有不透过性。通常陶瓷胎体疏松多孔致使表面粗糙，即使坯体烧结良好、气孔率很低，由于烧结后坯体中晶体的存在，表面也仍然粗糙无光，易沾污和吸湿，影响产品观感及使用性能。良好的釉层可以使产品表面变得平整光滑，不吸湿、不透气，一定程度上改善了陶瓷制品性能。

（2）不同种类的釉层覆盖于坯体表面，可掩盖坯体表面的瑕疵和不良颜色，赋予瓷器以美感。如使釉着色、析晶、乳浊、消光、开片等，则增加了瓷器的艺术性与观赏性。

（3）若在釉下装饰，釉层能保护画面，使之经久耐用，防止彩料中的有毒元素溶出。

（4）具有均匀压缩应力的釉层，可以改善陶瓷制品的性能。釉与坯体高温下反应，冷却后成为一个整体，正确选择釉料配方，可以使釉面产生均匀的压应力，从而改善陶瓷制品的力学性能、热稳定性等。

（5）使陶瓷制品具有特定的物理和化学性能。如电学性能（压电性、介电性、绝缘性等）、光学性能、抗菌性能、生物活性等。

一般认为釉是玻璃体，这是因为釉不仅具有各向同性、无固定熔点、有光泽、硬度大、能抵抗酸碱等玻璃所具有的一般性质，而且这些性质随温度和组成变化的规律也极近

于玻璃。但釉与玻璃相比也有区别，主要表现在以下几个方面：

（1）从微观结构来看，由于受到坯釉料组成、高温化学反应、烧成制度等因素限制，釉料不能进行充分的熔融，釉层经常夹杂一些未反应的石英颗粒和新生的矿物晶体（如莫来石、钙长石、尖晶石、辉石等），以及数量不一的气泡，使其微观组织结构的均质性较玻璃差一些。

（2）从化学组成来看，大多数釉中含有较多的 Al_2O_3，这是因为它能增加坯釉的黏附性，也可防止釉失透，还可以提高釉料的熔融温度。而 Al_2O_3 在玻璃中的含量则相对较少。

（3）从熔融温度范围来看，有低于硼砂熔点的低温釉，也有能达到烧制瓷器的高温釉（如硬质瓷釉），所以，釉的熔融范围要比玻璃宽一些。

2．釉的分类

陶瓷的品种繁多，烧成工艺各不相同，因而和各种陶瓷坯体相适应的釉的种类与其组成也极为复杂。正由于釉的种类的多样性，所以，其分类方法也多。常用的分类法如下：

釉的作用、特点与分类

（1）按坯体的类型分类。如瓷釉、陶釉及炻器釉。瓷釉中又有硬瓷釉和软瓷釉之分。

（2）按烧成温度分类。一般将 1 100℃以下烧成的釉称为易熔釉，1 000℃～1 250℃烧成的釉称为中温釉，1 250℃以上烧成的釉称为高温釉。

（3）按釉面特征分类，釉可分为透明釉、乳浊釉、结晶釉、光泽釉、无光釉、色釉等各种类型。

（4）按釉料的制备方法分类，可将釉料分为生料釉、熔块釉、熔盐釉、土釉等。

（5）按釉中主要熔剂或碱性组分的种类进行分类。此种分类方法可显示熔剂或碱性组分对釉的熔化和性状的影响，见表4-1。欧洲习惯上以低温铅釉为中心进行分类，而我国和日本则总是围绕石灰釉进行分类。

表 4-1　按釉中主要熔剂或碱性组分的种类

以低温铅釉为中心			以石灰釉为中心	
铅釉	无硼铅釉	纯铅釉	长石釉	
		含其他碱性组分的铅釉	石灰釉	石灰釉
	硼铅釉			石灰碱釉
无铅釉	含硼无铅釉			石灰镁釉
	无硼无铅釉	高碱釉		石灰锌釉
				石灰钡釉
		低碱釉	镁釉	
			锌釉	
			钡釉	

常说的釉上彩、釉下彩、釉中彩属于釉的种类吗？它们各有什么特点？

二、认识釉的性质

1．釉的熔融性能

（1）釉的熔融温度。

1）釉的熔融温度范围。釉和玻璃相同，无固定的熔点，在一定温度范围内逐渐熔化，因而，熔化温度有上限与下限之分。釉料受热过程中外形的变化如图 4-1 所示。熔融温度下限是指软化变形点，称为始熔温度，即高温显微镜下试样棱角变圆时的温度。熔融温度上限是指完全熔融时的温度，又称为流动温度，是指高温显微镜下试样流散开，高度将至原有高度 1/3 时的温度。由始熔温度至完全熔融之间的温度范围称为熔融温度范围。釉的成熟温度可以理解为在某温度下釉料充分熔化，并均匀分布于坯体表面，冷却后呈现一定光泽玻璃层时的温度。釉的成熟温度是在熔融温度范围内选取的，一般在熔融温度上限附近，可作为生产中釉的烧成温度。

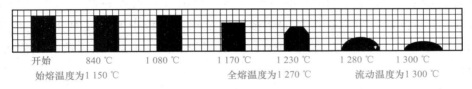

开始　　　　840 ℃　　　1 080 ℃　　　1 170 ℃　　1 230 ℃　　　1 280 ℃　　　1 300 ℃

始熔温度为 1 150 ℃　　　　　　　　全熔温度为 1 270 ℃　　　　流动温度为 1 300 ℃

图 4-1　釉料受热过程中外形的变化

釉的熔融性质直接影响釉面质量，若始熔温度低、熔融温度范围过窄，则釉面易出现气泡、针孔等缺陷，特别是快速烧成时更容易出现这种现象。釉的熔融温度范围越宽，则釉的实用性就越广。表 4-2 列出了釉的熔融温度范围。

表 4-2　釉的熔融温度范围

制品种类	收缩温度 /℃	烧成温度 /℃	始熔温度 /℃	流动温度 /℃
瓷器	1 100 ～ 1 150	1 140 ～ 1 180	1 120 ～ 1 250	1 250 ～ 1 280
精陶	700 ～ 750	850 ～ 900	1 000 ～ 1 100	1 080 ～ 1 150
低温瓷	750 ～ 1 070	750 ～ 1 070	900 ～ 1 060	1 120 ～ 1 160
炻器瓷	1 080 ～ 1 090	1 100 ～ 1 150	1 110 ～ 1 180	1 200 ～ 1 220
彩陶	720 ～ 780	820 ～ 860	920 ～ 960	960 ～ 1 000

2）影响釉的熔融温度范围的因素。影响釉的熔融温度范围的因素有很多，但主要与釉的化学组成、矿物组成、细度、混合均匀程度和烧成时间长短等有关。

组成对釉熔融温度范围的影响主要取决于釉中 Al_2O_3、SiO_2 和碱组分的含量、配合及碱组分的种类。其中，熔剂的种类和配合比影响最大。根据釉式，釉的熔融温度随 Al_2O_3 和 SiO_2 的含量增加而提高，且 Al_2O_3 对熔融温度提高所做的贡献大于 SiO_2。

碱金属氧化物和碱土金属氧化物作为熔剂，降低釉的熔融温度。碱金属氧化物的助熔作用强于碱土金属氧化物。熔剂也可按照习惯分为软熔剂和硬熔剂。软熔剂包括 Na_2O、K_2O、Li_2O、PbO，大部分金属属于 R_2O 族。它们能在低温下起助熔作用。硬熔剂包括 CaO、MgO、ZnO 等属于 RO 族，它们在高温下起助熔作用；硬熔剂特殊的是 BaO 属于硬熔剂，但在制造熔块时，它的助熔作用与 PbO 相似，因此，又属于软熔剂。据报道，助熔剂在瓷釉中的作用能力有如下关系：

$$1 \text{ molCaO 相当于 } 1/6 \text{ mol}K_2O \qquad 1 \text{ molCaO 相当于 } 1/2ZnO$$

$$1 \text{ molCaO 相当于 } 1/6 \text{ mol}Na_2O \qquad 1 \text{ molCaO 相当于 } BaO$$

当然，这只是大致的关系，助熔剂在不同釉中的作用不同。Al_2O_3 的含量对釉的熔融温度和黏度影响很大，其含量增加将使釉的熔融温度和黏度增加。SiO_2 也用来调节釉的熔融温度和黏度，SiO_2 的含量越多，釉的烧成温度越高。另外，适量增加 K_2O 和 MgO 的含量，可以扩大釉的熔融温度范围。当釉中的碱性氧化物的摩尔数为 $0.3R_2O$、$0.7RO$ 时，R_2O 与（R_2O+RO）的比值为 $2.5 \sim 4.5$，釉易熔，比值大于 4.5 时，釉难熔。

釉料的物理状态也影响釉的熔融温度，釉料的颗粒越细、混合得越均匀，其熔融温度和始熔融温度都相应越低。延长烧成时间，釉的熔融温度降低。

3）釉的熔融温度的确定。釉的熔融温度可以通过试验方法获得，也可以通过酸度系数、熔融温度系数大致地进行推测。

①根据酸度系数可以初步估计釉的熔融温度。所谓酸度系数是指釉中酸性氧化物与碱性氧化物的摩尔数之比，一般以 C.A 表示：

$$C.A = \frac{RO_2}{R_2O+RO+3R_2O_3} \qquad (4-1)$$

对于精陶器用含硼釉（除铅釉外），Al_2O_3 与 B_2O_3 的影响在一定情况下是相似的，故计算时都归为碱性氧化物，此时

$$C.A = \frac{SiO_2}{R_2O+RO+3（Al_2O_3+B_2O_3）} \qquad (4-2)$$

对于精陶器用含铅釉，由于 Al_2O_3 是提高釉的耐酸性，可作为酸性氧化物，相反，B_2O_3 是减弱釉的耐酸性的，此时：

$$C.A = \frac{SiO_2 + Al_2O_3}{R_2O + RO + 3B_2O_3}$$ （4-3）

表 4-3 为计算釉的酸性系数时，各氧化物的分类情况。

表 4-3　釉组成中各氧化物的分类

酸性氧化物 RO_2	碱性氧化物		
	R_2O	RO	R_2O_3
SiO_2 TiO_2 B_2O_3 As_2O_3 P_2O_5 Sb_2O_5 Sb_2O_3	K_2O Na_2O Li_2O Cu_2O	CaO MgO PbO ZnO BaO FeO MnO CdO	Al_2O_3 Fe_2O_3 Mn_2O_3 Cr_2O_3

采用酸度系数法只是用来间接比较瓷釉的烧成温度的高低。酸性系数越大，釉的烧成温度越高。例如：

硬瓷釉的组成范围为：$(R_2O + RO) \cdot (0.5 \sim 1.4) Al_2O_3 \cdot (5 \sim 12) SiO_2$

$C.A = 1.8 \sim 2.5$　烧成温度 1 320 ℃ ～ 1 450 ℃

软瓷釉的组成范围为：$(R_2O + RO) \cdot (0.3 \sim 0.6) Al_2O_3 \cdot (3 \sim 4) SiO_2$

$C.A = 1.4 \sim 1.6$　烧成温度 1 250 ℃ ～ 1 280 ℃

②利用釉的熔融温度系数能定性地推测釉的熔融温度，有时还能获得近似于实际的数值。

a. 计算釉的熔融温度系数 K，其计算公式如下：

$$K = \frac{a_1 n_1 + a_2 n_2 + \cdots + a_i n_i}{b_1 m_1 + b_2 m_2 + \cdots + b_i m_i}$$ （4-4）

式中　a_1，a_2，$\cdots$，a_i——易熔氧化物熔融温度系数；

　　　b_1，b_2，$\cdots$，b_i——难熔氧化物熔融温度系数；

　　　n_1，n_2，$\cdots$，n_i——易熔氧化物质量分数（%）；

　　　m_1，m_2，$\cdots$，m_i——难熔氧化物质量分数（%）。

计算所用的各氧化物熔融温度系数见表 4-4。

表 4-4　釉组成中各氧化物的熔融温度系数

易熔氧化物				难熔氧化物	
氧化物种类	系数 a	氧化物种类	系数 a	氧化物种类	系数 b
NaF	1.3	CoO	0.8	SiO_2	1.0
B_2O_3	1.25	NiO	0.8	Al_2O_3（＞3%）	1.2
K_2O	1.0	MnO_2、MnO	0.8	SnO_2	1.67
Na_2O	1.0	Na_3SbO_3	0.65	P_2O_5	1.9
CaF_2	1.0	MgO	0.6		
ZnO	1.0	Sb_2O_5	0.6		
BaO	1.0	Cr_2O_3	0.6		
PbO	0.8	Sb_2O_3	0.6		
AlF_3	0.8	CaO	0.5		
Na_2SiF_6	0.8	Al_2O_3（＜3%）	0.3		
FeO	0.8				
Fe_2O_3	0.8				

b. 根据计算所得的熔融温度系数 K，由表 4-5 查出釉的相应熔融温度 T。

表 4-5　K 与 T 的对照

K	2	1.9	1.8	1.7	1.6	1.5	1.4	1.3	1.2	1.1
T/℃	750	751	753	754	755	756	758	759	765	771
K	1.0	0.9	0.8	0.7	0.6	0.5	0.4	0.3	0.2	0.1
T/℃	778	800	829	861	905	1 025	1 100	1 200	1 300	1 450

【例 4-1】　已知某瓷厂高档瓷釉的化学组成见表 4-6，近似计算该釉的熔融温度。

表 4-6　釉的化学组成

氧化物	SiO_2	Al_2O_3	CaO	MgO	Fe_2O_3	K_2O	Na_2O
质量分数 /%	72.81	15.05	2.32	2.22	0.12	6.11	1.39

解：由表 4-6 中各氧化物的质量分数，按式（4-4）计算出釉的 K 值：

$$K=\frac{0.8×0.12+0.5×2.32+0.6×2.22+1×6.11+1×1.39}{1×72.81+1.2×15.05}=0.111$$

查表 4-5，按内插法计算，可得该釉的熔融温度为 1 433 ℃。这比实际釉烧温度略高，说明这种根据经验数据计算的结果准确度是有限的。

（2）釉熔体的黏度与表面张力。化学组成对于釉熔体的黏度、润湿性和表面张力有决定性作用，而这些性质对釉熔体能否在坯体表面铺展成平滑的优质釉面，产生较大的影响。下面分别进行介绍。

1）黏度。黏度是流体的一个重要性质。釉在高温下熔融形成流体，熔融釉的黏度可作为判断釉的流动性的尺度。在成熟温度下，釉的黏度过小，则流动性过大，容易造成流釉、堆釉及干釉缺陷；釉的黏度过大，则流动性差，易引起橘釉、针眼、釉面不光滑，光泽不好等缺陷。流动性适宜的釉料不仅能填补坯体表面的一些凹坑，而且有利于釉与坯体之间的相互作用，生成良好的中间层。

釉熔体的黏度主要取决于其化学组成和烧成温度。构成釉料的硅氧四面体网络结构的完整程度是决定黏度的最基本因素。石英玻璃 O/Si 的摩尔比为 2，是硅氧系统玻璃中具有最大黏度的玻璃。加入碱金属氧化物后，由于部分 Si—O 键被断开，破坏了 SiO_4 网络结构，O/Si 的比值将随碱金属加入量增加而增大，而黏度则随之下降。碱金属氧化物对黏度降低的作用以 Li_2O 最大，其次是 Na_2O，再次是 K_2O，这是因为质量相等时，氧化物摩尔质量越小，则引入的阳离子数就越多，使断裂的 SiO_4 网络结构增加。但在碱金属氧化物含量达到 30% 以上时，则对黏度的影响与含量低时正好相反，如图 4-2 所示。

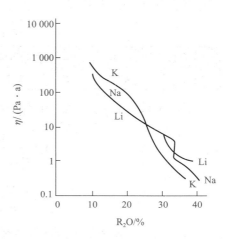

图 4-2 玻璃系统 R_2O-SiO_2 在 1 400 ℃ 时黏度变化

碱土金属氧化物 CaO、MgO、BaO 在高温下降低釉的黏度，而在低温中相反地增加釉的黏度。CaO 在低温冷却时使釉的黏度增大，熔融温度范围窄，ZnO、PbO 对釉的黏度影响与 CaO 基本相同，黏度增加速度较慢或熔融温度范围宽。碱土金属阳离子降低黏度顺序为 $Ba^{2+} > Sr^{2+} > Ca^{2+} > Mg^{2+}$，但它们降低黏度的能力较碱金属离子弱。

三价和高价的金属氧化物，如 Al_2O_3、SiO_2、ZrO_2 都增加釉的黏度。其中，B_2O_3 对釉黏度的影响呈现反常，即加入量 < 15% 时，B_2O_3 处于［BO_4］状态，黏度随 B_2O_3 含量的增加而增大，超过 15% 时，B_2O_3 处于［BO_3］状态，黏度随 B_2O_3 含量的增加而减小，但黏度的变化比较缓慢。Fe_2O_3 含量增加，釉黏度降低，Fe^{3+} 比 Mg^{2+} 降低釉的黏度能力更显著。水蒸气、CO、H_2S 也降低熔融釉的黏度。

莱曼等提出了陶瓷釉高温黏度的近似计算公式：

$$\eta = \frac{92}{k_i - 0.32} \tag{4-5}$$

$$k_i = \frac{100}{w_{SiO_2}+w_{Al_2O_3}} - 1 \qquad (4-6)$$

式中　　η——高温黏度（Pa·s）；

　　　　k_i——黏度指数；

　　　　w_{SiO_2}，$w_{Al_2O_3}$——釉组成中，SiO_2 和 Al_2O_3 的质量分数。

式（4-6）只适用低温釉，否则要进行修正。

【例 4-2】　某精陶釉的化学组成见表 4-7，该釉料的烧成温度为 1 160 ℃，试计算釉料在该温度下的高温黏度。

表 4-7　某精陶釉的化学组成

氧化物	SiO_2	Al_2O_3	PbO	B_2O_3	ZnO	MgO	K_2O	Na_2O	合计
质量分数 /%	47.8	10.1	22.2	8.7	1.1	0.5	5.8	3.8	100.0

解：由式（4-6）和式（4-5）分别计算得：

$$k_i = \frac{100}{w_{SiO_2}+w_{Al_2O_3}} - 1 = \frac{100}{47.8+10.1} - 1 = 0.727$$

$$\eta = \frac{92}{k_i - 0.32} = \frac{92}{0.727-0.32} = 226 （Pa·s）$$

所以，该釉在该烧成温度下的高温黏度为 226 Pa·s。

詹姆斯和诺里斯研究了卫生陶瓷、釉面砖上铅釉和无铅釉的高温黏度，见表 4-8。

表 4-8　陶瓷釉的高温黏度 $\lg\eta$

釉	1 000 ℃	1 100 ℃	1 200 ℃	1 300 ℃
无铅釉①	4.25	3.3	2.65	2.35
无铅釉②	3.45	2.75	2.3	2.05
无铅釉③	3.4	2.8	2.3	1.9
无铅釉④	3.5	2.85	2.3	—
铅釉	1.9	1.7	—	—

一般陶瓷在成熟温度下的黏度值为 200 Pa·s 左右。黏度略高于 200 Pa·s 时才易形成平滑如镜的釉面。

2）表面张力。釉的表面张力是釉表面增大一个单位面积所需做的功。釉熔体的黏度虽然随着温度的升高而降低，但表面张力不会因温度升高而发生大的变化，因此，当釉在高温下熔融时表面张力是一个很重要的因素。

釉的表面张力的大小取决于其化学组成和温度。除铅玻璃和易熔的硼酸具有正的温度系数外，一般釉具有 –（0.04 ~ 0.07）×10^{-3} N/（m·℃）的温度系数。表面张力的温度系数较小，所以，表面张力随着温度的升高而缓慢减小。温度每升高 10 ℃，表面张力减少 1% ~ 2%。表面张力的微小变化就会对釉面平滑程度有显著影响。普通釉的表面张力为 （2 ~ 5）×10^{-3} N/m。

在釉的化学组成中，碱金属氧化物、碱土金属氧化物、氧化硼、氧化铅都可以在不同程度上降低表面张力，其中碱金属离子的影响较大。在碱金属离子中，以离子半径大的取代半径小的离子，表面张力会发生明显降低，其降低能力顺序为：$Li^+ < Na^+ < K^+$。二价金属离子中钙、钡、锶的作用相近。它们也随离子半径的增大而使表面张力的降低增大，但表面张力的降低程度，不如一价金属氧化物显著。其降低能力顺序为 $Mg^{2+} < Ca^{2+} < Sr^{2+} < Ba^{2+} < Zn^{2+} < Cd^{2+}$。PbO 明显地降低釉的表面张力。三价金属离子如 Fe_2O_3、Al_2O_3、B_2O_3 等对表面张力的影响随离子半径的增大而增大。B_2O_3 以［BO_3］平面结构平行排列于表面而降低表面张力。四价氧化物对表面张力的影响类似于三价氧化物，且取决于其在网络中的位置，一般来说，网络形成体降低表面张力，网络外体则增加表面张力。SiO_2 对表面张力的影响取决于其他的硅酸盐成分，当 Na^+ 存在时，其降低表面张力，而在 Pb–Si 熔体中，SiO_2 有时增加表面张力。

另外，窑内气氛对釉熔体的表面张力也有影响。在还原气氛下的表面张力比在氧化气氛下大约 20%。在还原气氛下釉熔体表面发生收缩，其下面的新熔体就会浮向表面。利用这种现象，在色釉尤其是在熔块釉烧成时，采用还原气氛可使其着色均匀。基于这个原因，采用还原焰烧成容易消除釉中气泡。

釉的表面张力对釉的外观质量影响很大。表面张力过大，阻碍气体的排除和熔体的均化，在高温时对坯的湿润性不好，容易造成"缩釉"缺陷；表面张力过小，则易造成"流釉"（当釉的黏度也很小时，情况更严重），并使釉面小气孔破裂时形成针孔难以弥合，形成缺陷。

在设计釉配方的时候要考虑表面张力对釉面质量的影响，其计算可采用以下两种方法。

①表面张力与温度的关系，可按下式计算：

$$\sigma = \sigma_0（1 - b\Delta T）\qquad\qquad(4-7)$$

式中　σ——T 温度下的表面张力（N/m）；

　　　σ_0——T_0 温度下的表面张力（N/m）；

　　　ΔT——温差，$\Delta T = T - T_0$（K）；

　　　b——经验系数。

在不同温度下釉的表面张力，可按每增加 100 ℃，釉的表面张力平均降低 1% ~ 2% 估算，计算结果与试验测定值的误差约为 1%，一般釉的表面张力约为 0.3 N/m。

②表面张力与化学组成的关系。由于釉近似玻璃，所以釉的表面张力可以利用玻璃的加和性法则进行估算。该法则认为玻璃的物理性质与各组分含量呈规律性的变化，所以，计算时要引进加和性系数（或称性能因子），即每种组分1%含量对某物性参数所提供的影响系数。其计算公式（加和性方程式）如下：

$$P=C_1X_1+C_2X_3+C_3X_3+\cdots+C_nX_n \tag{4-8}$$

式中　P——玻璃（或釉）的物理性质；

C_1，C_2，$\cdots$，C_n——各氧化物对于该性质的加和性系数；

X_1，X_2，$\cdots$，X_n——玻璃（或釉）中各组分氧化物的质量分数（%）。

迄今为止，对加和性法则仍有较多争论，一些学者对同一性能提出了各不相同的加和性系数，因而在使用此法时，必须注意它的误差和使用范围。有条件时，釉的物理性质应由试验确定。

利用加和性公式（4-8）和表4-9给出的不同温度下的表面张力性能因子，可粗略计算出釉的表面张力。其计算公式如下：

$$\sigma = w_1\sigma_1+w_2\sigma_2+w_3\sigma_3+\cdots \tag{4-9}$$

式中　σ——釉熔体的表面张力（N/m）；

w_1，w_2，$\cdots$——釉中各组成氧化物的质量分数（%）；

σ_1，σ_2，$\cdots$——釉中各组成氧化物的表面张力（N/m）。

某些氧化物在不同温度下的表面张力见表4-9。

表 4-9　某些氧化物在不同温度下的表面张力

氧化物	表面张力 / （×10^{-3} N · m^{-1}）			
	900 ℃	1 200 ℃	1 300 ℃	1 400 ℃
K_2O	0.1	—	—	−0.75
Na_2O	1.5	1.27	—	1.22
Li_2O	4.6	—	4.5	—
MgO	6.6	5.7	5.2	5.49
CaO	4.8	4.92	5.1	4.92
ZnO	4.7	—	4.5	—
BaO	3.7	3.7	4.7	3.8
PbO	1.2	—	—	—
Al_2O_3	6.2	5.98	5.8	5.85
Fe_2O_3	4.5	4.5	—	4.4
B_2O_3	0.8	0.23	—	−0.23
SiO_2	3.4	3.25	2.9	3.24
TiO_2	3.0	—	2.5	—
ZrO_2	24.1	—	3.5	—
CaF_2	3.7	—	—	—

【例 4-3】 某陶瓷厂用铅釉的化学组成见表 4-10，试计算该釉料在 900 ℃和 1 000 ℃时的表面张力。

表 4-10 某铅釉的化学组成

氧化物	SiO_2	Al_2O_3	PbO	Fe_2O_3	CaO	MgO	K_2O	Na_2O	合计
质量分数 /%	28.50	1.50	65	3.80	0.20	0.22	0.45	0.14	99.81

解： 由式（4-9）和表 4-9 给出的表面张力计算得：

$\sigma_{900℃}=$（3.4×28.50+6.2×1.50+1.2×65+4.5×3.80+4.8×0.20+6.6×0.22+0.1×0.45+1.5× 0.14）$\times 10^{-3}$=0.204（N/m）

1 000 ℃时釉的表面张力 $\sigma_{1 000℃}$，可按照温度每升高 100 ℃降低 1% ～ 2% 估算：

$$\sigma_{1 000℃}=0.204×（1-1.5\%）=0.201（N/m）$$

2．釉的膨胀系数、抗拉强度和弹性

陶瓷坯上的薄釉层，有时可使制品的机械强度提高 20% ～ 40%，热性能也随之有显著改善。但有时起相反作用，使制品发生弯曲变形，甚至出窑后釉面立刻出现裂纹，或从坯上剥脱。前者称为釉裂或早期龟裂，后者称为剥釉。

产生两种截然不同作用的主要影响因素是釉与坯膨胀系数的适应性、釉本身的机械强度和弹性的大小。

（1）釉的膨胀系数。釉层受热膨胀主要是由于温度升高时，釉层内部网络质点热振动的振幅增大，导致其间距增大。釉的热膨胀用一定温度范围内长度膨胀率或线膨胀系数表示。在室温 T_1 和加热至温度 T_2 之间的长度膨胀率 ε 为

$$\varepsilon=\frac{T_2\text{ 时的长度 }-T_1\text{ 时的长度}}{T_1\text{ 时的长度}}×100\%=\frac{L_{T_2}-L_{T_1}}{L_{T_1}}×100\% \tag{4-10}$$

而线膨胀系数为

$$\alpha_{T_2-T_1}=\frac{1}{T_1\text{ 时的长度}}×\frac{T_2\text{ 时的长度 }-T_1\text{ 时的长度}}{T_2-T_1}=\frac{L_{T_2}-L_{T_1}}{L_{T_1}}×\frac{1}{\Delta T} \tag{4-11}$$

由以上两式可知：

$$\alpha=\varepsilon/\Delta T$$

由于组成的不同及受热行为的差异，各种陶瓷坯体、釉的热膨胀系数是不同的。其范围见表 4-11。

表 4-11　陶瓷坯体、釉的热膨胀系数

材质		α（20 ℃～ 700 ℃）/（$\times 10^{-6} \cdot K^{-1}$）	
		坯体	釉
普通陶瓷	硬质瓷	4.5 ～ 5.0	3.5 ～ 4.8
	软质瓷	5.5 ～ 6.3	5.0 ～ 5.5
	普通日用瓷	4.1 ～ 5.0	3.0 ～ 5.0
	低温瓷	4.5 ～ 6.5	4.3 ～ 5.8
	耐热炻瓷	4.6 ～ 5.4	4.5 ～ 4.9
	彩饰炻瓷	5.7 ～ 7.1	5.6 ～ 6.6
	硬质精陶	7.0 ～ 8.0	—
	黏土精陶	8.8 ～ 9.8	7.0 ～ 8.1
	石灰精陶	5.0 ～ 6.0	5.0 ～ 5.8
	艺术彩陶	7.0 ～ 9.1	6.7 ～ 8.0
特种陶瓷	刚玉瓷	5.0 ～ 5.5	—
	莫来石瓷	4.0 ～ 4.5	—
	滑石瓷	6 ～ 7	5 ～ 6

根据有关文献介绍，坯体的热膨胀系数一般为（1 ～ 60）×10^{-7}/K，最好是在（5 ～ 20）×10^{-7}/K 之间，釉的膨胀系数最好比坯体低 10×10^{-7}/K。

釉的热膨胀系数取决于釉的组成。由于釉的结构类似玻璃，其组成对热膨胀系数的影响也类似玻璃。凡是能形成加强玻璃结构网络的组分，均使膨胀系数下降，如 SiO_2、Al_2O_3 等；反之，凡是使玻璃结构网络断裂或降低其键强的组分，均使膨胀系数升高。如碱金属及碱土金属的氧化物，但 B_2O_3 例外。当 B_2O_3 的加入量少于 12% 时，能降低膨胀系数；当 B_2O_3 的加入量超过 12% 时，又使膨胀系数升高，形成所谓的"硼反常"现象。

在不同的温度范围内，测得的膨胀系数值是不同的。在釉的工业试验中，一般测定室温到釉的固化点（为 500 ℃～ 550 ℃）的膨胀系数值。因此，表示釉的膨胀系数值时应将温度范围标明。

（2）釉的抗拉强度和弹性。釉的抗拉强度和弹性模数的大小直接影响着坯釉的结合。釉的抗拉强度远低于它的抗压强度，仅为 30 ～ 50 MPa，而抗压强度平均为 1 000 MPa。

弹性表征着材料的应力与应变的关系，弹性小的材料抵抗变形的能力强。通常用弹性模数 E 来表示材料的弹性，它与弹性呈倒数关系。

釉的弹性模数大，则弹性小，对于补偿坯、釉之间接触层中所产生的应力及对于机械作用所产生应力的应变能力就小；反之，陶瓷坯中玻璃相的弹性模数越小，弹性就越大，则加热或冷却速度可以增大，而不致造成釉面缺陷。

影响弹性的因素有很多，除化学组成外，气泡的大小和数量、釉层的厚度及釉的不均匀性等因素都与其有很重要的关系。试验证明，釉的组成对釉的弹性模数的影响是：碱土金属氧化物能提高釉的弹性模数，而其中影响最大的为 CaO；碱金属氧化物则能降低釉的弹性模数；B_2O_3的含量不超过12%时能提高弹性模数，若含量再增大，则弹性模数降低。一般釉的弹性模数为 59 ～ 69 GPa，见表4-12。

表4-12 釉料的组成与弹性模量

釉号	化学组成（质量）/%						弹性模量 /GPa	抗张强度 /MPa
	K_2O	CaO	MgO	BaO	Al_2O_3	SiO_2		
1	10				15	75	63.0	150.0
2	7.5	2.5			15	75	65.6	161.7
3	5	5			15	75	68.3	171.5
4	2.5	7.5			15	75	71.8	175.4
5		10			15	75	73.5	179.3
6	7.5		2.5		15	75	66.7	159.7
7	5		5		15	75	70.2	169.5
8	2.5		7.5		15	75	73.9	179.3
9			10		15	75	77.4	189.1
10	7.5			2.5	15	75	63.8	133.3
11	5			5	15	75	64.6	126.4
12	2.5			7.5	15	75	65.4	126.4
13				10	15	75	66.2	132.3

釉的抗拉强度和弹性模数与组成之间的关系极为复杂，在同一釉中，因氧化物的种类和数量不同而不同；同一氧化物由于釉的种类不同，对上述性质的影响也不同，如图4-3、图4-4所示。

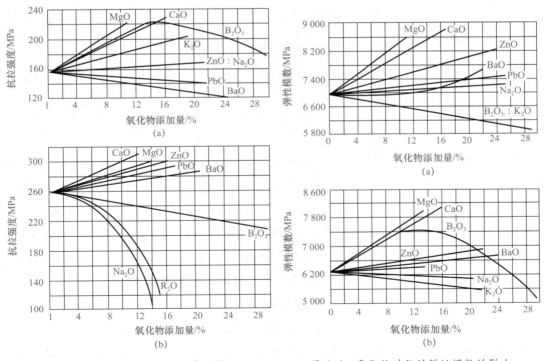

图4-3 氧化物对釉的抗拉强度的影响
（a）、（b）分别为不同基釉

图4-4 氧化物对釉的弹性模数的影响
（a）、（b）分别为不同基釉

（3）釉的热膨胀系数与弹性模数的计算。由于釉近似于玻璃，与釉的表面张力一样，釉的膨胀系数、弹性模数和抗拉强度等一系列物理性能有时也可利用玻璃的加和性法则进行估算。计算时要引进相应的加和性系数（或称性能因子），即每种组分 1% 含量对某物性参数所提供的影响系数。其计算公式（加和性方程式）与式（4-8）相同。

表 4-13 所列为文凯尔曼和索特以及因格利斯提出的主要玻璃态氧化物的加和性系数。

表 4-13　主要玻璃态氧化物的加和性系数

氧化物	体积膨胀系数因子 / （×10⁻⁷ · K⁻¹）		抗张强度（据 W 和 S 资料）/ （×10⁵ Pa）	抗压强度（据 W 和 S 资料）/ （×10⁵ Pa）
	15 ℃时（据 W 和 S 资料）	100 ℃以下时（据 E 资料）		
SiO_2	0.8	0.15	0.09	1.23
B_2O_3	0.1	1.98	0.065	0.90
P_2O_5	2.0	—	0.075	0.76
Al_2O_3	5.0	0.52	0.05	1.00
Na_2O	10.0	12.96	0.02	0.52
K_2O	8.5	11.70	0.01	0.05
CaO	5.0	4.89	0.20	0.20
MgO	0.1	1.35	0.01	1.10
PbO	3.0	3.18	0.025	0.48
ZnO	1.8	0.21	0.15	0.60
BaO	3.0	5.20	0.05	0.65
Fe_2O_3	—	—	—	—

注：W 和 S 资料是指文凯尔曼和索特（Winkelman and Schott）的资料；E 资料是指因格利斯（English）的资料。

与计算釉的表面张力相同，在使用此法计算釉的膨胀系数、弹性模数和抗拉强度等物理性能时，必须注意它的误差和使用范围。有条件时，釉的膨胀系数、弹性模数和抗拉强度应由试验确定。

在陶瓷行业中，利用加和性法则来估算釉的膨胀系数较为普遍。利用式（4-8）计算釉的膨胀系数时，式（4-8）中 P 为釉的膨胀系数；C_1，C_2，C_3，…，C_n 为膨胀系数因子。在计算釉的膨胀系数时，以 α 代表线膨胀系数，以 β 代表体积膨胀系数，则

$$\beta_{釉} = \beta_1 X_1 + \beta_2 X_2 + \beta_3 X_3 + \cdots + \beta_n X_n \tag{4-12}$$

由于陶瓷的坯和釉的膨胀系数均较小，故其体积膨胀系数 $\beta_{釉}$ 可以近似地等于 $3\alpha_{釉}$。

【例 4-4】　某瓷厂的釉料其化学组成见表 4-14。试利用加和性法则来粗略估算该釉的膨胀系数。

表 4-14　某瓷厂的釉料化学组成

氧化物	SiO$_2$	Al$_2$O$_3$	CaO	K$_2$O	Na$_2$O	PbO	合计
质量分数 /%	37.40	4.17	3.85	7.34	1.19	45.92	99.87

解：利用加和性公式（4-12）和表 4-13 中体积膨胀系数的加和性系数（W 和 S 资料）计算得

$$\beta_{\text{釉}} = \beta_1 X_1 + \beta_2 X_2 + \beta_3 X_3 + \cdots + \beta_n X_n = (0.8 \times 37.40 + 5.0 \times 4.17 + 5.0 \times 3.85 + 8.5 \times 7.34 + 10.0 \times 1.19 +$$

$$3.0 \times 45.92) \times 10^{-7}$$

$$= 282.07 \times 10^{-7}（\text{K}^{-1}）$$

线膨胀系数 $\alpha_{\text{釉}} = \dfrac{1}{3} \times \beta_{\text{釉}} = \dfrac{1}{3} \times 282.07 \times 10^{-7} = 94.02 \times 10^{-7}（\text{K}^{-1}）$

必须指出，由于坯与釉之间形成中间层、坯与釉组分相互渗透及釉中可能存在结晶物质，使熔融的釉不能达到均一状态，因此，按照加和性法则计算所得的结果并不能真实表现釉的某一物理性质，而只能作为参考与比较之用。

（4）釉的膨胀系数调整方法。釉的膨胀系数过大时，则可以按下列方法之一进行调整：

1）增加 SiO$_2$ 的含量，并同时降低碱性氧化物熔剂的含量。

2）加入 B$_2$O$_3$ 或提高 B$_2$O$_3$ 含量以部分取代 SiO$_2$，使釉的熔融温度降低。

3）加入低相对分子质量的碱性氧化物，按照分子数之比取代高相对分子质量氧化物熔剂，如以 CaO 取代 MgO，实际上，这样就相应地提高了 SiO$_2$ 的含量。

如果釉的膨胀系数过低，则可以采取与上述相反的方法予以调整。

3. 釉的化学稳定性

釉在坯体表面的熔融过程中发生一系列的物理化学变化，其中包括一部分制釉原料的脱水、氧化与分解的过程；釉的组分相互作用生成新的硅酸盐化合物的过程；釉的组分的熔融与溶解而形成玻璃的过程及釉与坯相互作用的过程。

釉（玻璃）的化学稳定性取决于硅氧四面体相互连接的程度；硅氧四面体网络结构越完整，即连接程度越大，则釉（玻璃）的化学稳定性越高。硅酸盐玻璃中由于含有碱金属，或还含有碱土金属氧化物，这些碱金属或碱土金属阳离子嵌入硅氧四面体网络结构中，使 Si—O 键断裂，而降低了釉耐化学侵蚀的能力。受侵蚀的釉面，将变得无光，以致出现凹坑。

在某些情况下，钠 - 钙 - 硅质玻璃的表面损坏，在某些情况下是由于水解作用造成的。水解作用生成苛性碱及硅凝胶（SiO$_2 \cdot n$H$_2$O），反应式如下：

$$\text{Na}_2\text{SiO}_3 + 2\text{H}_2\text{O} \rightarrow 2\text{NaOH} + \text{H}_2\text{SiO}_3$$

硅凝胶可以在玻璃表面均匀地或不均匀地成为一层胶体保护膜。在这种情况下，玻璃的破坏速度就取决于水解速度和水通过硅凝胶保护层的扩散速度。

氧化硼（B_2O_3）在釉组成中取代部分碱金属氧化物（不超过12%），对提高釉的化学稳定性有良好的作用。这是由于［BO_4］四面体可以与硅氧四面体直接连接，并促使碱金属离子与之紧密连接，而降低了水解作用。过量的 B_2O_3 会导致 B_2O_3—SiO_2 的键强减弱，而降低釉的化学稳定性。

在国内日用瓷的生产中，除精瓷外，极少应用含 PbO 的釉料。但必须指出，铅釉的抗水解作用能力，比其他二价金属氧化物所组成的釉料高，其比较顺序为 PbO ＞ BaO ＞ MgO ＞ CaO ＞ ZnO。其所以如此，可能是由于铅离子可以在氧化硅单元之间形成桥连所致（尚未完全证实）。

提高 CaO 的含量，特别是加入氧化锆或氧化铍，能增强釉料的耐碱侵蚀能力。

总之，就一般釉料而言，碱金属氧化物的减少，可以提高釉的化学稳定性，但减少碱金属氧化物将导致釉料黏度与烧成温度的提高。

4. 各种氧化物对釉性能的影响

釉料中各氧化物对釉性能的影响，可粗略归纳见表4-15。各种氧化物对釉的几种性能可以同时产生影响，在确定釉料组成和实际生产中要明确主要影响，从定性方面综合分析并加以利用。

表4-15　各氧化物对釉性能的影响

性能指标	氧化物											
	SiO_2	Al_2O_3	Li_2O	Na_2O	K_2O	CaO	MgO	BaO	ZnO	PbO	B_2O_3	ZrO_2
成熟温度	+	+	−	−	−	−	−	−	−	−	−	+
黏度、表面张力	+	+	−−	−−	−−	高温— 低温+	−	+	+		＜15% + ＞15% −	+
膨胀系数	−	−	−	+	+	−			−		＜15% −	−
弹性模数			−	++		+	+	+	+	+	＜15% − ＞15% +	
光泽				+				+	+	++	+	+
化学稳定性	+	+	−	−	−	−	−	−	+	+	−	+
析晶性能	+			−		++	+	+			−	

注：表中"＋"表示提高、增加或改善该性能指标；"－"表示降低、减少该性能指标；"＋＋"表示显著提高、增加或改善该性能指标；"－－"表示显著降低、减少该性能指标。

陶瓷墙地砖吸湿膨胀性的原因是什么？其与坯釉的膨胀系数有关系吗？

三、坯釉适应性

坯釉适应性是指熔融性能良好的釉熔液，冷却后与坯体紧密结合成完美的整体，不开裂也不剥落的能力。影响坯釉适应性的因素是复杂的，主要有四个方面，即坯、釉二者膨胀系数之差；坯釉中间层，釉坯的弹性和抗张强度及釉层厚度。坯釉之间不能协调好，往往会产生釉裂或剥釉，特别是在制釉中控制釉的热膨胀系数是非常关键的。

1. 膨胀系数对坯釉适应性的影响

由于釉与坯是紧密联系着的，所以当釉的膨胀系数低于坯时，在冷却过程中，釉比坯体收缩小。釉除受本身收缩作用自动变形外，还受到坯体收缩时所赋予它的压缩作用，使它产生压缩弹性变形，从而在凝固的釉层中保留永久性的压缩应力；反之，当釉的膨胀系数大于坯时，则釉受到坯体的拉伸作用，产生拉伸弹性形变，釉中就保留着永久张应力。具有压缩应力的釉，一般称为压缩釉，由于常用"+"号表示压应力，故又称正釉。同理，具有张应力的釉称为负釉。当坯釉膨胀系数相等时，釉层应无永久热应力。

因为釉与玻璃一样属脆性材料，其抗压强度远大于抗张强度，故负釉易裂。正釉一方面能减轻表面裂纹源的危害，另一方面能抵消一部分加在制品上的张力负载。因此，相对而言，正釉不仅不裂，反而能提高产品的机械强度，起到改善表面性能和热性能的良好作用，并能防止产生裂纹等缺陷。例如，某电瓷产品在施釉前后抗折强度明显不同，它的热稳定性也随之提高（表4-16、表4-17）。

表 4-16　釉对产品强度的影响

试样尺寸 $\phi 20$ mm	膨胀系数 $\alpha/（10^{-6} \cdot K^{-1}）$	抗折强度 /MPa
无釉瓷坯	5.5（坯）	78
施白釉产品	5.02（釉）	102
施棕釉产品	4.86（釉）	102.2

表 4-17　抗折强度与热稳定性

釉号	抗折强度 /MPa	受热冲击次数
1	108.3	1
2	120.9	37
3	136.7	> 76
4	143.3	> 76

如果釉的膨胀系数比坯的小得太多，则釉中压应力超过釉层的耐压极限时，易引起釉层剥脱或导致制品变形。图 4-5 及图 4-6 分别表示釉的膨胀系数过小或过大所引起的缺陷。

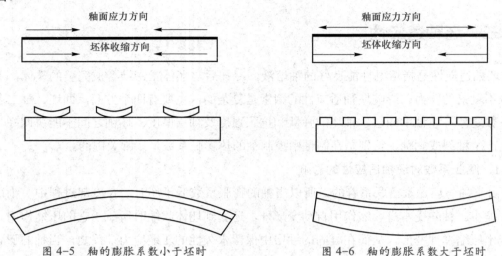

图 4-5　釉的膨胀系数小于坯时　　　　　图 4-6　釉的膨胀系数大于坯时

据统计，釉裂制品的釉应力波动在 −1.0 ～ −50.0 MPa；无裂制品的釉应力在 −20.0 ～ +110.0 MPa，绝大多数无裂制品的釉应力在 +50.0 ～ +80.0 MPa，通常称为安全应力值。具有 −20.0 MPa 张应力的制品，在放置或使用时，会因外界的引发而出现釉裂。

2．中间层对坯釉适应性的影响

在釉烧时，釉中一些组分迁移到坯体的表层，而坯体中有些组分也会扩散到釉中，在釉中熔解，通过这种相互的扩散、熔解和渗透，使坯釉接合部位的化学组成及物理性质均介于坯与釉之间，结果形成了中间层，中间层的形成可促使坯釉间热应力均匀，发育良好的中间层填满坯体表面缝隙，有助于釉牢固附着在坯体上。

（1）中间层对坯釉结合性的具体影响。

1）降低了釉的热膨胀系数，消除釉裂。烧釉后由于釉中的 Na_2O、K_2O 等向坯体扩散而含量减少，但坯体 Al_2O_3 和 SiO_2 则相应向釉中扩散，这交换的结果，使釉的热膨胀系数降低，甚至可由 $\alpha_{釉} > \alpha_{坯}$ 变为 $\alpha_{釉} < \alpha_{坯}$，即釉由承受张应力而转变为压应力，从而消除了釉裂。

2）中间层可以析出莫来石、钙长石、硅灰石类晶体。通常认为，含有晶体的中间层，由于物理与化学的均匀性都极差，对坯釉的结合应起不利的影响。但若中间层生成了与坯体性质相近的晶体，则有利于坯釉结合；反之，则不利于坯釉结合。例如，在瓷质产品坯釉中间层生成了渗入釉层的莫来石晶体，其起着楔子一样的作用，加强了坯釉结合，但如莫来石晶体在中间层过分发育，反而有产生釉层崩落缺陷的可能，影响了坯釉结合。有研究表明，在高铝质精陶中，虽然中间层极薄，然而坯釉的结合并不差，釉裂概率很小，认为是由于中间层生成了致密的尖晶石所致；测试建筑精陶也得到同样结论，纯玻璃质中间层和沿坯釉接触线析出 $\beta-Al_2O_3$ 晶体的中间层，似乎有利于坯釉的结合，而钙长石类晶体可能起有害作用。实践证明，硅含量高的坯料适用于长石质釉；铝含量高的坯料适用于石灰釉；钙含量高的坯料适用于硼釉、硼铅釉。

3）釉熔解了部分坯体表面，并渗入坯体，坯釉接触面积增大，有利于釉的黏附，增加了坯釉适应性。

总之，中间层对提高坯釉结合性有利，但其具体的影响还受坯釉种类及中间层厚度的影响。当坯釉组成相似，热膨胀系数相差不大时，这时中间层的影响就很小，如瓷器的坯釉结合。而当坯、釉的热膨胀系数相差较大时，中间层就起着非常重要的作用。

（2）影响中间层发育的主要因素。中间层是坯釉反应的产物，影响其发育的因素主要是坯釉的化学组成和烧成制度。

1）坯釉组成对中间层发育的影响。若坯釉化学组成相差越大，则反应得越激烈，中间层形成速度快，而且厚，发育较好。实践证明：含 PbO、B_2O_3 的釉，中间层发育较好。素木洋一认为，坯体中含 CaO、Al_2O_3 和石英容易被熔体侵蚀，提高了在釉烧过程中釉的化学活性，所以能促进中间层的生成，有利于坯釉结合。

2）烧成制度对中间层发育的影响。烧成温度越高，烧成时间越长，釉的溶解作用越大，釉中组分的扩散作用越强，坯釉反应越充分，中间层发育良好，则坯釉结合性变好。

3）釉料的细度和厚度对中间层发育的影响。釉料越细则越适用于坯釉反应，扩散作用加强，中间层发育良好。釉层薄，熔化后釉组分变化大，中间层相对厚度增加，发育较好。

因此，在实际生产中，要在生产工艺许可条件下，尽量提高烧成温度、延长烧成时间、增加釉料细度等以增加坯釉结合性。

（3）釉的弹性和抗张强度对坯釉适应性的影响。釉的弹性和抗张强度是抵抗和缓和坯釉应力的另一个重要因素。由于具有较低弹性模量的釉，其弹性形变能力大，弹性好，抵抗坯釉应力或外界机械张力及热应力的能力强，有利于坯釉适应，而釉的抗张强度大，也可抵消部分坯釉应力，对坯釉结合也非常有益。

从弹性的角度出发，要求使釉的弹性模量适用于坯，也就是说使之相互接近。因为无论坯釉，弹性模量大者，弹性形变能力就小，如釉的弹性形变能力低于坯，对坯釉适应极为不利，从抗张强度的角度出发，釉的抗张强度越高，坯釉适应性越好，釉面越不容易开裂。但实际上，釉的弹性和抗张强度很难同时统一起来，因为釉的弹性和抗张能力在极大程度上取决于釉的化学组成与釉层厚度。在釉中，有的氧化物弹性模量小，但是，其强度因子很低，见表4-18。

表 4-18　一些氧化物的热膨胀系数、弹性模量和抗张强度因子

氧化物	热膨胀系数（0 ℃～100 ℃）α_V（×10⁻⁷）	弹性模量 E/（×10⁻² MPa）	抗张强度因子 /MPa
CaO	4.4	416	2.0
MgO	0.1	250	0.1
ZnO	1.8	364	1.5
BaO	3.0	356	0.5

从表 4-18 中可以看出，MgO 虽然抗张强度因子很小，但因为其弹性模量小、弹性好，从而弥补了其抗张强度小的弱点，故引入 MgO，坯釉结合很好。如引入 CaO，釉的抗张强度虽然明显提高，然而釉面开裂反而增多，原因是釉的热膨胀系数和弹性模数都明显提高。因此，泽曼认为，在精陶釉中加入 MgO，釉面开裂最少，加入 ZnO、BaO 次之，加入 CaO 则最多。但是，如果在生料釉中，钙质釉与铝质坯就会结合得非常好。所以，在不考虑釉的热膨胀系数的情况下，究竟是釉的弹性还是抗张强度对坯釉结合影响大，对此很难下定论，因坯釉种类不同而异。

（4）釉层厚度对坯釉适应性的影响。釉层的厚薄，在一定程度上，对坯釉适应性也有一定影响，一般来说，薄的釉层对坯釉适应有利，原因有以下两个：

1）薄釉层在煅烧时组分的改变比厚釉层相对变动大，釉的热膨胀系数变化得也多，使坯、釉的热膨胀系数相接近，同时中间层相对厚度增加，故有利于提高釉的压应力，使坯釉结合良好。当釉层较厚时，坯釉中间层厚度相对地降低，因而不足以缓和两者之间的热膨胀系数差异而出现的有害应力。目前，建筑陶瓷新产品"抛光釉"，其烧成后釉层厚度可达 3 mm 左右，然后抛光，这些产品更应考虑坯釉结合问题。

2）釉层厚度越小，釉内压应力越大，而坯体中张应力越小，这样有利于坯釉结合。但釉层太薄容易发生干釉现象，因此，釉层的厚度应根据工艺需要适当控制，一般小于 0.3 mm。如精陶透明釉厚度一般为 0.1 mm 左右。

（5）调整坯釉适应性的方法。如上所述，釉与坯中间层对调和釉与坯间性质上的差异，增进坯釉结合起着很大的作用。为此，必须使釉与坯的化学性质保持适当的差别。如果坯的酸性较高，则应采用中等酸性的釉；如果坯体的酸性是中等的，则应采用弱酸性的釉。如果坯的酸性弱，则釉应是接近中性或很弱的碱性。坯釉之间的化学性质相差过大，则作用强烈而会出现釉为坯所吸收的干釉现象。

釉与坯体之间的反应，除与化学性质有关外，其反应速度还与煅烧温度和时间有关。釉对生坯的反应要比对素烧坯体的反应强烈。

另外，要调整坯釉膨胀系数 α 值使之相互适应，这是一个复杂的技术问题。在实践中通常总是通过改变釉的组成来解决这个问题。但有时也可改变坯的组成。表 4-19 所列为改变坯或釉使之相适应的几种方法。

表 4-19　改变坯和釉使之相适应的几个方法

缺陷	调整坯体	调整釉料
釉产生开裂 （$\alpha_{\text{釉}} > \alpha_{\text{坯}}$）	（1）降低可塑性组分（黏土）的含量，相应提高石英含量； （2）用塑性黏土代替一部分高岭土； （3）降低长石含量； （4）提高石英的研磨细度，并搅拌均匀； （5）提高坯体的素烧温度，并延长保温时间	（1）增加 SiO_2 含量，或降低熔剂含量，以提高釉的熔融温度范围，但以不达到三硅酸盐为限。必要时可同时加入 Al_2O_3，使酸性氧化物不致过量而产生失透现象； （2）在酸和碱间的比例保持不变的条件下，加入或提高硼酐含量，以部分地代替 SiO_2； （3）以低分子量的碱性氧化物代替部分高分子量的碱性氧化物，这样就相应地提高了 SiO_2 含量，从而提高了熔融温度； （4）增加釉的弹性模数，如以锂代钠
釉产生剥落 （$\alpha_{\text{釉}} < \alpha_{\text{坯}}$）	（1）增加可塑性组分，同时减少石英含量； （2）用高岭土代替一部分塑性黏土； （3）提高长石含量； （4）降低石英研磨细度； （5）降低坯体的素烧温度	（1）降低 SiO_2 含量，或增加熔剂含量； （2）在酸和碱之间的比例保持不变的条件下降低硼酐含量，并以石英代之； （3）用高分子量的碱性氧化物代替部分低分子量的碱性氧化物，以降低石英含量

想一想

釉层出现开裂和剥落的主要原因是什么？什么样的釉层才能使瓷中的机械强度最大？

单元二　制备工艺流程选择及质量控制

釉浆的制备就是将釉用原料按釉料配方比例称量配制后，在磨机中加水、电解质等磨制成具有一定细度、密度和流动性浆料的过程。釉料种类有很多，根据对釉料的特殊要求，制备方法也不同。

一、生料釉的制备工艺流程

由于陶瓷生料釉组成内不使用熔块，所以它们仅限于最高烧成温度大于 1 150 ℃时使用。通常可用作生产硬质瓷器、玻化卫生瓷、炻器、电瓷及各种低膨胀坯体的施釉。生料釉内含有矿物熔剂，如长白或霞石

釉浆的过筛除铁

正长岩，外加黏土、石英、碳酸钙、白云石、氧化锌和硅酸钴作为常用原料。低膨胀生料釉还使用透锂长石作为熔剂。生料釉不会有任何形式的玻璃相，在烧成时必须经过足够时间将气体排出，釉熔融后可获得光滑而无气泡的釉面，因此，生料釉烧成时间要比熔块釉长。在烧成温度低于 1 150 ℃时，则宜采用熔块釉料。

生料釉的制备方法与坯料制备基本相同。其制备流程如图 4-7 所示。

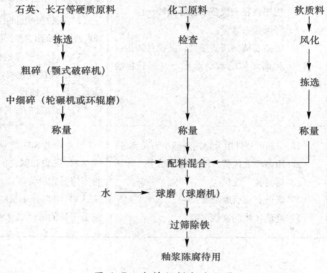

图 4-7　生料釉制备流程图

如果所用硬质原料均为合乎要求的粉料，则流程中的粗中碎工序则可以省去，直接配料入球磨机球磨。

想一想

为什么说生料釉仅限于最高烧成温度大于 1 150 ℃时使用？

二、熔块釉的制备工艺流程

在釉用原料中，有些原料是有毒的，如氧化铅以铅丹引入，而铅丹是有毒的。还有的原料易溶于水影响釉浆成分均匀。熔块釉是将水溶性原料、有毒原料及部分（或全部）其他原料先制成熔块，再与部分生料配合比制成熔块釉。熔块釉包括熔块的制备和熔块釉的制备两部分。

1. 熔块的制备

熔块的制备流程如图 4-8 所示。

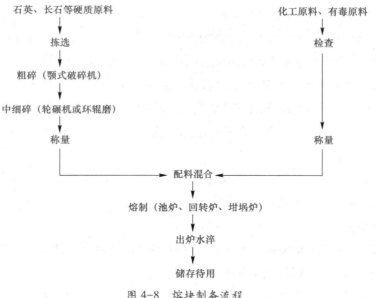

图 4-8　熔块制备流程

2．熔块釉的制备

熔块釉的制备工艺过程与生料釉基本相同，只是将熔块也当作一种"原料"进行加入。其流程如图 4-9 所示。

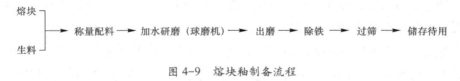

图 4-9　熔块釉制备流程

> **想一想**
>
> 使用熔块釉的目的是什么？

三、釉浆的质量控制

釉料制备有两个方面是至关重要的，一是原料的选择；二是釉浆的质量。

1．原料的选择

原料的选择要注意下列问题：

（1）制釉原料要求纯度高。一般使用拣选级别较高的原料，并与其他原料分开储存，以免杂质混入。

（2）须采用不溶解于水的原料。能溶解于水的原料在施釉时将随着坯体对釉浆水分的

吸收而进入坯体，对坯体性质产生影响。

（3）石英、长石等原料在使用前必须仔细挑选、洗涤，以防止混入杂质。

（4）一般日用瓷厂对于石英均采取先煅烧后使用的方法，一方面可以有利于原料的粉碎；另一方面可以把铁杂质暴露出来并拣出。制釉所用的黏土可以采用部分煅烧过的黏土，以防止黏土产生过量收缩而对施釉质量发生影响。

（5）关于长石，普遍采用钾长石进行配釉。为了减少成熟的釉中产生气泡的倾向，可以将长石先进行煅烧。

（6）利用废瓷粉部分取代长石作为制釉原料，在一些陶瓷企业中已应用。废瓷片在粉碎前必须洗涤，除去泥污与灰尘。

2．釉浆质量控制

陶瓷釉性能与釉浆质量关系紧密，为保证顺利施釉并使烧后釉面具有预期的性能，对釉浆质量应严格要求。一般从以下几个方面予以控制：

（1）釉浆细度控制。釉浆细度是指釉浆中的固体颗粒的粗细程度，一般采用万孔筛余的百分数来表征该参数。釉浆细度直接影响釉浆稠度和悬浮性，也影响釉浆与坯的黏附能力、釉的熔化温度及烧后制品的釉面质量。一般来说，釉浆细，则浆体的悬浮性好，黏附性强，釉的熔融温度比较低，釉坯结合紧密且两者反应充分。但釉浆过细时，会使浆体稠度增大，施釉时容易形成过厚釉层，釉层干燥收缩率大，易产生裂纹、坯釉结合不良等缺陷，降低制品的机械强度和抗热震性。

釉层厚度适中，因釉料过细，高温反应过急，釉层中的气体难以排除，容易产生釉面棕眼、开裂、缩釉和干釉缺陷。另外，随釉浆细度增加，含铅熔块的铅溶出量增加。长石中的碱和熔块中钠、硼等离子的溶解度也有所增加，致使釉浆的碱性增大，釉浆容易凝聚。釉浆细度过粗时，坯釉结合差，而且釉浆悬浮性变差，容易发生沉淀，且釉层不易熔融，釉烧的温度会提高，釉面质量降低。因此，釉料的细度要严格控制。一般陶瓷釉料的细度为万孔筛筛余不超过 0.2%，釉料颗粒组成为：大于 10 μm 的占 15% ～ 25%，小于 10 μm 的占 75% ～ 85%。乳油釉的细度是万孔筛筛余小于 0.1%。

釉料细度控制：在球磨机转速和料、球、水比例一定的情况下，球磨时间越长，釉浆细度越高，反之，釉浆越粗。釉浆的粗细不同，烧后就会有不同的釉面效果。釉浆的粗细对釉的影响很大，所以不宜过粗或过细。

（2）釉浆相对密度控制。釉浆相对密度对施釉时间和釉层厚度起决定作用。釉浆相对密度可用比重来衡量，用同种釉料配制的釉浆相对密度与其比重成正比。釉浆相对密度较大时，短时上釉也容易获得较厚的釉层。但过浓的釉浆会使釉层厚度不均，易开裂、缩釉。釉浆相对密度较小时，要达到一定厚度的釉层须多次施釉或长时间施釉。釉浆相对密度的确定取决于坯体种类、大小及采用的施釉方法。颜色釉的相对密度往往比透明釉大。

日用瓷釉相对密度为 1.36 ～ 1.75，精陶釉为 1.5 ～ 1.6，粗陶釉为 1.6 ～ 1.8。生坯浸釉时釉浆相对密度为 1.4 ～ 1.45；素坯浸釉时相对密度为 1.5 ～ 1.7；烧结坯所施釉浆更浓，要求相对密度为 1.7 ～ 1.9；机械喷釉的釉浆相对密度范围可大一些，一般为 1.4 ～ 1.8。

釉浆使用时还应根据室温的变化来调整。冬季气温低，釉浆黏度大，釉浆相对密度应适当调小一些；夏季气温高，釉浆黏度小，所以相对密度应适当调大一些。

釉浆相对密度控制：当相当密度过大时，直接加入清水；当相对密度过小时，需加入比重较大的同种釉浆或釉粉料。

（3）流动性与悬浮性控制。釉浆的流动性是施釉工艺中重要的性能要求之一。釉料的细度和釉浆中水分的含量是影响釉浆流动性的重要因素。细度增加，可提高釉浆的悬浮性，但太细会釉浆变稠，流动性变差；增加水量可稀释釉浆，增大流动度，但使釉浆的相对密度减小，釉浆与坯体的黏附性变差，并使浆体中的料粒迅速下沉。有效地改变釉浆流动性和悬浮性而不改变釉浆相对密度的方法就是加入添加剂。常用的添加剂有两类，一类是解胶剂，常用的有单宁酸及其盐类、水玻璃、三聚磷酸钠、腐植酸钠、羧甲基纤维素钠及阿拉伯胶等，适量加入可增大釉浆流动性；另一类是絮凝剂，常用的有石膏、氧化镁、石灰、硼酸钙等，少量加入可使釉浆不同程度的絮凝，改善悬浮性能。

另外，陈腐对含有黏土的釉浆性能影响显著，可以改变釉浆的流动度和吸附量并使釉浆性能稳定。经过陈腐的釉浆，附着值会发生明显的变化，达到一定附着值时所需的黏土用量减少。通常，附着值的变化取决于黏土的种类和釉的组成。一般需将釉浆陈腐 2 ～ 3 d，最好是 7 d。

想一想

为什么制釉原料比坯用原料要求纯度高？

单元三　施釉工艺选择及缺陷控制

一、施釉工艺选择

1. 施釉前坯体的表面处理

施釉前，生坯或素坯均需进行表面的清洁处理，以除去积存的尘垢或油渍，保证釉层的良好黏附。

（1）吹灰。吹灰是对施釉坯体的表面进行清洁处理，除去表面的灰尘，可以用压缩空气在通风柜中进行操作。

（2）抹水。抹水是对施釉坯体的表面进行进一步清洁处理，除去坯体表面的灰尘、油渍等污物，增强坯体表面吸附釉浆的能力。

抹水

抹水操作可以用海绵浸水后湿抹，或以排笔蘸水洗刷坯体。注意海绵或排笔不能蘸水太多，要涂抹均匀、彻底，形状复杂的坯体的凹槽、弯角及内孔等处不能积水。

2. 施釉方法选择

根据产品器型、大小及施釉要求等的不同来选择不同的施釉方法。常用的施釉方法有以下几种：

（1）浸釉法。浸釉法是将坯体浸入釉浆中，利用坯体的吸水性或热坯对釉的黏附而使釉料附着在坯体上，所以又称蘸釉。附着釉层的厚度由坯体的吸水性、釉浆浓度、浸渍时间来进行控制。

浸釉法普遍用于日用陶瓷的生产，以及便于用手工操作的中、小型制品的生产。我国日用瓷厂对盘类制品施釉采用的飘釉法也是浸釉法的一种。

随着陶瓷生产的机械化与自动化，有些过去采用浸釉法施釉的已改为采用淋釉法施釉，有些则采用机械手浸釉。

（2）喷釉法。喷釉法是指利用压缩空气通过喷釉器将釉料雾化，使之黏附于坯体表面。此种施釉方法适用于大型产品及造型复杂或薄胎等需要多次施釉的产品，可以多次喷釉以进行多釉色的施釉，并且能够获得较厚的釉层，很多瓷砖厂都在使用这种方式进行施釉。喷釉法普遍用于日用陶瓷、建筑卫生陶瓷的生产中。喷釉法可分为手工喷釉、机械手喷釉和高压静电喷釉。

压力喷釉

1）手工喷釉。手工喷釉采用喷釉器或喷枪，有静压喷釉和压力喷釉两种方式。静压喷釉是利用高位槽所产生的静压，使釉浆流向喷枪。由于受高位槽距喷枪操作地点的高度（垂直距离）限制，一般为 $1.8 \sim 2.0$ m，因此，喷枪前的釉浆压力仅为 $0.025 \sim 0.035$ MPa，压力低，则喷出速度小，釉浆附着力低，釉层厚度难以保证。压力喷釉是利用压力釉浆罐或釉浆泵输出压力为 $0.1 \sim 0.3$ MPa 的釉浆，使喷枪出口雾粒的流速和流量提高，成品釉层厚度增加，质量提高，喷釉效率也明显提高。国内大部分瓷厂采用的是压力喷釉。

2）机械手喷釉。机械手喷釉属于自动喷釉，其全套设备主要包括坯体传输联动线、可控制转动角度的承坯台、喷枪及其控制系统等。

目前所使用的机械手有两种，一种是示教式机械手，使用前先由一名熟练的喷釉工，手动控制机械手上的喷枪进行施釉，在完成全套操作后，计算机即将这些操作程序记忆在机器里，以后的操作就可直接由机械手来自动重复完成相同的喷釉动作；另一种是编程式机械手，使用前需先由编程人员，根据产品施釉的操作过程参数，编成机器能够识别的程序，输入计算机内，计算机即能按规定的程序操纵机械手进行施釉。喷釉机械手能完成六轴运动，重现误差可小于 0.1 mm。通过控制安放坯件夹板的旋转位置，能使坯件处于正确的位置上。机械手也能围绕坯体运动。操作人员可以利用控制盘来控制坯件的状态，只需要通过键盘输入坯件的代码，机械手就能自动控制坯件的状态。

由于机械手喷釉仍然是利用喷枪进行施釉，其釉浆雾化、沉积的原理与手工施釉并无差别。因此，对所用釉浆的工艺参数、釉层厚度等也与手工喷釉相同。采用机械手喷釉，操作人员可以远离喷釉柜，操作环境大大改善，每件产品间喷釉质量的差别很小，工人的体力劳动减轻，生产效率提高，手工喷釉时的生产效率一般为 100～120 件 / 人班，而机械手喷釉的每条生产线一般为 400～700 件 / 台班。但机械手喷釉投资大，技术要求高，喷釉质量与程序是否适当有关。当变换生产品种时，需要重新修改操作程序。

3）高压静电喷釉。高压静电喷釉是一种以高压静电为核心动力的施釉工艺。带电的釉浆颗粒在高压静电场的作用下向陶瓷坯体表面吸附，喷枪向坯件施釉的速率取决于雾化的质量，没有因压力增高或降低造成的"锤打"及"褶皱"现象。在静电施釉过程中，雾化粒子在 10 万伏高压下相互作用，并使粒子反弹获得极佳的雾化效果，从而保证釉面平滑光润，不起波纹。

雾化后带正电的粒子总是会被吸引到最近的接地物体——湿润的坯体上，釉浆粒子对坯体形成"全包"效果。因此，坯体不会出现人工极易产生的丢枪釉薄缺陷，釉浆粒子受高压电场的作用，对坯表面加速运动，形成高致密吸附层，使瓷产品，如卫生陶瓷的边角挂釉这一技术难题得以解决。

高压静电喷釉与传统喷釉方法的对比：

①喷釉质量好。传统喷釉方法难以解决坯体边缘釉薄的问题，易出现釉面棕眼、针孔等缺陷，而且喷釉不易做到均匀一致；高压静电喷釉可实现"全包"效果，不会出现坯体边缘釉薄的问题。喷釉质量均匀、无色差，而且釉面光滑、致密牢固，克服了釉面针孔、棕眼和波纹缺陷。

②产量高。高压静电喷釉的日产量可达 1 500 件，相当于 18 名工人手工施釉或相当于 4 台机器人喷釉的产量。

③劳动强度低，操作环境好。

④变更产品灵活，能适应市场需求。产品形状变化时，不需更改程序即可照样喷釉；颜色改变时，只需 20 min 即可完成，而机械手喷釉或人工喷釉则需 40 min 才能完成。

高压静电喷釉利用万能传送带的连续运转改变了常规施釉方法时间长、占地大的间歇生产方式，降低了施釉成本费用，是目前陶瓷行业，特别是卫生陶瓷施釉工序设计最先进、工艺技术水平最高的施釉方法。

（3）浇釉法。浇釉法是将釉浆浇到坯体上而形成釉层的一种施釉工艺，又称淋釉法。缸、盆、大花瓶等大型器物多采用此法施釉。浇釉操作是将一块木板安装在一个盆上或缸上，将坯体放置在木板上，操作人员的两手各持一碗或一勺，盛取适量的釉浆，交替向坯体上浇釉浆。两人同时给大型坯体浇釉时，两人的操作工艺要求一致，否则釉层厚度会出现质量差异。对于强度较差的坯体，不能用浸釉法施釉，可使用这种方法施釉。

在釉面砖等的生产中，也广泛采用浇釉法施釉，但方法与上述的有所不同。它是将坯体置于运动的传送带上，釉浆则通过半球形或鸭嘴形浇釉器流下而形成的釉幕给坯体上釉。因此，也可将建筑陶瓷的浇釉工艺又分为钟罩式浇釉法和鸭嘴式浇釉法。

1）钟罩式浇釉法。图 4-10 所示为钟罩式浇釉法示意。钟罩式淋釉机由固定架将钟罩悬吊在砖坯传送带上方 150 mm 左右处，釉浆经供浆管流到釉碗内，并保持一定的釉位高度，从釉碗和钟罩之间长方形扁口中自然流下，在钟罩表面上形成一弧形釉幕流下，当坯体从釉幕下通过时，坯体表面就黏附了一层釉。如果需要进行两次施釉，可在釉碗和钟罩之间开两个对应的长方形扁口，同时形成两池收集后回收利用。钟罩式施釉装置可以使用相对密度高的釉浆，因为其主要用于一次烧成的墙面砖，对于大规格坯体，应使用较宽的钟罩式施釉装置。

钟罩式浇釉法的优点是釉层均匀平滑，能使用相比密度较大的釉料，易于管理，适合安装在自动施釉线上；其缺点是对振动比较敏感。

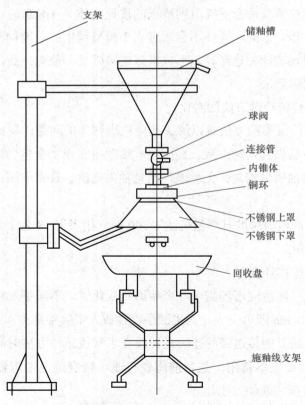

图 4-10　钟罩式浇釉法示意

2）鸭嘴式浇釉法。图4-11所示为鸭嘴式浇釉法示意。鸭嘴式浇釉法（又称扁缝式浇釉法）是釉浆从淋釉装置的扁平缝隙中流出，形成一条釉幕，坯体经过时即被淋上一层釉。采用此法施釉，可通过调整釉幕厚薄、釉浆浓度及传送带速度来获得所需度的釉层。这一设备特别适用于均匀施釉、釉浆相对密度较小（1.40～1.45）的二次烧成砖的施釉。

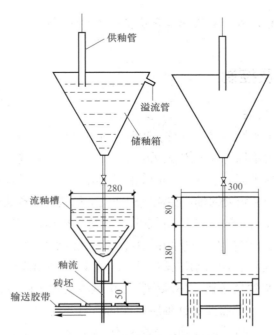

图 4-11　鸭嘴式浇釉法示意

（4）刷釉法。刷釉法又称涂釉，施釉方法之一。用笔或刷子蘸取釉浆在器体表面。刷釉法不用于大批量的生产，多用于长方有棱角的器物或局部上釉、补釉、同一坯体上施几种不同釉料等情况。在艺术陶瓷生产上也常用此法，以增加一些特殊的艺术效果。

刷釉时常用雕空的样板进行涂刷，样板可以使用塑料或橡皮雕制，以便适应制品的不同曲面。曲面复杂而要求特殊的制品，需用毛笔蘸釉涂于制品上，特别是同一制品上要施不同颜色釉时，刷釉法是比较方便的，因为刷釉法可以满足制品上不同厚度的釉层的要求。

（5）荡釉法。荡釉法适用于中空器物如壶、罐、瓶等内腔的施釉。操作方法是将釉浆注入器物内，左右上下摇动，使釉浆布满其内表面，然后将余浆倒出。

此法关键为倒出多余釉浆操作，因为釉浆从一边倒出，则釉层厚薄不匀，釉浆贴着内壁出口的一边釉层特厚，这样会引起缺陷。因此，在倒余釉时动作要快，要在摇晃均匀后迅速使制品口朝下，使釉浆沿圆周均匀流出，釉层才能均匀。

由荡釉法发展而来的有旋釉法，或称轮釉法，日用瓷的盘、碟、碗类放在辘轳车上施釉的应属于旋釉法，如在国内南方一些陶瓷厂制成的生坯强度较差，不能使用浸釉法施

釉，施釉时将盘碟放在旋转的轳辘车上，往盘的中央浇上适量的釉浆，釉浆立即因旋转离心力的作用，往盘的外缘散开，从而使制品的坯体上施上一层厚薄均匀的釉。甩出的多余釉浆，可以在盘下收集循环使用。

想一想

除以上介绍的施釉方法外，你还知道哪些其他的方法吗？

二、施釉缺陷及控制

1. 施釉缺陷及防止方法

（1）缺釉。缺釉是由于坯体擦水不当，使得坯体的含水率不均匀，导致釉在坯体表面的附着力不均匀；坯体表面的灰尘、油污在施釉前未擦干净，从而减弱了釉在坯体表面的附着力；釉浆密度过大，使浸釉操作不易掌握，造成施釉层过厚或棱角处缺釉，在烧成初期发生釉裂而导致缺釉缺陷。解决这种缺陷必须控制好釉浆的工艺性能以方便施釉操作，控制好上釉的厚度，施釉前将坯体上的灰尘、油污用海绵擦净，且擦水均匀。

陶瓷施釉方法

（2）厚度不均匀。施釉后如果釉层薄厚不均，会使产品出现色差，影响外观质量。淋釉、喷釉要按操作标准操作，机械手喷釉应调整好操作程序。无论是浇釉法施釉还是机械手喷釉，都需要保证釉层厚度的均匀一致。

（3）边角出现龟裂。当喷釉、浸釉、淋釉操作不当时，很容易在制品内边角处出现堆釉，致使釉层过厚，产生小裂，如不处理、烧成后就会滚釉。这是因为坯体边缘部分较致密，边角棱角角度较大造成，可通过减少喷水量、釉浆添加盐水等方法解决。

（4）釉面不平。釉面不平时，烧成后的釉面难以平整，影响陶瓷制品的外观质量。产生的原因主要有：喷嘴雾化不好；釉浆的干燥速度过快，流动性不好或密度太大，施釉操作不熟练等。可用整形锉修整喷枪的喷嘴，使其雾化好；调整好釉浆的工艺性能；对施釉工加强技术培训。

（5）釉滴。釉滴是使用机械甩盘甩釉和喷釉的施釉线上最常出现的缺陷。这种缺陷是由聚集在施釉箱内壁的釉滴掉落在坯体上而产生的。釉滴产生的原因有釉箱吸尘装置的吸力不足，使釉雾在釉箱内壁聚集或其他设备运行引起釉箱产生振动等。因此，施釉前可检查施釉箱是否振动；清理吸尘系统，增大吸尘系统吸力等措施。

（6）釉料凝块。釉料凝块是使用机械甩盘甩釉和喷釉的施釉线上最常出现的缺陷。釉料凝块产生的原因与釉滴类似，由施釉箱内壁釉料凝块落到制品上引起的。产生的原因有：吸尘系统吸力过大，当釉料受到过大吸力的影响而撞到釉箱壁上，则容易凝结成硬块；釉料配方中使用的塑性料过高，如墙地砖使用的底釉，由于其配料中塑性料含量高，因此，更容易产生釉料凝块；釉箱振动加速了凝块的脱落。解决这种缺陷的方法是经常清洗施釉釉箱、调整配方工艺等。

（7）施釉量不同引起的色差。坯体施釉量不同会使制品产生色差。施釉导致色差的原因有：釉浆密度发生了变化；坯体吸附釉料或坯体温度发生变化；输釉管堵塞造成施釉量变化。解决方法是按操作规范，定期检测釉浆比重，使其保持稳定，特别是当向施釉罐中添加新釉料时，要检测、调整好后再加入。

（8）缩釉。缩釉是釉面砖生产中经常遇到的一种缺陷。这是由于坯料与釉料在烧成和干燥过程中会发生收缩，二者的收缩率不同。如果坯料与釉料的收缩率相差过大，便会发生釉料开裂，烧成后表现为缩釉。其原因有：

1）釉料球磨过细。釉料被过度球磨后，在干燥过程中会引过度收缩，形成裂纹。通常，球磨时间越长，釉料颗粒越细，则收缩越大，缩釉也越明显。生产中出现这个现象，可以把釉料有意加工得粗一些，然后将两者混合起来，提高釉料的筛余量。

2）釉层过厚。对于同一种颗粒细度的釉料，施釉厚度不同，会出现不同的结果。釉层越厚，越容易产生缩釉。这是因为釉层越厚，收缩越大。可减少釉层厚度，在生产中采用淋釉质量、釉层厚度等办法控制缺陷产生。

3）釉料的物理性能的影响。釉料的一些物理性能，如高温黏度表面张等，对缩釉有很大的影响。釉料熔化时黏度过大便会引起缩釉，因为釉料的表面张力克服了釉料与坯体的粘着力。可调整釉料配方，调整釉料的物理性能。

4）釉料与坯体表面的附着力较弱。如果釉料过细或者釉料中含有太多瘠性原料，釉料就不能与坯体表面很好地粘结在一起。可增加甲基（CMC）的用量或改用更高黏度的甲基；调整釉料配方，改善釉浆的附着力。

5）坯体表面污染。施釉前，坯体存在"保护层"，如油性物质、挥发性物质、尘埃等杂质，结合牢固。施釉后，釉层与坯体间形成假性结合的釉层，在烧成过程中，由于张力的作用产生缩釉。有时，在釉浆中混入机油也会产生缩釉。这种情况一般是由于釉桶或釉浆池上的搅拌机漏油造成的。

6）釉浆存放时间过长。如果釉浆长期不使用，釉料就会慢慢沉淀，一些有机添加剂也会挥发，釉浆性能发生变化从而产生缩釉。可对釉浆进行重新加工，添加釉料添加剂回球研磨。

7）烧成制度不合理。通常表现在预热段升温过快，釉料收缩过快，导致后期熔融后无法填平而出现缩釉。可调整预热煅烧成制度，可以将釉窑头温度适降一点。如干燥窑用的是供热分风器或燃烧棒将窑前段两边对称关闭几组。

2．施釉质量控制方法

（1）适当选择釉的浓度。在上釉时要适当选择釉浆的浓度。釉浆的浓度过小，则在坯体上容易形成釉层过薄，造成烧成制品釉面上的痕迹粗糙，而且烧后的釉面光泽不良。但如釉浆的浓度太大，不但施釉操作不易掌握，且坯体内部有棱角的地方往往上不到釉。施釉后釉面较易开裂，烧后在制品表面上可能产生堆釉等现象。

（2）注意釉料的细度。釉料的粉碎过细，则釉浆黏力过大，含水量过多，在干燥的坯体施釉后，釉面容易发生龟裂，釉层翘起与坯体脱离等现象。如果施釉较厚，这种缺陷会更明显。但如釉料的粉碎不足，则釉浆黏附力过小，釉中的组分容易沉降。而且釉层与坯体的附着不牢固。如出现这种现象，可加入少量凝胶剂或有机物消除。

（3）釉、坯料的成分。釉料中加入的可塑性物料过多，也会造成釉浆的黏力过大。施釉后易发生龟裂、釉层卷起等现象。应调整好黏性物质的含量，同时，坯料中可塑性原料的过多也会影响施釉质量的好坏。因为由于坯体的组织过于致密，缺乏渗透性。施釉时，坯体表面吸收水分而膨胀，但由于水分难以渗透至坯体的内部，以致内外层的膨胀不一致因而发生开裂。此时，应调整坯体配方或将坯体先行素烧，以增加它的吸水性。

另外，烧成制度对釉面发生的缺陷也有较大的影响。冷却带冷、热配合比要适当，正确掌握不同阶段的温度与气氛要求。温度也要控制在釉料所允许的温度范围内或提高溶剂的熔融温度。

陶瓷制品橘皮釉产生
的原因及解决办法

想一想

你知道橘皮釉吗？它产生的原因是什么呢？

技能训练

陶瓷釉料制备及施釉工艺试验（以骨质瓷颜色釉为例）

一、试验目的

理解制备陶瓷釉料的工艺原理，掌握制备陶瓷釉料的工艺步骤，包括配料、研磨、施釉、烧成等过程。本试验由学生亲自动手试制各类陶瓷艺术釉。

二、试验原理

骨质瓷是以动物的骨炭、黏土、长石和石英为基本原料，经过高温素烧和低温釉烧两次烧制而成的一种瓷器，薄如纸、白如玉、明如镜、声如磬，形象地概括了骨质瓷的四大特性。骨质瓷最早产于英国，大约发明于 1 800 年，是世界上公认的高档瓷种，兼具使用和艺术双重价值，号称"瓷器之王"。由于始终遵循顶级制作、顶级消费的原则，始终被认为是身份和地位的象征，曾长期是英国皇室的专用瓷器。

唐山陶瓷生产始于明永乐年间，被誉为"北方瓷都"。唐山骨质瓷呈天然的奶白色，色泽自然温润，白度高、透明度好，敲击产生的声音清脆、余音悦耳，瓷质轻巧，手感细腻。

三、试验仪器设备与药品

1. 仪器设备

天平，药勺，烧杯，量筒，玻璃棒，干燥箱，研钵，骨质瓷素坯，行星球磨机，250 目筛，自控电窑，喷釉机。

2. 药品（试剂）

骨质瓷透明釉，各种色料等。

四、试验步骤

骨质瓷颜色釉料的制备工艺过程包括以下几个主要步骤。

1．配方计算和配料

（1）颜色釉的制备：在透明釉中外加色料即可（如咖啡色、铬绿色等深色料加4%～5%；桃红、黄色、锆钒蓝等浅色料加10%～15%）。

（2）以200 g釉料为单位，计算各配方所需原料质量，用电子天平准确称量（表4-20）。

表 4-20　骨质瓷颜色釉配方组成

配方编号	氧化物种类	透明釉 /%	色料 /%	呈色效果

2．球磨粉碎

粉料的细度对陶瓷釉的效果有重大影响，也对施釉和烧成工艺有直接影响。工业上总是追求用最廉价、高效的手段获得最细的粉料，本试验采用湿法球磨粉碎，料∶球∶水为1∶2∶0.8，球磨时间30 min，为提高球磨效率，应在粗粒的原料配用前先予单独磨细。釉料加工后调合成相对密度为1.4～1.7釉浆，过筛。

3．施釉

采用喷釉、刷釉等施釉工艺，釉层厚度为1.5 mm左右。特别注意：产品施釉时保持釉层上厚下薄，产品底部不允许上釉。

4．烧成

烧成是陶瓷产品的最关键工艺，经过高温下一系列物理化学变化，使生坯转变为拥有特定组织结构和组成的致密瓷体，釉料熔化形成各种颜色与效果的艺术玻璃层。

烧成工艺通常以温度曲线来表示，包括升温速率，最高烧结温度及其时间、降温速率，配方组成确定后，只有用最适宜的烧成工艺，特别是适宜的烧结温度，才能获得最佳性能与效果的艺术陶瓷，这需要通过试验来确定。

本试验烧成温度曲线如下：

室温到500 ℃：200 ℃/h；500 ℃至最高烧结温度：300 ℃/h；最高烧结温度及其保温时间：1 120 ℃、20 min，始终保持氧化气氛；降温速率：随炉自然冷却至室温。

五、试验结果分析

根据呈色效果对试验进行全面的总结与分析，探讨配方、工艺过程、技术参数、操作方法等各种因素对试验结果的影响，找出最佳的配方和工艺条件。

六、思考题

（1）为使作品尽量完美，你认为应把握好哪些工艺要点？

（2）配方中各种氧化物的作用是什么？

陶瓷新材料创新

高温结构陶瓷与"神
舟六号"

拓展知识一

釉上彩和釉下彩

我国古代瓷器的装饰技法是非常丰富的，大体上来说，在宋代及以前，瓷器装饰多以刻花、印花、划花等方法为主，然后施釉烧制。而到了元代，在宋代陶瓷的基本技法之外，开始大量兴起用笔绘制纹饰的方法，这种用彩料在瓷器上画出图案、花纹来装饰的瓷器就叫作彩瓷。

彩瓷从施釉程序上可分为釉下彩和釉上彩两大类。在素坯上作画后再上釉烧制的叫作釉下彩；在坯胎上上釉烧制好以后，在釉面上作画，然后入窑复以低温烧制而成的叫作釉上彩。像为人们所熟知的青花瓷就属于釉下彩，而五彩、珐琅彩、粉彩则属于釉上彩。下面具体介绍釉下彩和釉上彩。

一、釉下彩

釉下彩是在已成型晾干的素坯（即半成品）上绘制各种纹饰，然后罩以白色透明釉或其他浅色面釉，入窑高温（1 200 ℃～1 400 ℃）一次烧成。其特点是彩绘在釉层之下。由于图案被覆盖在釉层下，釉下彩瓷器的表面平滑光亮、不易磨损、永不褪色。

釉下彩的缺点也很明显：颜料与坯体一起烧成，要能经得住高温、抵抗得了釉的溶解，能达到这个要求的品种很少，所以釉下彩的色彩种类比较少，色彩呈现效果也一般，价格也相对较贵。

1. 釉下彩代表青花瓷

青花瓷以钴为颜料，最早诞生于唐代，元代时，由于景德镇卵白釉的成功创烧，让元青花瓷的颜值大大提升并迅速走向成熟，在明代时得到了广泛的应用，在清代康熙年间达到鼎盛，青花瓷属于典型的釉下彩瓷（图4-12）。

2. 釉下彩之釉里红

参照青花瓷的烧制工艺，把钴颜料替换为铜颜料就得到了釉里红，用氧化铜在瓷胎上绘画，然后施釉烧制，利用还原气氛使其呈现出红色。

釉里红创烧于元代，同一时期，景德镇的工匠们把青花和釉里红进行组合，烧制出了瓷器中的顶级贵族——青花釉里红（图4-13）。

图 4-12　青花瓷

图 4-13　釉里红

3. 釉下三彩

釉下三彩是指由青花、釉里红、豆青、三种釉下彩所组成的瓷器（图4-14）。

清康熙时，在青花釉里红的基础上，再次加入以铁作颜料的豆青色，让釉下彩的色彩扩展到了蓝、红、豆青三种，称为釉下三彩或釉里三色。

由于钴、铜、铁三种颜料对温度和气氛（窑炉内含氧量的多少）的要求不同，釉下三彩的烧制难度非常大，传世品极为少见。

4. 釉下五彩

清末光绪、宣统年间，湖南醴陵再次创新，成功烧制出了颜色更为丰富的釉下五彩。

所谓"五彩"，并不是特指5种颜色，事实上醴陵釉下"五彩"用红、绿、蓝、黄、黑五种原色，调配出了丰富的色泽，几乎涵盖所有色系。刚刚创烧就多次获得国际大奖，被誉为"东方陶瓷艺术高峰"（图4-15）。

图 4-14　釉下三彩

图 4-15　釉下五彩

二、釉上彩

釉上彩的历史悠久，远在北齐就有出土釉上彩的陶瓷，早期主要是白彩、绿彩等简单色料为主的釉上彩瓷器。金元时期就出现了釉上五彩瓷，明朝釉上五彩瓷进一步发展，清朝时期出现了闻名中外的珐琅彩和粉彩。

珐琅彩是清代皇室自用瓷器中最为精美的彩瓷器之一，也是釉上彩瓷的代表，从康熙时期色浓庄重至雍正时期的清淡素雅，再到乾隆时期的雍容华贵，珐琅彩洋味十足，丰富多彩的色料在瓷器上发挥得淋漓尽致。粉彩瓷是清宫廷又一创烧的彩瓷，在玻璃质胎釉上施含砷物的粉底，汇上颜料后再用笔洗开，由于砷的乳蚀作用，颜色产生粉化效果。釉上五彩瓷是现代五彩瓷中比较常见的，"五"字在这里不是数词而泛指多种，一般以红、黄、绿、紫、蓝、黑、金七种色彩描绘（图4-16）。

图4-16　釉上彩

釉上彩是先烧成白釉瓷，或者烧成单色釉瓷，也可以烧成多色彩瓷，在这样的陶瓷上进行彩绘后，再入窑经 600 ℃～ 900 ℃二次低温烘烤而成。其特点是将图案直接画在釉层上。釉上彩在低温色釉的基础上发展而来，因为烧成温度比较低，同样需要加入铅等助熔剂。

相比釉下彩，釉上彩的色彩更为丰富。但因为是直接画在釉面上，色料并没有与釉料融合，所以图案部分有凹凸感，易于磨损，并会有微量的铅、镉等元素溶出。

因此，如果釉上彩被用来装饰餐具，基本上都会避开餐具内部或就口的部分。

1. 釉上彩代表粉彩

粉彩是在五彩的基础上发展出的一种釉上彩。粉彩最典型的特征是有浓淡深浅颜色的渐变，逼真而素雅。粉彩在彩绘的时候，会在颜料中添加一种名为玻璃白的白色彩料。而玻璃白具有乳浊作用，能够使画出的图案呈现出一种粉润柔和的效果。

另外，粉彩在彩绘过程中还会用渲染表现明暗，使每一种颜色都有不同层次的变化，增加彩绘的表现力（图4-17）。

2. 釉上彩代表珐琅彩

珐琅，一种矿物颜料，元代时由伊朗引进。把这种颜料绘制在铜胎上，就是著名的景泰蓝，而绘制在瓷胎上，就是珐琅彩。

珐琅彩始创于清代康熙晚期，是清代彩瓷中十分特殊的一种。珐琅彩由朝廷直接从景德镇采购生坯，然后宫廷画师绘制出纹饰最后由皇帝亲自决定以何种纹样烧制的瓷器，在一定程度上代表了皇帝的个人审美，属清代瓷器的极品。

珐琅彩制作过程非常烦琐：先在景德镇烧成白瓷；然后把白瓷送到北京，由宫廷画家彩绘、题诗、署款；最后再由内务府造办处珐琅作烧制。

不同于一般的彩绘颜料，珐琅含有大量的氧化硅（玻璃的主要成分），更像低温铅釉，烧成后表面光滑有玻璃质感，且有一定的厚度，能明显看出立体感和层次感（图4-18）。

图4-17 釉上彩代表粉彩

图4-18 釉上彩代表珐琅彩

康熙时的珐琅颜料全部依靠进口，色彩种类比较少，只能简单地绘制些花卉类题材。

雍正六年以后，清宫造办处开发出近20种珐琅颜料，色彩大大丰富，使珐琅彩瓷器的生产获得突飞猛进的发展，中国古代彩瓷工艺也因此发展到顶峰。

彩图4-12～彩图4-18

拓展知识二

影响陶瓷颜料发色的主要因素有哪些？

陶瓷颜料的发色程度和色调变化非常复杂（图4-19）。影响发色的因素主要有色料本身的纯度，颜料中各种添加物如熔剂、矿化剂等的组成和结构，颜料的烧成焰性、温度、烧成时间、坯釉组成、成型操作方法等，都对陶瓷颜料呈色有影响。例如，纯氧化钴的颜色是黑色的，在高温和 Al_2O_3 作用后呈海纯碧蓝色（Co^{2+} 处于四配位数）和 MgO、SiO_2 作用呈蔚蓝色，和 SiO_2 单独作用呈绀青色（Co^{2+} 处于六配位数，泛紫）和 ZnO 作用

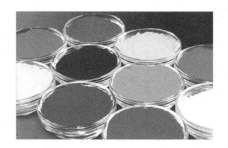

图4-19 陶瓷颜料

呈绿色，和 Mg_2SnO_4 作用呈黄绿色，和 Zn_2TiO_4 作用呈青绿色，和 MgO 作用呈紫红色，和 Fe_2O_3、Cr_2O_3、MgO 作用呈黑色。可见，对某一种呈色原料添加不同的添加剂，其呈

色变化是很复杂的。同样是 CoO，如果釉中含 CaO 较高时，在氧化焰中烧成，CoO 呈黑蓝色，在强还原焰中烧成则呈紫蓝色。

复习思考题

1. 在陶瓷制品中釉料有何作用？陶瓷釉料可分为哪些种类？
2. 釉的膨胀系数受哪些因素的影响？
3. 影响坯釉适应性的因素有哪些？各因素对坯釉适应性的具体影响有哪些？
4. 调整坯釉适应性有哪些常用方法？
5. 简述碱金属氧化物和碱土金属氧化物对釉的黏度和表面张力的影响。
6. 釉浆的工艺性能控制主要有哪几个方面？
7. 常用的施釉方法有哪几种？高压静电施釉有哪些优点？
8. 简述缩釉产生的原因及防止方法。

模块 五 | 陶瓷原料性能检测

知识目标

了解陶瓷矿物原料的质量要求。

了解陶瓷坯料的质量要求。

了解陶瓷原料基础性能检测的内容。

了解坯釉料性能检测的内容。

了解陶瓷生产检测所用的仪器设备。

了解陶瓷生产检测所用的试剂。

了解与陶瓷检测相关的常用标准。

了解陶瓷生产检测的作用。

掌握陶瓷生产检测的方法。

掌握陶瓷生产检测的影响因素。

能力目标

能做检测前的处理工作。

能对检测数据进行处理。

能进行陶瓷原料性能的检测。

能进行陶瓷生产过程中的相关性能检测。

素质目标

具有吃苦耐劳、爱岗敬业的职业道德和积极进取的职业精神。

具有安全意识、绿色环保意识、规范意识、标准意识、质量意识和节约意识。

具有较强的集体意识和团队合作精神，能够进行有效的人际沟通和协作。

具有勤奋、严谨、求实、进取的学习精神。

具有精益求精、追求卓越的工匠精神。

具有良好的身心素质和人文素养，具有不断追求新意境、新见解、敢于竞争的精神。

具有职业生涯规划意识。

案例导入

某陶瓷生产企业，烧制日用陶瓷制品，产品出窑后发现较多数量的惊裂质量事故。针对这一事故，分析陶瓷在生产过程中，矿物原料及坯釉料都有哪些质量要求，哪些性能需要进行检测。

单元一　原料基础性能检测

检测就是对产品的一种或多种特性进行测量、检查、试验、计量，并将这些特性与规定的要求进行比较以确定其符合性的活动。生产和检测是一个有机整体，检测是生产中不可缺少的环节。特别是在现代企业的流水线和自动化生产中，没有检测，生产过程就无法进行。陶瓷生产检测的主要作用如下：

（1）评价作用。将检测出来的结果与标准或预期的要求进行比较，得出定性或定量的结论，从而对质量水平作出评价。

（2）把关作用。通过产品质量的检测，并按有关规定对质量作出判定，使不合格原料不投入使用，上道工序加工不合格的半成品不流入下道工序，不合格的零部件、配件不进入装配线，不合格的产品不出厂，不合格的产品不销售，从而把好质量关。

（3）预防作用。通过质量检测，能对发现的问题进行控制和信息反馈，对造成问题的原因进行分析和改进，可以预防质量问题的再次发生。

（4）保证作用。通过检测，可以保证各类标准的贯彻执行，从而达到保证产品质量的目的。

（5）创新作用。通过检测，及时发现材料的新特点与新性能，所以检测对新材料、新产品的开发，对技术进步和创新有重要的意义。

一、陶瓷物料含水率的测定

1．基本原理

物料的含水率是以物料蒸发失去的水的质量与原物料质量的百分比表示的。试样所失去的水分质量和原湿试样质量的比值的百分数，称为相对含水率（又称湿基含水率）；失去的水分质量和干试样质量的比值的百分数，称为绝对含水率（又称干基含水率）。

陶瓷物料含水率的测定是基于把物料加热驱除水分的原理实现的，加热温度一般控制在 105 ℃～ 110 ℃，测得的水分为物料中机械混合水和吸附水的含量。

黏土物料含水率的
测定

2．仪器设备

恒温干燥箱一台，感量不低于 0.01 g 的天平一台，100 mL 瓷蒸发皿两个，干燥器一个（内装变色硅胶）。

3．检测步骤

（1）取样：任选一种陶瓷生产用矿物原料、塑性坯泥、注浆泥料、入窑坯体等 60 ～ 80 g 作为试样。

（2）取两个蒸发皿经干燥箱 105 ℃～ 110 ℃烘干至恒重，记录蒸发皿质量 m_0。

（3）迅速切取两份 10 ～ 20 g 试样置于蒸发皿中，用天平称量蒸发皿与湿试样质量 m_1。

（4）将盛有试样的蒸发皿移至 105 ℃～ 110 ℃的干燥箱中烘干至恒重，取出置于干燥器中冷却 30 min，称量记录器皿与干试样质量 m_2。

4．记录与计算

按表 5-1 记录检测数据。

表 5-1　含水率检测数据记录

试样名称			测试者			测试日期	
试样处理							
试样编号	器皿质量 m_0/g	器皿与湿试样质量 m_1/g	器皿与干试样质量 m_2/g	湿试样质量 $m_{湿}$/g	干试样质量 $m_{干}$/g	相对含水率 $W_{相对}$/%	绝对含水率 $W_{绝对}$/%
1							
2							
含水率的平均值 $W=（W_1+W_2）/2$							

计算公式：

$$W_{相对} = \frac{m_{湿} - m_{干}}{m_{湿}} \times 100\%$$

$$W_{绝对} = \frac{m_{湿} - m_{干}}{m_{干}} \times 100\%$$

5．注意事项

（1）含水率测定必须作两个平行试验，两个含水率之差不大于 0.4% 时，取其平均值表示结果，否则应重新取样测定。

（2）取样方法要正确，取样量应适当，取样应具有代表性。

（3）称量时应快速、准确，称量应精确至 0.1 g。

（4）测定水分的试样若不能及时测定，需密闭存放在保湿器中，塑性泥料也可用湿布或塑料薄膜包裹好，防止水分蒸发。

想一想

如何减小陶瓷物料含水率测定的误差？

二、陶瓷原料、颜料颗粒分布的测定

1．沉降分析法

（1）基本原理。依据 Stokes 定律，在滞流条件（即雷诺数不大于 0.3）下测试试样的颗粒分布。

测试条件：分散介质应适应样品性质、仪器特点。其黏度值应根据气温变化而调节，使其符合沉降法测试的规定。在测试过程中，室温波动应保持在 ±2 ℃内。测试样品前，试样应按要求烘干，并测出试样的真密度，预先获取颗粒直径不大于 63 μm 的试样。

（2）仪器试剂。容积为 500～600 mL、附有 0～200 mL 刻度，移液管泡室容积为 10 mL 的安氏瓶（图 5-1）2 支，或以 Stokes 沉降定律为设计原理的颗粒分析仪 1 台；超声波分散仪 1 台；感量为 0.1 mg 的天平 1 台；秒表 1 只；容积为 250 mL、100 mL、50 mL 的烧杯若干；100 mL 量筒 1 个；电热干燥箱 1 台，温控范围：室温～150 ℃，精度要求：±2 ℃；分度值为 1 ℃的水银温度计 1 支。

采用的试剂有六偏磷酸钠（AR），分散介质[无水乙醇（AR）、丙二醇（AR）]、蒸馏水。

（3）检测步骤。

1）仪器校正。将干燥的移液管插入充有一定高度蒸馏水的安氏瓶中，转动双通塞将蒸馏水吸入泡室至刻度，然后将双通塞转动至放液位将蒸馏水小心地移入已知质量的 50 mL 烧杯中，称重。重复 3 次，取其算术平均值，计算得出泡室体积 V_p。

将蒸馏水注入沉降瓶至满刻度,用量筒测出注入蒸馏水的体积 V。将蒸馏水注入沉降瓶至 180 mm 插入移液管,读出液面高度 h_1,按 $\Delta h_1 = h_1 - 180$ 计算出高度增值。

在液面高度为 h_1 时,取样 3 次后,读出液面的高度 h_2,按 $\Delta h_2 = (h_1 - h_2)/3$ 得出取样液面下降的高度。

按规定称取试样,其质量由下式得出:

$$m_0 = \eta V \rho_1$$

式中　m_0——试样质量(g);

　　　η——水在测试温度时的黏度值;

　　　V——沉降瓶满刻度时的容积(mL);

　　　ρ_1——试样真密度(g/cm³)。

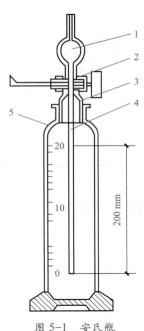

图 5-1　安氏瓶

1—泡室;2—旋塞;3—通气孔;4—吸管;5—沉降筒

2)试样的测定。将试样移入 250 mL 烧杯中,加入适量的分散介质和 1 mL 的 0.2% 六偏磷酸钠溶液浸泡 3 ~ 5 h 后,将烧杯置于超声波分散仪中充分振荡分散约 15 min,冷却至室温。

将分散冷却后的试样无损地移入沉降瓶,按要求将分散介质注至 200 mm 刻度处,插入移液管,反复倒置沉降瓶 5 min,4 ~ 8 次 /min,静置。立即开启秒表,记录沉降开始时间。

按所需颗粒各级极限 Stokes 直径计算出对应的抽样时间 t_i。

取样在 t_i 到达前 10 s 开始，20 s 内结束。将吸取液移入已知质量的 50 mL 烧杯中用蒸馏水洗涤泡室，使吸取液无损地进入烧杯。

在 100 ℃ ～ 110 ℃下烘干吸取液至恒重，称量得 y_i。

（4）记录计算。按表 5-2 记录检测数据。

表 5-2　颗粒分时数据记录

试样名称				测试者			测试日期
试样真密度				试样质量 m_0/g		测定温度 /℃	
介质名称				分散剂 名称		分散剂 用量 m_1/g	
试样处理							
试样粒径 d_i/μm	沉降时间 t_i/min	沉降高度 h/cm	空烧杯质量 x_i/g	烧杯与试样质量 y_i/g	含分散剂的试样质量 n_i/g	不含分散剂的试样质量 m_i/g	备注
注：$n_i = y_i - x_i$，$m_i = n_i - m_b$							

分析结果计算：

1）蒸残液中六偏磷酸钠的质量按下式计算：

$$m_b = \frac{V_P}{V} m_a$$

式中　m_b——蒸残液中六偏磷酸钠的质量（g）；

V_P——移液管泡室容积（mL）；

V——满刻度时（mL）；

m_a——总加入量（g）。

2）颗粒分布累计百分数按式计算：

$$P_i (\%) = \frac{m_i}{m_0} \cdot \frac{V}{V_P} \times 100$$

式中　P_i——颗粒分布累计百分数（取 3 位有效数字）（%）；

m_i——小于极限 Stokes 直径 d_i 组分的质量（g）；

m_0——试样质量（g）。

偏差：同一试样做平行测定，相同极限 Stokes 直径的质量累计百分数不得大于 3%。

（5）注意事项。每个试样需平行测定两次，其误差不大于 5%。

2．激光粒度分析法

（1）基本原理。粒度测试的仪器和方法有很多，激光粒度分析法是用途最广泛的一种方法。这种方法具有测试速度快、操作方便、重复性好、测试范围宽等优点。

BT-930型激光粒度分布仪是基于激光散射原理测量粒度分布的一种新粒度仪（图 5-2）。该系统包括主机、样品制备装置和计算机系统等。通过样品制备装置将样品输送到主机的测量区域，激光照射到样品后产生光散射信号，光电接收器阵列将光散射信号转换成电信号，这些信号传输到计算机中，用专门的粒度测试软件依据 Mie 散射理论对散射信号进行处理，就可得到该样品的粒度分布结果。

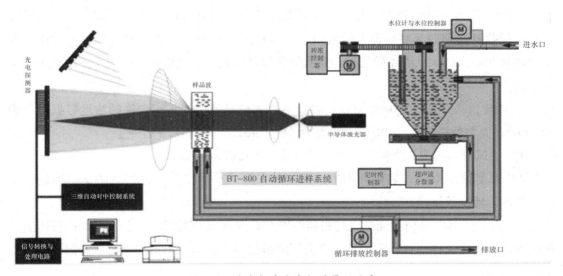

图 5-2　激光粒度分布仪的原理示意

（2）仪器与设备。激光粒度分布仪，BT-800 自动循环进样系统，超声波分散器，计算机系统，打印机等。

（3）测试步骤。

1）仪器及用品的准备。仔细检查激光粒度分布仪、自动循环进样系统、计算机、打印机等是否连接良好，放置的工作台是否牢固，将仪器周围的杂物清理干净。

2）取样与悬浮液的配制。取样应具有代表性，根据样品的性质选用合适的介质。一般采用的是蒸馏水。

3）自动循环分散器的操作。自动循环分散器由超声波分散器、搅拌器、样品池、管路、测量窗口和阀门等组成，管路连接应完好。打开自动循环进样系统的电源，向容器中添加约 700 mL 的水，选定超声波分散时间和离心泵速度，按循环按钮将水充满管路。此过程中应尽量排除气泡对测试结果的影响。

4）微量样品池的操作。对微量样品充分搅拌，放入超声波分散器中进行分散。互换微量样品池和自动循环进样系统。

5）开机。开机顺序：交流净化稳压电源→激光粒度仪→循环进样系统→打印机→显示器、计算机。

6）启动测试系统。在 Windows 桌面上单击"BT-9300S"图标，即进入 BT-9300S 激光粒度测试系统。单击"测量菜单"，进入粒度测试状态。

7）单击"测量—测量向导"项，进入测试文档窗口，测试文档窗口用来记录样品名称、介质名称、测试单位、样品来源、测试日期和测试时间等原始信息，这些信息将在测试报告单中打印出来。

8）背景进入"测试背景"窗口，背景数据实际上是在样品池中没有加入样品的情况下光电接收器阵列的某些通道上的电信号，其数值一般为 1 ～ 10。正式测试时计算机将自动扣除背景数据，以消除样品池、介质等非样品因素对测试结果的影响，使测试结果更加准确。

9）浓度进入"浓度测量"窗口，将样品注入样品池中，系统允许的浓度数据范围为 10 ～ 60。大多数样品的最佳的浓度范围为 20 ～ 40。

10）测试进入"测试"窗口，单击"开始"按钮进行粒度测试。

结果：测试结果将以表格、图形、典型结果形式显示出来，并可对测试结果进行保存、打印、转换等操作。

（4）测试步骤。采用激光法进行粉料细度及粒度分布的测定时，系统可直接打印出测试结果。单击"文件—打印"，进入"测试结果打印"窗口，单击"确定"按钮，即可打印测试结果。

（5）注意事项：

1）注意开机顺序和关机顺序。

2）激光粒度仪属精密设备，应放置平稳、牢固，避免振动、敲击、滑落等现象发生。

3）不要随意更改测试参数，光路调整应在专业指导人员指导下进行。

4）测试过程中应打开循环泵，使均匀的悬浮液不断通过。

5）试验结束后，打开排水开关，将试液排出，然后用清水重复冲洗 3 ～ 4 次，关闭排水系统。

想一想

沉降分析法和激光粒度分析法两种方法各有什么优缺点？

三、陶瓷原料、颜料真密度的测定

1. 基本原理

陶瓷材料的质量与其真体积之比称为真密度。带有气孔的陶瓷体中固体材料的体积称为真体积。在 110 ℃下烘干后试样的质量对于其真体积（即除去开口气孔、闭口气孔所占体积后的固体体积）之比值，称为陶瓷的真密度。

物质的质量对于同体积的 4 ℃水的质量之比称为密度。固体和液体的密度以 g/cm³ 表示，气体的密度以 g/L 表示。

陶瓷是工程材料，是由晶相、玻璃相、气孔组成的多相系统（特种陶瓷例外）。以陶瓷的质量与包括气孔在内的体积之比值称为假密度。假密度又有两种，即以质量除以包括开口气孔、闭口气孔在内的体积称为第二密度；以质量除以闭口气孔在内的体积（开口气孔中的气体已被排除）称为第三密度。

真密度测定的方法有两种，即液体静力称重法和比重瓶法。前者是基于阿基米德原理，即用试样质量除以被试样（粉样）排开的液体体积，即试样真体积；后者是求出试样从已知容量的容器中排出已知密度的液体体积。

2. 测试仪器

测试仪器有液体静力称量天平（图 5-3）、真空装置（图 5-4）、分析天平（感量为 0.001 g）、烘箱、干燥器、25 mL 或 50 mL 比重瓶（图 5-5）、带溢流管的烧杯、玻璃漏斗、瓷制研钵、小牛角勺、沸水浴锅、恒温器、标准筛（100 目、170 目）。

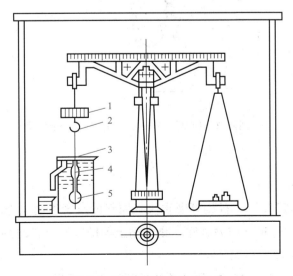

图 5-3　定液体静力称量天平

1—平衡盘；2—挂钩；3—吊线；4—吊环；5—比重瓶

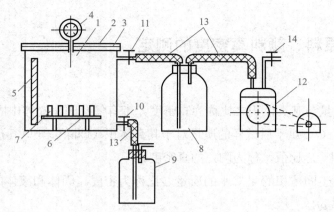

图 5-4　真空装置

1—真空容器；2—盖子；3—橡皮衬垫；4—真空表；5—观察真空容器中水面的玻璃窗口；6—试样架；
7—试样；8—缓冲瓶；9—储水瓶；10—给真空容器供水和放水的活塞；11—连接真空容器和缓冲瓶的活塞；
12—真空泵；13—真空胶管；14—活塞

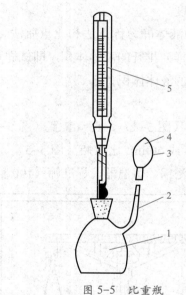

图 5-5　比重瓶

1—主体；2—毛细管；3—侧孔；4—罩；5—温度计

3．测试步骤

（1）液体静力称重法。

1）试样选择。测定长石、石英等硬质块状原料的真密度时，选取块状较小的原料，并采用四分法选取 25 ～ 50 g 作为试样。测定黏土等松散的原料的真密度时，则用四分法取出 25 ～ 50 g 作为试样。

2）从上述试样中取 5 ～ 10 g，用瓷质研钵研磨至全部通过孔径为 0.2 mm 的筛，放入烘箱中于 110 ℃下烘干至恒量，存储于有 $CaCl_2$ 的干燥器中，备用。

3）称取试样 m_1（5 g 左右，准确至 0.001 g），倒入 25 mL 比重瓶中并注入液体（蒸馏水或煤油）至比重瓶的 1/4 处。

4）用真空法或煮沸法排除试样中的空气，并将已排除空气的蒸馏水或煤油，注入比重瓶中标志处。

5）为使比重瓶的温度与室温平衡，需将比重瓶浸入室温下恒温的蒸馏水（或煤油）浴中 2 h，再用分析天平称重。

6）将比重瓶悬挂在液体静力天平的左臂钩上，并浸入烧杯内液体介质中，微微转动以免有气泡附在瓶底。在天平右臂挂盘中加砝码使天平平衡，测得质量 m_2；称好后将试样倒出，洗净比重瓶，注满抽过真空的同种液体，浸入烧杯内液体中称得质量 m_3。

7）测定真密度时应同时做两份。每个结果均计算至 0.001 g，两个结果的差数不应大于 0.005，否则应重做。

（2）比重瓶法。

1）将 50 mL 比重瓶（已盖好塞子）放入烘箱中于 110 ℃下烘干，用夹子小心地将比重瓶夹住快速地放入干燥器中冷却。称量比重瓶的质量 m_0。

2）在比重瓶中加入 8～10 g 已经干燥的试样，称量试样与比重瓶的质量 m_0'。

3）在有试样的比重瓶中，注入蒸馏水至比重瓶体积的 1/3 左右，用纸片将塞与瓶口隔离。

4）将重瓶放入沸水浴中煮 30 min（沸水浴用饱和食盐溶液，可提高沸点到 102 ℃，可缩短煮沸时间），取出拿掉纸片，待冷却至室温 t ℃后即注满蒸馏水，置于天平中称得质量 m_3，也可以放入抽真空装置中进行抽真空处理。

5）洗净比重瓶，将蒸馏水注入比重瓶中，盖好瓶塞（水可从其毛细管中溢出，揩净瓶塞上过量的水分时，应注意不从毛细管中抽吸出任何水分），用天平称得瓶和水的质量 m_2。

4．记录与计算

（1）按表 5-3、表 5-4 记录检测数据。

表 5-3　液体静力称重法测定真密度记录

试样名称		测定人		测定日期		
试样处理		液体温度 t/℃		液体密度		
试样编号	试样质量 m_1/g	试样＋液体＋比重瓶悬于液体中的质量 m_2/g	液体＋比重瓶悬于液体中的质量 m_3/g	试样真密度 D/（g·cm^{-3}）	真密度平均值 D/（g·cm^{-3}）	备注

表 5-4　比重瓶法测定真密度记录

试样名称		测定人		测定日期			
试样处理		液体温度 t/℃		液体密度			
试样编号	比重瓶的质量 m_0/g	比重瓶与干试样质量 m'_0/g	干试样＋水＋比重瓶的质量 m_3/g	水＋比重瓶的质量 m_2/g	室温 t/℃	试样真密度 D/（g·cm⁻³）	备注
1							
2							

（2）计算公式。

1）液体静力称重法。

$$D=\frac{m_1 d_{液}}{m_1+m_3-m_2}$$

式中　D——试样的真密度（g/cm³）；

　　　m_1——磨细后的试样质量（g）；

　　　m_2——盛有液体及试样的比重瓶悬于液体中的质量（g）；

　　　m_3——盛有液体的比重瓶悬于液体中的质量（g）；

　　　$d_{液}$——液体介质的密度（g/cm³）。

2）比重瓶法。

$$D=\frac{(m'_0-m_0)\,d_{液}}{(m'_0-m_0)+m_2-m_3}=\frac{m_1 d_{液}}{m_1+m_2-m_3}$$

式中　D——试样的真密度（g/cm³）；

　　　m_1——试样干料质量（g）；

　　　m_2——比重瓶＋水（液体）质量（g）；

　　　m_3——比重瓶＋液体＋干料质量（g）；

　　　$d_{液}$——液体介质的真密度（g/cm³）。

真密度的数据应计算到小数点后 3 位。计算平均值的数据，其绝对误差小于 0.008。每个试样需平行测定 5 次，其中两个以上数据超过上述误差范围时应重测定。

5. 注意事项

（1）测试所用的液体必须能浸润试样，且不与试样发生任何化学反应。对原料如长石、石英和陶瓷制品一般可用蒸馏水作为液体介质，对于能与水起作用的制品如水泥，则可用煤油或二甲苯等作为液体介质。

（2）试样必须绝对干燥，同时必须全部通过规定筛号的筛子。

（3）整个测定称量必须在室温基本恒定的情况下进行。

（4）不允许用手直接拿比重瓶。

（5）在抽真空（或煮沸）过程中应注意气泡的排除情况，防止试样溅出。

（6）抽过真空（或煮沸过的）的蒸馏水，至少放置 4 h，待完全达到室温后再用。

想一想

影响陶瓷原料、颜料真密度测定的因素有哪些？

四、黏土结合性的测定

1. 基本原理

黏土的结合性是指黏土能粘结一定细度的瘠性物料，形成可塑泥团并有一定干燥强度的性能。黏土的这一性质能保证坯体有一定的干燥强度，是坯体干燥、修理、上釉等能够进行的基础，也是配料调节泥料性质的重要因素。黏土结合力的大小对能否制造某种形状大小、厚薄的制品的可能性关系极大。

黏土的结合性主要表现为其能粘结其他瘠性物料的结合力的大小，黏土的这种结合力在很大程度上是由黏土矿物的结构决定的。一般来说，具有可塑性强的黏土结合力大，但也有例外，黏土的结合力与可塑性是两个概念，是两个不完全相同的工艺性质。

在测定黏土的结合力时，在工程上要直接测定分离黏土质点所需的力是困难的，生产上常用测定由黏土制作的生坯的抗折强度来间接测定黏土的结合力。

为了得到某种黏土能够结合其他瘠性物质的量，常往黏土内添加不同比例的标准石英砂，以能形成可塑性泥团时所加入的最大砂量来表示黏土的结合力。

黏土的结合力试验就是要得到黏土加砂量与成型能力的关系、黏土加砂量与抗折强度的关系。

所加入石英砂的粒径标准规定为：$\phi 0.15 \sim 0.25$ mm，70%；$\phi 0.09 \sim 0.15$ mm，30%。

加砂量达 50% 时仍能形成塑性泥团为结合力强的黏土；加砂量达 25% ～ 50% 时还能形成塑性泥团为结合力中等的黏土；加砂量 20% 以下时才能形成塑性泥团为结合力弱的黏土。

2. 仪器设备

试样成形模具（20 mm×20 mm×130 mm），DKZ-500 电动抗折实验机，可塑性指数测定仪，烘箱，干燥器。

3．检测步骤

（1）称取按规定取样的黏土试样 2 kg，粉碎并通过 0.5 mm 孔径的筛。

（2）标准砂一般采用石英砂，可按下列方法进行准备：过 576 孔 /cm²（孔眼 0.25 mm）的石英砂 70％；过 1 600 孔 /cm²（孔眼 0.15 mm）的石英砂 30％。

（3）黏土与石英砂一般按下列比例混合：黏土 / 标准砂：100/0，80/20，60/40，40/60，20/80。

（4）将掺有标准砂的黏土稍加混拌后倒入盛有一定比例的水的塑料盆中，搅拌均匀成溶胶状泥浆，将泥浆注入石膏模中脱水，并自然干燥成能进行可塑成形操作的泥料。

（5）将正常操作状态的泥料搓滚成直径约为 35 mm、长约为 140 mm 的泥段放入抗折试条模中，用手压成 6 ～ 8 个试条，在成形过程中应注意观察泥料的成形性能（如试条成形的难易）。对其成形性能做出估计，可将观察结果以下列符号表示：成形性能好的泥料以"＋＋＋"表示；成形性能良好的泥料以"＋＋"表示；成形性能不好的泥料以"＋"表示；不能成形的泥料以"－"表示（只作记录，不作试条）。

（6）将制备好的试条放在垫有废纸的木板上，待其自然干燥（在干燥过程中，试条须经常翻转），然后在烘箱内于 105 ℃～ 110 ℃的温度下完全干燥至恒重。

（7）测定黏土与标准砂五种比例试样的液限和塑限，以求其可塑性指数在此情况下，黏土的结合性可用加入瘠化剂后其可塑性指数不小于 7 时最大的标准砂加入比例来表示。

（8）将上述压模压制并干燥好的试条（须仔细检查，无裂纹、扭曲、变形等缺陷的，方可进行机械强度试验）进行抗折强度试验。

4．记录与计算

按表 5-5、表 5-6 记录检测数据。

表 5-5　成型性能检测记录

试样名称			测定人		测定日期	
试样处理						
配合比例	成型性能	液限含水率 /%	塑限含水率 /%	可塑性指数		备注
黏土：标准砂						
100：0						
80：20						
60：40						
40：60						
20：80						

按下式计算可塑性指数：

$$可塑性指数 = 液限含水率 - 塑限含水率$$

表 5-6　抗折强度检测记录

试样名称		测定人					测定日期	
试样处理								
配合比例		试样编号	试样尺寸			破坏时负荷 /kg	抗折强度 / (kg·cm⁻²)	备注
黏土	标准砂		长	宽	高			
		1						
		2						
		3						
		4						
		5						

按下式计算抗折强度：

$$p_m = \frac{3p_0 L}{2bh^2} K$$

式中　p_m——抗折强度（kg/cm^2）；

　　　p_0——抗折强度（kg/cm^2）；

　　　b——试样的宽度（cm）；

　　　h——试样断口的厚度（cm）；

　　　L——试块折断时的负荷（kg）；

　　　K——杠杆臂比（为定值）。

5．注意事项

（1）试验时必须严格控制瘠化剂的颗粒大小。试料必须混合均匀，在用手工成型试条时所施压力逐点均匀，以保证干燥后的致密性、力学上的均匀性。

（2）测定抗折强度的试样，必须经 105 ℃～ 110 ℃干燥处理，切不可使用阴干的试样，试条应无裂纹等缺陷。

（3）抗折强度试验结果要用卡尺仔细测量断口的宽度和厚度，做好记录。

想一想

如何提高黏土和塑性坯料的结合性？

五、黏土耐火度的测定

1. 基本原理

陶瓷材料抵抗高温作用而不熔融的性质称为耐火度。耐火度是由规定尺寸和形状的试体以一定升温速度加热而测定的。标准的截头三角锥高为 30 mm，下底边长为 8 mm，上底边长为 2 mm，这就是"试锥"。试锥在高温作用下逐渐软化，并随其中生成的液体黏度的减小，试锥由于自身重力作用而向下弯倒并触及底座。将试锥弯倒瞬间的温度，即试锥弯倒顶端触及底座的瞬间温度，取作陶瓷材料的耐火度或软化温度（假定"熔点"）。

配制试锥的化学矿物组成相互作用情况和所出现液相的黏度大小及加热升温速度均同试锥的弯倒温度有关。试锥在较低温度下长时间保温，其软化程度与迅速加热升至较高温度时所产生的结果相同，所以，耐火度的测定即试锥软化弯倒温度的测定，是有条件的。既然试锥的弯倒温度是有条件的，就不能用光学高温计直接来测定耐火度，而必须与用标准测温锥测得的弯倒温度进行比较。耐火度是用与试锥同时弯倒的标准测温锥号数来表示。

影响陶瓷材料耐火度的因素可分为以下两大类：

（1）同测试材料性质有关，如陶瓷材料的化学组成及矿物组成、晶相及玻璃相组成、粒径大小及含量与粒度分布等。

（2）同测试条件和方法有关，如制备试样试锥时、原料的粉碎方法及细度、试锥的形状尺寸、安置方法（倾斜程度）、加热升温速度、炉中气氛性质等。

试锥在陶瓷材料一定黏度值的范围内发生弯倒，所以，即使对纯晶态材料而言，被测得的耐火度也不会与它的熔点相符合。

试锥高度与底边长的比例对耐火度有强烈的影响。高度越高、底边长越小的试锥，其弯倒温度越低。试锥尺寸不同而几何形状相同，则其顶点在同一温度、同一时间弯倒。因此，在测定耐火度时，必须特别注意试样形状的准确性。

2. 仪器设备

（1）竖式碳粒电阻炉（附变压器）：炉管内径应不小于 65 mm，安放耐火底座的耐火支柱应能回转（1～3 r/min），并可上下调动，以保证试锥底座的四周温度均匀。加热炉应能按规定的升温速度均匀升温至试锥的弯倒温度，同时炉内应能保持中性或氧化气氛；试锥成型模具、耐火底座（图5-6）、石棉手套、糊精、光学高温计、看火眼镜、时钟、小刀、铁钳。

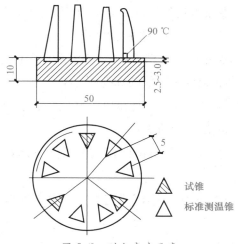

图 5-6 耐火底座示意

（2）高岭土、黏土或一般塑性配料，按常法制成塑性泥料，非塑性料（石英、矾土及各种熟料等）应通过 64 孔 /cm² 筛而无余（有时必须研细），并加入浓度为 10％的糊精溶液混合，用金属模成型。

试样被粉碎并通过孔径为 0.2 mm 的筛。然后在试样中加少量的水（适宜于半干压用的水分）搅拌均匀，稍加陈腐。称一定量的试样（约 1 g）倒入金属模中，压制成高为 30 mm、下底边长为 8 mm、上顶边长为 2 mm 的截头三角锥，其中有一棱垂直于底边。另外，用高铝料加糊精水溶液搅拌均匀，用金属模压制成耐火底盘。将制备好的试锥和耐火底盘放在垫有纸的玻璃板上，移入烘箱中烘干、冷却、修整好，进行试验。

3．操作方法

（1）试锥制备：按规定取样制备试锥。黏土或雷蒙混合粉加适量水（半干压粉）拌和均匀，稍加陈腐，在金属模中压制试锥（高为 30 mm，下底边长为 8 mm，上底边长为 2 mm，其中一棱垂直于底边），并注意成型时在锥面上不允许沾染杂质。试锥在模中取出后，烘干备用。

（2）将试锥与标准测温锥一起插在由高铝矾土制成的耐火底座上的预留孔穴中，所有试锥与标准测温锥与底座中心的距离要一致，且彼此间距不小于 5 mm。插标准测温锥时要使有号码的锥面对向底座中心，而与该面相对的棱垂直于底座平面（插试锥时也须如此）。插入深度不超出 3 mm，并用细矾土粉加糊精制作成胶粘剂，将锥固定在底座上。

（3）已装好试锥的底座放入炉中最高温度区域的中心部分，底座需保持水平且不与炉膛接触。

（4）加热时，1 000 ℃以下可以不用控制升温速度；1 000 ℃～1 500 ℃，1 min 升温10 ℃～15 ℃；1 500 ℃以上，1 min 升温 5 ℃，5 min 测量一次温度（用光学高温计）。两个邻号标准测温锥熔倒时间应相差 5 min。在加热过程中，炉内工作部分截面温差不超过

10 ℃，炉中气氛应保持中性或氧化气氛。试锥需连续入炉测定时，应先在炉内温度较低的部分预热，底座放入炉中时炉温应不超过 1 000 ℃。

（5）测定试锥耐火度所选定的标准测温锥，应包括相当于被测试锥的估计耐火度的标准测温锥号数，以及高 1 号数和低 1 号数的标准测温锥号数。

（6）所测试锥弯倒后即可停止加热，把试锥连底座一起取出，待冷却后记录其弯倒情形。若试锥有下列缺陷时，则试验应重做：

1）四周温度分布不均匀：试锥与标准测温锥的熔倒不是对准外边倒下，底座四周呈现温度不均匀的颜色。

2）试锥上下温度不均匀：试锥的熔倒不正常，如仅尖端熔融或下部较上部熔融更为强烈等。

3）试锥起泡或收缩：试锥弯倒后，锥表面有棕色斑点。

4．记录及处理

试锥与标准锥的顶端同时弯倒接触耐火底盘时，则用此标准锥锥号温度表示试样的耐火度；若试锥的弯倒介于两个相邻标准锥弯倒之间，则用这两个标准锥锥号温度表示。即试样的耐火度是某一温度到某温度，或者用这两个标准锥锥号温度的平均值来表示。上述两种情况也可以直接用标准锥锥号表示。用同一种试样的三个试锥的弯倒偏差，应不得大于半个标准锥号（即 10 ℃）。

另外，试验的加热速度、炉内的气氛、黏土的粉碎程度、试样形状、装样方法等都会影响黏土的耐火度。因此在试验中必须注意，严格按试验要求进行。

按表 5-7 记录检测数据。

表 5-7　耐火度检测数据记录

试样名称			测定人		测定日期	
试样处理						
时间	电压 /V	电流 /A	温度 /℃			
			试验过程中		测温锥弯倒时情况	

在备注中记录试验三角锥弯倒的情况及弯倒次序。

5．注意事项

（1）生料试锥因受热发生奇异变形而致使弯倒不正规时，则需将生料试样预烧（一般在 950 ℃～ 1 000 ℃温度下焙烧 1 h，特殊情况例外），然后按照上述规定制备试锥，再重做测定。

（2）不得重复使用在实验时尚未弯倒的标准测温锥及试锥。

（3）温度升到 1 300 ℃以上，由于某种原因致使试验中断时，不得重新使用这次测试中曾用过的试锥及标准测温锥。

（4）试锥与标准测温锥的总数一般不超过 6 个。进行大批生产检验时，允许将试锥增至 6 个，因而连同 3 个标准测温锥共 9 个，插锥底座的直径可由 40 mm 增至 50 mm，每隔 2 个试锥安放一个标准测温锥。

（5）本测定方法的复测误差不得超过半个锥号的温度。

想一想

测定耐火度的实际意义是什么？

六、高温荷重软化温度的测定

陶瓷耐火材料的高温荷重软化温度是表征陶瓷耐火材料对高温和荷重同时作用的抵抗能力，也表征陶瓷耐火材料呈现明显塑性变形有软化温度范围，这是表征陶瓷耐火材料高温机械性能的一项重要指标。因此，正确地测定陶瓷耐火材料的荷重软化温度对生产部门选择材料、改进工艺条件，以及使用部门合理选用陶瓷耐火材料都具有重要的意义。

荷重软化温度是反映耐火材料耐火性能的重要指标。用标准试样在规定的荷重下加热，开始发生软化的温度越高，即表示该种耐火材料的耐火性能越好。荷重软化温度简称"荷软"，即荷重下的耐火性能。

1．测定原理

陶瓷耐火材料的荷重软化温度主要取决于原料的化学矿物组成、颗粒组成、结晶结构，晶相与玻璃相的比例、玻璃相黏度随温度升高而变化的情况及测定时的升温速度等。

晶相的软化温度，应接近其熔化温度，因为晶相只有接近熔化温度时有可能发生塑性变形。但是陶瓷耐火材料除晶相外还有低熔物，这些低熔物在一定温度下熔化成液相，此温度远低于晶相的软化温度，这样就降低了陶瓷耐火材料的荷重软化温度。

2．测定仪器设备

HRK-2 型高温荷重软化温度自动测定机，主机，加热炉，控温测量系统。

3．检测步骤

（1）试样制备：试样的测定数量按该产品标准的技术条件规定；试样测定时受压方向必须与制品成形时加压方向一致；按照上述规定，自被测制品上切取或钻取高 50 mm±0.5 mm，直径 36 mm±0.35 mm 的圆柱体试样，其上、下两底面须研磨平坦，相互平等并与主轴垂直。

（2）把试样装入加热炉内，并在试样上下各加一块垫片，找好水平。

（3）测试前需从砝码盘上卸去对试样应加荷重的砝码。

（4）把测温热电偶通过测温孔插入炉内，使其热端与试样接触。

（5）调整差动变压器，使其零位稳定，接通 K_2 开关，使差动变压器通电，调整差动变压器的触点位置，使电位差计第二笔输出为 0，即做好了测试准备。

（6）合上电源开关，打开仪表柜的总电源开关 K_1（电锁），K_3 的红色指示灯点亮，按 K_4 绿色启动开关，负载与电网接通，绿色指示灯点亮，K_3 的红色指示灯灭。打开各仪表开关（TCA-100 程序给定仪开关不开），整个仪表系统处于可以工作状态。

（7）开机后，首先手动控温，待炉温达到一定温度，将程序滚筒转至相应温度上，将 TCA-100 滚筒开关打开"开"，然后 ZK-100 投入自动位置，一般即能正常控温，如出现异常现象则停机检查。

（8）停机：停机是开机的逆动作。TCA-100 程序给定指示拨向零位，输入、输出电流逐渐减小为零，断开 ZK-100 和 TCA-100 电源，按 K_3 绿灯熄灭，红指示灯点亮，负载回路电源切断。关 K_1，整个仪表电源切断，然后拉掉整个电源总开关。

4．注意事项

（1）由于炉温不均匀而未能沿试样高度均匀加热，致使试样的变形呈不正常现象（如麻菇状）者、测试结果应予作废。

（2）试样被压缩成桶形后，上底面与下底面错开 4 mm 以上，或试样周围的高度相差 2 mm 以上都应予重做。

（3）试样的一边熔化或有其他加热不均匀现象，或因测温口进入空气后受到显著的氧化作用，例如，试样上呈淡色圆斑等则测试结果应予重做。

（4）从试样被压缩 0.6% 到压缩 4%（破坏温度）的温度范围称为高温负荷软化温度范围。

想一想

高温荷重软化温度对陶瓷耐火材料耐火性能有什么影响？

七、测定陶瓷模用石膏粉物理性能的测定

1．测试条件

陶瓷模用石膏粉的筛余量、标准稠度、凝结时间、抗折强度、抗压强度的测试条件：实验室、仪器及材料（石膏粉、水）的温度为（20±5）℃，空气相对湿度为

55％～75％。全部实验项目均应使用洁净的淡水。实验所用容器及模具应不渗透，并用不与硫酸钙反应的材料（玻璃、铜、不锈钢、硬质钢等）制成。

2．仪器和工具

配有筛底接收盘及筛盖的铜丝网布标准试验筛1只（筛孔大小按产品标准的规定选择）。最大称量为10 kg、感量为10 g的台秤1台；最大称量为500 g、感量为0.5 g的药物天平1台；感量为0.01 g的天平1台。最高温度不低于200 ℃的电热鼓风干燥箱1台。内径为（50±0.1）mm，高为（100±0.1）mm的铜管1根。画有直径为50～250 mm，间隔为10 mm的一系列同心圆的纸1张。300 mm×300 mm、150 mm×150 mm玻璃板各3块。长约为100 mm、宽约为16 mm、背厚约为1.5 mm的不锈钢刀1把。2 000 mL、1 500 mL、500 mL搅拌容器各1个；500 mL、100 mL、10 mL量筒各1只。符合《水泥胶砂电动抗折试验机》（JC/T 724—2005）规定的抗折试验机1台。压力不低于200 kN，示值误差不大于±1.0%的抗压试验机1台。试模2套。干燥器2个；搅拌棒1根；秒表1只；刮刀1把；软毛刷1把。

3．测定方法

（1）筛余量的检测。取待测样品约60 g置于电热鼓风干燥箱中，在（40±4）℃下烘干至恒重，将烘干后的试样放入干燥器中冷却备用。当有效干燥时间相隔1 h的两次称量之差不超过0.2 g时即为恒重。

精确称取（50±0.1）g试样置于筛内，用手指轻轻压碎团块，盖上筛盖，套上筛盘，按以下方法进行操作。

用一只手拿住筛，略微倾斜，摇动筛子，使其撞击另一只手，摇动的速度为125次/min，筛摆的幅度约为20 cm。每摇动25次应使筛子向一定方向旋转90°，使试样均匀散开（也可采用机械振动法过筛），一直筛到1 min内通过筛子的试样少于0.1 g时为止，称取筛上物的质量，精确至0.01 g。按表5-8记录检测数据。

表5-8　石膏粉筛余量检测记录

试样名称		测定人		测定时间	
试样处理					
编号	筛目	筛上残余物量 / g	筛余 / %	备注	

按下式计算筛余量：

$$W_a = \frac{m_1}{m_0} \times 100\%$$

式中　W_a——筛余量（％）；

　　　m_0——试样的原始质量（g）；

　　　m_1——筛上物的质量（g）。

（2）标准稠度的检测。将 300 mm×300 mm 玻璃板水平压在画有同心圆的纸上，用水将铜管及玻璃板稍加润湿后，把铜管立放，使其内圆与直径为 50 mm 的同心圆重合。

称取（300±1）g 试样，在 30 s 内将石膏粉均匀地撒入盛有预定稠度所需水量的容器内，静置 30 s，接着快速搅拌 1 min，立即注入铜管内，用刮刀将表面刮平，随后垂直向上提起铜管，浆体注入至提起铜管的操作时间不应超过 20 s，铜管提起的高度约为 20 cm。

观察料浆的扩展直径，当料浆形成的饼径在两垂直线上的读数的平均值达（220±5）mm 时为符合要求。若第一次测定没有达到要求时，可根据饼径大小适当增减水量，重新测定，直至符合要求为止，并再重复一次。按表 5-9 记录检测数据。

表 5-9　石膏粉标准稠度检测记录

试样名称			测定人		测定时间	
试样处理						
编号	试样质量 /g	加水量 /mL	搅拌时间	操作时间	锥形圆饼直径 / cm	备注

按下式计算标准稠度：

$$C=\frac{m_{\mathrm{w}}}{m_{\mathrm{p}}}\times100\%$$

式中　C——标准稠度（%）；

　　　m_{w}——加水量（g）；

　　　m_{p}——石膏粉质量（g）。

（3）凝结时间的检测。首先，按标准稠度计算并称取 100 mL 水所需的石膏粉试样，把水注入 500 mL 容器中，将试样在 1 min 内均匀地撒入水中，静置 30 s。快速，搅拌 30 s。然后，边搅拌边在干净的玻璃板上依次注成直径为 100～120 mm、厚约为 5 mm 的试饼三块。为使试饼大小符合要求，可将注浆后的三块玻璃板并列摆动。

用刀划割试饼，先在第一、第三块试饼上每隔 30 s 划一次，临近初凝时，再在第二块试饼上每隔 10 s 划一次。划痕不得重合及交叉，每次划后必须用布将划刀擦净。在整个操作过程中，试饼不得受到振动或移动。当第 2 块试饼划痕两边的料浆刚好不再合找时即初凝。以试样投入水中开始至初凝的时间间隔表示初凝时间。

直接在测定初凝后的三块试饼上用大拇指以约 50 N 的力连续按压两次，通过对捺揿第一块和第三块试饼的按压判断近终凝时，以第二块试饼为准，按压至印痕边缘没有水分出现即终凝。以试样投入水中开始至终凝的时间间隔表示终凝时间。凝结时间的测试结果以 min 表示，当时间超过 30 s 时可进为 1 min。按表 5-10 记录检测数据。

表 5-10　石膏粉凝结时间检测数据记录

试样名称		测定人		测定时间		
试样处理						
编号	试样质量 /g	加水量 /mL	搅拌时间	试件尺寸 （$\phi \times h$）	初凝时间	终凝时间

注：ϕ 为直径，h 为厚度。

（4）抗折强度的检测。按下式计算并分别进行石膏粉及水的称量。把水注入 2 000 mL 容器中，将石膏粉在 30 s 内均匀地撒入水中，静置 30 s，接着快速搅拌 1 min，立即把石膏浆注入模内，将模子的一端用手抬起约 10 mm 再落下，如此振动 5 次，以排除气泡。当到达初凝时，用刮刀刮去溢浆，待终凝后脱模。

$$m_{\mathrm{p}}=\frac{950}{0.4+C} \times 100\%$$

$$m_{\mathrm{w}}=m_{\mathrm{p}} \times C$$

式中　m_{p}——石膏粉质量（g）；

m_{w}——加水量（g）；

C——试样标准稠度（%）。

测试湿强度与干强度的试件应分别制备，各制三条。将用于测 2 h 湿强度的试件脱膜后，垂直立放在试验室工作台上，从石膏粉投入水中开始 2 h 后在抗折试验机上进行测试；将用于测干强度的试件脱模后，放入电热鼓风干燥箱中，以（40±4）℃的温度烘干至恒重。恒重后，将试件放入干燥器内冷却至室温，在抗折试验机上进行测试。

按仪器的操作规程校准仪器后，放置试件（应注意使试件的受力面为向模面，同时应确保试件各边与仪器夹具上的三个轴辊垂直）。开启仪器，从仪器的读数标尺上直接读出试件破坏时抗折强度极限值。

记录三条试件的抗折强度值并计算其平均值。如果所测得的三个值中有一个值与三个值的平均值的相对偏差大于 10%，则取另两个值的平均值作为测试结果；如果所得的三个值中有两个或两个以上值与平均值的相对偏差大于 10%，则应重新取样进行测试。

（5）抗压强度的检测。将做完抗折试验后得到的半截试件置于抗压夹具内（应使试件的向模面与受压面垂直），受压面积为 40.0 mm×62.5 mm，把抗压夹具连同试件置于仪器上。开启仪器，使试件在 20 ～ 40 s 内破坏，记录其破坏荷载。按下式分别计算六块试

件的抗压强度：

$$R_c = \frac{P}{2\,500}$$

式中　R_c——抗压强度（MPa）；

　　　P——破坏荷载（N）。

计算六块试件的抗压强度平均值。如果所测得的六个值中有一个值与六个值的平均值的相对偏差大于10%，则取其余五个值的平均值为测试结果；如果所测得的六个值中有两个或两个以上的值与平均值的相对偏差大于10%，则应重新取样进行测试。

4．注意事项

（1）调制石膏浆时，不要把水倒入石膏粉中，而必须将石膏粉倒入水中。

（2）调制石膏浆时，膏水比、搅拌时间、测试条件等必须前后一致。

想一想

石膏浆凝结时间与石膏模强度的关系是怎样的？

单元二　坯釉料性能检测

一、黏土（坯料）可塑性的测定

黏土或坯料的可塑性是陶瓷制品成型性能的主要依据。可塑性太弱不利于成型，可塑性太强，则干燥收缩大，会使产品在干燥过程中产生有害的应力，造成变形或开裂，从而影响生产效率和产品质量。

1．基本原理

黏土或配合料与适量的水混练以后形成泥团，这种泥团在一定外力的作用下产生形变但不开裂，当外力去掉以后，仍能保持其形状不变，黏土的这种性质称为可塑性。可塑性是黏土的主要工业技术指标，是黏土能够制成各种陶瓷制品的成型基础。

由于黏土达到可塑状态时包含固体和液体两种形态，是属于由固体分散相和液体分散介质所组成的多相系统，因此，黏土可塑性的大小主要取决于固相与液相的性质和数量。可塑性与调和水量、颗粒周围形成的水膜厚度有一定的关系。一定厚度的水化膜，会使颗粒相互联系，形成连续结构，加大附着力。水膜还能降低颗粒之间的内摩擦力，使质点能沿着表面相互滑动，从而产生可塑性而易于塑造各种形状，但加入水量过多，则会产生流动而失去可塑性；当加入水量过少则连续水膜破裂，内摩擦力增加，质点难以滑动，甚至不能滑动而失去可塑性。干燥的黏土是没有可塑性的，砂子加水调和也是没有可塑性的。由此可见，液体和黏土矿物结构是黏土具有可塑性的必要条件，而适量的液体（水）则是另一重要条件和充足条件。

图 5-7 所示为不同状态下黏土—水系统示意。从图 5-7 中可以看出，黏土随着含水量的变化可分为固态、塑态和流态。

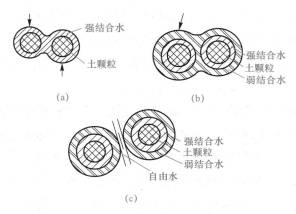

图 5-7　不同状态下黏土—水系统示意
（a）固态和半固态；（b）可塑状态；（c）流动状态

固态：含水量相对较少，粒间主要为强结合水连接，连接牢固，土质坚硬，力学强度高，不能揉塑变形，形状大小固定。

塑态：含水量较固态为大，粒间主要为弱结合水连接，在外力作用下容易产生变形，可揉塑成任意形状不破裂、无裂纹，去掉外力后不能恢复原状。

流态：含水量继续增加，粒间主要为液态水占据，连接极微弱，几乎丧失抵抗外力的能力，强度极低，不能维持一定的形状，土体呈泥浆状，受重力作用即可流动。

黏土从某种稠度状态转变为另一种状态时的界限含水量称为稠度界限，又称为Atterberg 界限。工程上常用的有液性界限和塑性界限，如图 5-8 所示。

图 5-8　黏土或陶瓷泥料界限含水量示意

液性界限相当于土从可塑状态转变为流动状态时的含水量，简称液限。粉土的液限在32% ～ 38%，粉质黏土为 38% ～ 46%，黏土为 40% ～ 50%。塑性界限，相当于土从半固态转变为可塑状态时的含水量，简称塑限，常见值为 17% ～ 28%。

测定可塑性一般有直接法和间接法。直接法是以塑性泥料在压力、张力、剪力、扭力作用下的变形程度来表示。例如，可塑性指数法是测定塑性泥料对形态变化的抵抗力；可塑性指标法则是应力—应变的关系。间接法是把饱水率、风干收缩率、黏度、吸湿水分与可塑性联系起来，如饱水率，在正常工作稠度下高岭土内的含水量越高，则可塑性越好；黏土圆锥体在达到破裂时的浸透时间越长，则可塑性越好；黏土悬浮液从恩氏黏度计中流出的速度（cm³/s）越小，则可塑性越好；风干收缩率越大，则可塑性越好；吸湿水分（%）越大，则可塑性越好。由此可见，黏土或坯料的可塑性是多种性质的综合表现。要想用一个测定值把这些性质全部表达出来，到目前为止还没有找到更完善的测定方法，只是在测定个别性能后，近似地对可塑性加以推断和定量。例如，可塑性指数法和可塑性指标法只是从某一个方面说明可塑性，而实际上是有局限性的。

可塑性指数值为液限与塑限之差。液限就是使泥料具有可塑性时的最高含水量，塑限则是泥料具有可塑性时的最低含水量。可塑性指标是用一定大小的泥球在受压力到出现裂纹时所产生的变形大小与变形力的乘积，用以表示黏土或坯料的可塑性。圆柱体压缩法是用一种近似恒定的速率从轴线方向压缩圆柱形试样，同时能指示各压缩阶段的压缩应力，从而求出压缩应力与压缩应变的关系。张力、剪力比塑性测定法是使泥段通过挤压锥形口表示剪力和通过拉伸表示张力，再用张力和剪力的比值来表示可塑性的一种测定方法。

生产实践证明，黏土颗粒的分散度、非黏土矿物杂质（如石英、云母、长石等）的含量、黏土矿物的组成形式（如高岭石、微晶高岭石、水云母质黏土等）、可溶性杂质的存在等是影响天然黏土可塑性的主要因素。从影响黏土可塑性的因素可知增塑或减塑的措施，黏土可塑性的大小是确定半成品加工方法和生产流程长短的依据。从黏土的可塑性还可判断同一矿区所产黏土的质量是否稳定。

根据可塑性指数和指标的数值，可将可塑性分为三级，见表5-11。

表5-11 可塑性分级

分级	可塑性指数	可塑性指标
高可塑性	＞15	＞3.6
中可塑性	7～15	2.4～3.6
低可塑性	1～7	＜2.4

2. 仪器与设备

华氏平衡锥（全套附件）1套（图5-9），天平（感量0.01 g）1台，电热干燥箱1台，调泥刀、毛玻璃、调泥皿、烘箱、干燥箱、称量瓶、秒表等。

华氏平衡锥（包括流变性限度仪全套附件），捷亚禅斯基可塑性测定仪及印制泥球试样的双合模、弹丸，天平（感量 0.01 g），调泥皿、调泥刀，小瓷皿、干燥器、烘箱（105 ℃～110 ℃，恒温），毛玻璃板，圆柱体压缩式塑性仪（图 5-10）（包括印制圆柱体试样的金属模），张力、剪力比塑性仪。

华氏平衡锥（流限仪）示意图（包括测张力和剪力的压力表、挤压棒等）。

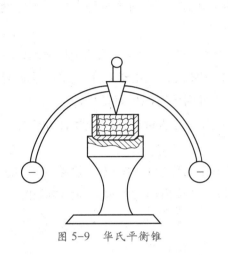

图 5-9　华氏平衡锥

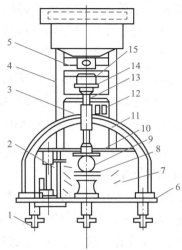

图 5-10　可塑性指标测定仪

1—水平调节螺钉；2—游块；3—电磁铁；
4—支架；5—滑板架；6—机座；7—镜子；
8—座板；9—泥团；10—下压板；11—框架；
12—指紧螺钉；13—中心轴；14—上压板；15—盛砂杯

3．检测方法

（1）可塑性指数法。

1）检测步骤。

①将 200 g 通过 0.5 mm 孔径筛的天然黏土（也可直接取生产用坯料），在调泥皿内逐渐加水调成较正常工作稠度稀一些的均匀泥料，不同黏土的加水量一般为 30%～70%，陈腐 24 h 备用，若直接取自真空练泥机的坯料可不陈腐。

②试验前，将制备好的泥料再仔细搅拌均匀，用刮刀分层将其装入试样杯中，每装一层轻轻敲击一次，以除去泥料中的气泡，最后用刮刀刮去多余的泥料，使泥料与试样杯平，置于试样杯底座上。

③取出华氏平衡锥，用布擦净锥尖，并涂以少量凡士林，借电磁铁装置将平衡锥吸住，使锥尖刚与泥料面接触，切断电磁装置电源，平衡锥垂直下沉，也可用手拿住平衡锥手柄，轻轻放在泥料面上，让其自由下沉，待 15 s 后读数。每个试样应检验 5 次（其中 1 次在中心，其余 4 次在离试样中心不小于 5 mm 的四周），每次检验落入的深度应一致。

④若锥体下沉的深度均为 10 mm，即表示达到了液限，则可测定其含水率。若下沉的

深度小于 10 mm，则表示含水率低于液限，应将试样取出置于调泥皿中，加入少量水重新搅拌和重新试验。若下沉大于 10 mm，则将试样取出置于调泥皿中搅拌，待水分合适后再进行测定。

⑤取测定水分的试样前，先刮去表面一层（厚度为 2 ～ 3 mm），再用刮刀挖取 15 g 左右的试样置于预先称量恒重并编好号的称量瓶中，称量后置于 105 ℃～ 110 ℃温度下烘至恒重，在干燥器中冷却至室温称量质量（准确至 0.01 g），每个试样应平行测定两次，计算出绝对含水量即得液限值。

⑥称 100 g 通过 0.5 mm 孔径筛的黏土或生产坯泥，加入略低于正常工作稠度的水量拌和均匀，陈腐 24 h 备用，或直接取用真空练泥机的坯泥，在毛玻璃上，用手掌轻轻地滚搓成直径为 3 mm 的泥条，若泥条没有断裂现象，可用手将泥反复揉搓，以减少含水量，然后再以上法滚搓，直至泥条搓成直径为 3 mm 左右而自然断裂成长度为 10 mm 左右时，则表示达到塑限水分。

⑦迅速将 5 ～ 10 g 搓断的泥条装入预先称量恒重的称量瓶中，放入烘箱内于 105 ℃～ 110 ℃温度下烘干至恒重，冷却至室温后再称质量，计算出绝对含水量即得塑限值。

2）记录与计算。按表 5-12 记录检测数据。

表 5-12　可塑性指数检测记录

试样名称							试验人						试验日期	
试样处理														
试号样编	液限							塑限						
	器皿编号	器皿质量 m_0/g	器皿与湿试样质量 m_1/g	器皿与干试样质量 m_2/g	干试样质量 m_3/g	水分 m_4/g	液限含水量（W_T）		器皿编号	器皿质量 m_0/g	器皿与湿试样质量 m_1/g	器皿与干试样质量 m_2/g	干试样质量 m_3/g	水分 m_4/g	塑限含水量（W_P）
							单独试样	平均							单独试样	平均
1														
2														

计算公式：

$$W_T = (m_1 - m_2) / (m_2 - m_0) \times 100\% = m_4/m_3 \times 100\%$$

$$W_p = (m_1 - m_2)/(m_2 - m_0) \times 100\% = m_4/m_3 \times 100\%$$

$$W = W_T - W_p$$

3）注意事项。

①锥体应保持光滑，每次使用前均须擦拭干净。

②泥条搓滚时，注意滚搓方法（只能用手掌搓，不能用手指搓），避免来回滚搓与滚搓标准（泥条搓至 3 mm 粗细时应当是先经过产生裂缝过程，再行断裂）。

③泥条搓滚时，如含水量过多，不应采取烘干或调干泥的方法，而应采用在空气中揉捏或风干的方法。

（2）塑性指标法。

1）仪器设备。塑性指标仪（附弹丸）、普通天平、衬布（或塑性布）、泥球定量模型（双合模）。

2）试样制备。

①取通过 0.5 mm 孔径筛的风干试料约 500 g，加水调和并充分捏练至达标准工作稠度并致密的软泥。

②从软泥块上割取略大于制泥珠所需要的泥块，放入球径为 46 mm 的双合模型内压制定型，余泥用潮湿麻布或塑料布覆盖。

③根据以上定量的结果，称取一定质量的泥块若干份，很快地用手将泥块搓成直径为 46 mm 的圆球（近似值，允许误差为 1 mm）。

3）操作步骤。

①将制成的试样放在平盘的中央。

②将金属杆降下，使其下面的平盘与试样表面稍稍接触，用螺钉固定。

③从镜子中检查试样的外表，记录杆在标尺上的位置。

④在上面的圆盘上放置一个容器，然后松开夹紧螺钉，开始把弹丸逐渐地加入容器中，随着弹丸荷重的增加在某一瞬间可以从镜子内看出在泥球上有裂纹出现。

⑤此时应立即停止向容器内加入弹丸，并借螺钉固定杆的位置，记录下降后的杆尺位置及试样在该荷重下的变形大小（cm）。

⑥称出容器内加入弹丸的质量（杆 1、平盘 4 与平盘 5 的质量在试验前预先称过）。将试验结果填写在记录表中，并按下式计算：

$$S = (a - b)P$$

式中　S——可塑性指标；

　　　b——泥球在受压后的高度（依压的方向）（cm）；

　　　a——泥球在试验前的直径（cm）；

　　　P——泥球出现裂纹时的负荷质量（kg）。

（3）可塑性测定仪法。

1）基本原理。KS-B 型微电脑可塑性测定仪是用于测量陶瓷泥料可塑性的一种仪器，如图 5-11 所示。该仪器具有两种测量方法：一是可塑性指标法，即通过研究试样在受力过程中应力与应变之间的关系来确定泥料的可塑性，与其他方法比较更为科学和先进，且人为的因素影响最小，适用于圆柱体试样，定义可塑度 R 来量度泥料的可塑性；二是可塑性指数法，即测定泥料对形状变化的抵抗力，适用于球形试样。

图 5-11　KS-B 型微电脑可塑性测定仪

工作原理：电机转动，通过减速装置带动试样支承座上下移动，试样接触到固定在上面的压力传感器时，产生压力信号，支承座上下移动时带动位移传感器使铁芯移动，产生一位移信号。此两信号通过微电脑测定仪测量，显示并进行数据处理，可获得所需要的数据。

2）仪器与设备。KS-B 型微电脑可塑性测定仪一套。整体结构：仪器由机械、电器两部分组成。机械部分主要是减速装置；电器部分包括微电脑测试仪、压力传感器、位移传感器等。其主要规格及技术参数如下：

①试样尺寸：$\phi 28$ mm×38 mm 圆柱、$\phi \leqslant 45$ mm 球形试样；

②压力量程：0～200 N；压力精度≤1%（FS）；

③位移量程：0～25 mm；位移精度≤1%（FS）；

④压板速率：30 mm/min；

⑤电源：220 V（±5%）；50 Hz（±5%）；

⑥工作环境：温度 5 ℃～40 ℃；湿度≤85%。

3）检测步骤。

①面板按键说明。

［上升］键：控制电机，使下压板上升。

[下降]键（停止键和下降键的功能组合键）：控制电机，使下压板下降。如果电机在运转，无论是上升还是下降，按该键，电机停止，如果在电机停止的状态下按该键，电机反转，使下压板下降。

[测试]键：功能选择测试方式1或方式2。

②可塑度（检测适用于圆柱体试样）。

a．打开电源开关，预热5 min，仪表上高两位数据显示位移（mm），此时高两位数据应大于38 mm，否则应下降使之符合要求，低四位数据显示压力（N）且低四位数据应为0，否则需进行零点测定。

b．按[测试]键，高位"0"闪烁，按"↑"键将其置数为1，再按[测试]键，显示方式1状态（状态1指示灯亮）。

c．将制好的试样（φ28 mm×38 mm圆柱体试样）放入下压板中心，按[上升]键，仪器在完成试验后停机并自动计算显示该泥料的可塑度R。

$$R=A\frac{F_{10}}{F_{50}}$$

式中 A——常数，对于φ28 mm×38 mm的试样，此值为1.80；

F_{10}、F_{50}——试样压缩10%和50%时所承受的压力（N）。

仪表显示窗口显示数据的对应关系（一）见表5-13。

表5-13　仪表显示窗显示数据的对应关系（一）

小显示窗	大显示窗
1	××××（试样初始长度，mm）
2	××××（压缩10%时压力值，N）
3	××××（压缩50%时压力值，N）
	××××（可塑度R）

d．按复位键复位，准备下一次检测。

③可塑性指数（检测适用于球形试样）。

a．打开电源开关，预热5 min，高两位数据显示位移（mm），此值应大于球形试样的直径，该值大小可通过"上升""下降"键来调节，低四位数据应为0。

b．按[测试]键，高位"0"闪烁，按"↑"键将其置数为2，再按[测试]键，显示方式2状态（状态2指示灯亮），同时显示050.0，此值为球形式样直径的初设值，用卡尺将球形试样直径d测量出来；按"↑"键和"→"键将其数据修改成测量值（mm），按[测试]键。

c. 将做好的球形试样（$d \leqslant 45$ mm）放入下压板心，按［上升］键，同时仔细观察球形试样，当看到裂纹时，立即按［下降］键，此时电机停止转动，测试仪自动计算，

显示该泥料的可塑性指数数据：

$$n=（d-b）P（kg \cdot cm）$$

式中　d——球形试样直径（cm）；

　　　b——压裂时的厚度（cm）；

　　　P——压裂时的压力（kg）。

仪表显示窗口显示数据的对应关系（二）见表5-14。

表5-14　仪表显示窗显示数据的对应关系（二）

小显示窗	大显示窗
1	××××（d试样初始长度，mm）
2	××××（b压缩10%时压力值，N）
3	××××（P压缩50%时压力值，N）
	××××（n可塑度R）

d. 按复位键复位，准备下一次检测。

想一想

不同黏土或坯料的可塑性指数和可塑性指标是可比的吗？为什么？

二、干燥灵敏性指数的测定

1. 基本原理

黏土或坯料在自然干燥过程中，由于机械水的排除产生收缩和造成空隙，这种体积收缩和孔隙率的比值称为干燥灵敏性系数或干燥灵敏指数。仅用干燥收缩率并不能表明黏土或坯体在干燥过程中的行为特征，而用干燥体积收缩和干燥状态试样的真孔隙率的比值来表示黏土或坯料在干燥过程中的行为特征更为真切。该比值越大，说明此种黏土或坯体的干燥灵敏性越大，而生成裂纹的倾向也越大。

干燥灵敏系数与黏土或坯体的收缩率、可塑性、矿物组成、分散度、被吸附的阳离子的性质和数量等有关。

干燥灵敏指数是表征坯体或黏土干燥特征的主要指标之一。根据干燥灵敏指数的大小，可把黏土分为以下三种类型：

（1）安全的：干燥灵敏性指数 ≤ 1；

（2）极安全的：干燥灵敏性指数 $1 \sim 2$；

（3）不安全的：干燥灵敏性指数 ≥ 2。

由于黏土性质、坯料配合比及加工方法等不同，其干燥灵敏指数也各异。但测定某一黏土或坯料，用既定加工方法条件下的干燥灵敏指数，鉴定黏土或坯料的干燥性能，仍然具有实际意义。

2．仪器与设备

抽真空装置；天平（感量为 0.001 g 和 0.01 g 各一台）；烘箱；铝质碾棒；切试样工具；玻璃板、丝绸布、搪瓷杯、调泥刀。

3．测试过程

（1）试样制备：按规定方法进行取粉碎的试样约 400 g，置于调泥容器中，逐渐加水拌至正常操作水分，充分捏练后，盖好陈腐 24 h 备用。也可直接取用经真空练泥机捏练的泥料。

（2）取制备好的或生产上用的塑性泥料 500 g，放在铺有湿绸布的玻璃板上，上面再盖上一层湿绸布，用专用铝制碾棒，轻缓地、有规律地进行碾滚，每碾滚 2 ～ 3 次更换碾滚方向一次，使各方向受力均匀一致，最后用碾棒把泥块表面轻轻碾平，然后用特制的切试样工具切成 50 mm×50 mm×10 mm 的试块（不少于 5 块），用专用的脱模工具小心地将试块脱出，置于垫有薄纸的玻璃板上并压平编号。

（3）把制备好的试样当即用天平迅速称取质量，准确至 0.005 g，然后放入煤油中称取在煤油中的质量，取出再称其饱吸煤油后在空气中的质量，然后放在垫有薄纸的玻璃板上，在温度、湿度变化不大的条件下进行阴干，阴干过程中应注意翻动，以不使试样紧贴玻璃板，妨碍自由收缩，3 d 以后开始称其质量，以后每隔天称量一次，至前后两次称量差不大于 0.01 g 为止（称量时应将灰尘等吹去）。

（4）把恒重后的试样，放入抽真空设备中，在相对真空度不小于 95% 的条件下，抽真空 1 h，然后加入煤油（至高出试样 5 cm 为止），再抽真空 1 h（或者直接将恒重后的试样放在煤油中浸泡 24 h），取出称取其在煤油中的质量和饱吸煤油后在空气中的质量（称量时用经煤油润湿的绸布抹去多余的煤油）。

4．记录与计算

按表 5-15 记录检测数据。

表 5-15　干燥灵敏指数测定记录表

试样的名称			测定人				测定日期			
试样处理							火油比重			
编号	湿试样				干试样				干燥灵敏指数	备注
	空气中质量 G_0/g	煤油中质量 G_1/g	饱吸煤油后在空气中质量 G_2/g	体积 V_0/cm	空气中质量 G_3/g	煤油中质量 G_4/g	饱吸煤油后在空气中质量 G_5/g	体积 V/cm		

计算湿试样体积：

$$K_\eta = \cfrac{V}{V_0\left(\cfrac{G_0-G_3}{V_0-V}-1\right)}$$

式中　K_η——干燥灵敏指数；

V_0——湿试样体积；

V——干试样体积；

G_0——湿试样在空气中质量；

G_3——风干试样在空气中质量。

干燥灵敏指数的数据应计算精确到小数点后一位。用于计算平均值的数据，与全部数据平均值的绝对误差应不大于 ±0.1。每次测定需平行测定 5 个试样，用于取平均值的数据应不少于 3 个，其中 2 个以上超过上述误差范围时应重新进行测定。

5．注意事项

（1）碾滚试样时应尽量做到受力均匀一致，试样应放在垫有薄纸的光滑玻璃板上，阴干过程应注意翻动。

（2）取样和制作试样时要做到条件相同。

（3）测量干湿试样体积和质量时一定要力求准确，否则干燥灵敏性系数不准确。

想一想

干燥灵敏性系数与可塑性、收缩率等工艺性能有何联系？

三、陶瓷坯泥料线收缩率的测定

1．基本原理

可塑状态的黏土或坯料在干燥过程中，随着温度的提高和时间的增长，有一个水分不断扩散和蒸发、质量不断减轻、体积和孔隙不断变化的过程。开始加热阶段，时间很短，坯体体积基本不变。当升至湿球温度时，干燥速度增至最大时即转入等速干燥阶段，干燥速度固定不变，坯体表面温度也固定不变，坯体体积迅速收缩，是干燥过程最危险阶段。到降速阶段，由于体积收缩造成内扩散阻力增大，使干燥速度开始下降，坯体的平均温度上升。由等速阶段转为降速阶段的转折点叫作临界点，此时坯体的水分即临界水分。降速阶段坯体体积收缩基本停止。在同一加工方法条件下，随着坯料性质的不同，它在干燥过程中水分蒸发的速度和收缩速度及停止收缩时的水分（临界水分）也不同。有的坯料干燥时，水分蒸发很快，收缩很大，临界水分很低；有的坯料干燥时，水分蒸发较慢，收缩较小，临界水分较高，这是坯料的干燥特征。因此，测定坯料在干燥过程中收缩、失重和临界水分，对于鉴定坯料的干燥特征，为制定干燥工艺提供依据具有实际意义。在烧成过程中，由于产生一系列物理化学变化如氧化分解、气体挥发、易熔物熔融成液相，并填充于颗粒之间，粒子进一步靠拢，进一步产生线性尺寸收缩和体积收缩。

黏土或坯料在干燥过程中线性尺寸的变化与原始试样长度的比值称为干燥线收缩率；烧成过程中线性尺寸变化与干燥试样长度的比值称为烧成线收缩率；坯体总的线性尺寸变化与原始试样长度的比值称为总线收缩率。一般采用卡尺或工具显微镜进行度量和测定。

黏土或坯料在干燥过程中体积的变化与黏土或陶瓷坯料在干燥和烧成过程中会产生收缩。线收缩率可用下式计算：

$$S_{干} = (L_0 - L_1)/L_0 \times 100\%$$

$$S_{烧} = (L_1 - L_2)/L_1 \times 100\%$$

$$S_{总} = (L_0 - L_2)/L_0 \times 100\%$$

式中　$S_{干}$——干燥线收缩率（％）；

　　　$S_{烧}$——烧成线收缩率（％）；

　　　$S_{总}$——总线收缩率（％）；

　　　L_0——湿试样定线尺寸（mm）；

　　　L_1——干燥后试样定线尺寸（mm）；

　　　L_2——烧成后试样定线尺寸（mm）。

分子间内聚力、表面张力等是产生收缩的动力。黏土或坯料在干燥和烧成过程中所产生的线性尺寸、体积的变化与坯料的组成、含水量、颗粒形状、粒径大小、黏土矿物类型、有机物含量、成型方法、成型压力方向及烧成温度气氛等有关。

黏土或坯料的干燥收缩对制定干燥工艺规程有着极其重要的意义。干燥收缩大，干燥过程中就容易造成开裂、变形等缺陷，干燥过程（尤其是等速干燥阶段）就应缓慢平稳。工厂中根据干燥收缩率确定毛坯、模具及挤泥机出口的尺寸，根据强度的高低选择生坯的运输和装窑方式。

2. 仪器与设备

卡尺、工具显微镜；试样压制切割模具、划线工具；烘箱、电炉；玻璃板（400 mm×400 mm×4 mm）；蒸馏水；电热干燥箱；碾棒。

3. 检测步骤

（1）试样制备。取通过 0.5 mm 孔径筛的粉料 1 kg，置于调泥容器中，加水搅和至正常操作状态，充分捏练后，陈腐 24 h 备用，或直接取用生产 5～8 mm 中真空练泥机挤出的塑性泥料。

（2）将塑性泥料放在铺有湿绸布收缩试块尺寸（图 5-12）的玻璃板上，上面再盖一层湿绸布，用专用碾棒进行碾滚，碾滚时，注意更换方向，使各方向受力均匀，最后轻轻滚平，用专用模具切成尺寸为 50 mm×50 mm×（5～8）mm 的试块 5 块，小心地置于垫有薄纸的玻璃板上，随即用划线工具在试块的对角线上划上互相垂直相交的长为 50 mm 的两根线条，编号后记下长度 L_0。

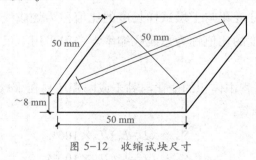

图 5-12　收缩试块尺寸

（3）试块阴干后置于电热干燥箱中 105 ℃～110 ℃烘干 4 h，冷却至室温后用卡尺取记其长度 L_1（准确至 0.02 mm）。

（4）将测量过干燥收缩的试块置于高温电炉（或窑内）中焙烧，烧后取出，量取试块上的记号的长度 L_2。

4. 记录与计算

按表 5-16 记录检测数据。

表 5-16　坯料收缩性能检测记录

试样名称			测定人		测定日期	
试样处理						
试样编号	湿试块记号间距离 L/mm	干试块记号间距离 L_1/mm	烧后试块记号间距离 L_2/mm	干燥线收缩率 $S_干$/%	烧成线收缩率 $S_烧$/%	总线收缩率 $S_总$/%
1						
2						

5．注意事项

（1）测定线收缩率的试样应无变形等缺陷，否则应重做。

（2）测定体收缩率的试样，其边棱角应无碰损等缺陷，否则应重做。

（3）试料的成型水分不能过大，否则成型与干燥困难。

（4）在试块表面刻划标记时，不能用手挪动试块。

（5）试件阴干时，须经常翻动，使各向收缩均匀。

想一想

测定黏土或坯料的收缩率的目的是什么？

四、泥（釉）浆细度的测定

1．基本原理

细度是指物料分散的程度，通常用物料颗粒的尺寸大小来表示。在陶瓷工业生产中，测定坯釉料的细度是为了控制产品质量，改变工艺性能。一般通常用万孔筛筛余表示原料或坯釉料的细度。

利用已知孔径的筛子，按一定的操作方法，将物料或泥浆过筛，称量出该试样中大于筛子孔径的颗粒质量，按筛余量公式计算即可。

2．仪器与设备

万孔筛（国产250号筛目）2只；分析天平；烘箱；蒸发皿、球磨机等。

试样制备：取釉浆、泥浆料时，要充分搅匀。如在球磨机上取样，停机后应立即取样，每次测定取 500～1 000 mL 样品。取块状试样时，含水率测定要有代表性。

3．操作步骤

（1）测定泥浆或泥料的含水率。将器皿干燥称量 m_0。

泥（釉）浆细度的测定

（2）将试样（浆料）连同器皿直接放在天平上称量 m_1。若测干试样，可直接称量，然后化浆。

（3）将浆料倒入万孔筛中过筛，用清水冲洗筛面至流下的水较清为止，将残渣移入蒸发皿中，放入烘箱干燥并称量 m_2。

4. 记录与计算

按表 5-17 记录检测数据。

表 5-17　泥（釉）细度检测记录

试样名称				测定人		测定日期	
试样处理							
试样编号	器皿质量 m_0/g	试样与器皿质量 m_1/g	残渣与器皿质量 m_2/g	干试样质量 m_3/g		残渣质量 m_4/g	筛余 M/%
1							
2							

试验结果按下式计算：

$$m_3=m_1-m_0$$

$$m_4=m_2-m_0$$

$$M=m_4/m_3\times100\%$$

式中　M——泥浆的筛余（%）；

　　　m_0——器皿质量（g）；

　　　m_1——试样与器皿质量（g）；

　　　m_2——残渣与器皿质量（g）；

　　　m_3——干试样质量（g）（可由含水率与湿试样质量计算出）；

　　　m_4——残渣质量（g）。

5. 注意事项

按上述方法重新测量一次，两次结果误差不大于 0.1%，若超出，则再做一次最后取两次测量的平均值。

想一想

影响泥浆细度测定的因素有哪些？

五、泥浆性能（相对黏度、流动性、触变性）的测定

1．基本原理

浆体（泥浆）发生流动后的剪切应力与剪切速率的比值为常数时称为塑性黏度。其反映了浆体不断克服内摩擦所产生的阻碍而继续流动的一种性能。塑性黏度的倒数即流动度。工艺上以一定体积的泥浆静置一定时间后从一定的流出孔流出的时间表征泥浆的流动度。

利用恩格勒黏度计测定相对黏度通常是用同体积的水的流出时间除该泥浆的流出时间的商来表示。用旋转黏度计测定绝对黏度是把测得的读数值乘旋转黏度计系数表上的特定系数的积来表示。流动度、相对黏度和绝对黏度都是用来表征泥浆流动性的。浆体在剪切速率不变的条件下，剪切应力随时间减小的性能称为触变性，陶瓷工艺学上以溶胶和凝胶的恒温可逆变化或振动之则获得流动性，静置之则重新稠化的现象表征触变性或稠化性。触变性以稠化度或厚化度表示，即等于泥浆在黏度计中静置 30 min 后的流出时间对静置 30 s 后的流出时间的比值。

在泥浆中固体颗粒的比表面积、泥浆浓度、泥浆温度、泥浆与石膏模之间的压力差一定条件下，单位时间内单位模型面积上所沉积的坯体质量称为吸浆速度。工艺上吸浆速度以石膏堆竭法和石膏圆柱体法测定，前者以石膏堆竭内壁单位面积上单位时间内沉积的干坯质量表示吸浆速度，后者以石膏圆柱体外表面单位面积上单位时间内聚积干坯泥的质量表示吸浆速度。

泥浆是黏土悬浮于水中的分散系统，是具有一定结构特点的悬浮体和胶体系统。泥浆在流动时，存在着内摩擦力，内摩擦力的大小一般用黏度的大小来反映，黏度越大，则流动度越小。

流动着的泥浆静置后，常会凝聚沉积稠化。泥浆的流动性和稠化性主要取决于坯釉料的配方组成，特别是黏土原料的矿物组成、工艺性质、粒度分布、水分含量、使用电解质种类与用量及泥浆温度等。泥浆流动度和稠化度是否恰当将影响球磨效率、泥浆输送、储存、压滤和上釉等生产工艺，特别是注浆成型时，将影响浇注制品的质量。如何调节和控制泥浆的流动度、稠化度，对于满足生产需要、提高产品质量和生产效率均具有重要的意义。

调节和控制泥浆流动度、厚化度的常用方法是选择适宜的电解质和适宜的加入量。

在黏土水系统中，黏土粒子带负电，在水中能吸附正离子形成胶团。一般天然黏土粒子上吸附着各种盐的正离子，即 Ca^{2+}、Mg^{2+}、Fe^{3+}、Al^{3+}，其中 Ca^{2+} 为最多。在黏土水系统中，黏土粒子还大量吸附 H^+。在未加电解质时，由于 H^+ 半径小，电荷密度大，

与带负电的黏土粒子作用力也大，易进入胶团吸附层，中和黏土粒子的大部分电荷，使相邻同性电荷粒子之间的排斥力减小，致使黏土粒子易于黏附凝聚，降低流动性。Ca^{2+}、Al^{3+} 等高价离子由于其电价高（与一价阳离子相比）及黏土粒子间的静电引力大，易进入胶团吸附层，同样降低泥浆流动性。如加入电解质，这种电解质的阳离子离解程度大，且所带水膜厚，而与黏土粒子间的静电引力较小，大部分仅能进入胶团的扩散层，使扩散层加厚，电动电位增大，黏土粒子间排斥力增大，从而提高泥浆的流动性，即电解质起到稀释作用。

泥浆的最大稀释度（最低黏度）与其电动电位的最大值相适应，若加入过量的电解质，泥浆中这种电解质的阳离子浓度过高，会有较多的阳离子进入胶团的吸附层，中和黏土胶团的负电荷，从而使扩散层变薄，电动电位下降，黏土胶团不易移动，使泥浆黏度增加，流动性下降，因此，电解质的加入量应有一定的范围。

用于稀释泥浆的电解质必须具备以下三个条件：

（1）具有水化能力强的一价阳离子，如 Na^+ 等。

（2）能直接离解或水解而提供足够的 OH^-，使分散系统呈碱性。

（3）能与黏土中有害离子发生交换反应，生成难溶的盐类或稳定的络合物。

生产中常用的电解质可分为以下三类：

（1）无机电解质，如水玻璃、碳酸钠、六偏磷酸钠（$NaPO_3$）$_6$、焦磷酸钠（$Na_2P_2O_7 \cdot 10H_2O$）等，这类电解质用量一般为干料质量的 0.3% ~ 0.5%。

（2）能生成保护胶体的有机酸盐类，如腐植酸钠、单宁酸钠、柠檬酸钠、松香皂等，用量一般为 0.2% ~ 0.6%。

（3）聚合电解质，如聚丙烯酸盐、羧甲基纤维素、阿拉伯树胶等。

稀释泥浆的电解质，可单独使用或几种混合使用，其加入量必须适当，若过少，则稀释作用不完全；若过多，则反而引起聚凝。适当的电解质加入量与合适的电解质种类对于不同黏土，必须通过试验来确定。一般电解质加入量小于 0.5%（对于料而言）采用复合电解质时，还需注意加入的先后次序对稀释效果的影响。当采用 Na_2CO_3 与水玻璃或 Na_2CO_3 与单宁酸合用时，都应先加入 Na_2CO_3 后再加水玻璃或单宁酸。

泥浆的相对黏度是指在同一温度下，搅拌后静置 30 s 的泥浆从恩氏黏度计中流出 100 mL，所需时间与流出同体积水所需时间之比。

$$相对黏度\ B = \frac{流出\ 100\ mL\ 泥浆所需的时间（s）}{流出\ 100\ mL\ 蒸馏水所需的时间（s）}$$

泥浆稠化度是指在同一温度下，泥浆搅拌后静止 30 min 从恩氏黏度计流出 100 mL 所需时间与静置 30 s 流出同体积泥浆所需时间之比。

$$稠化度（\tau）= \frac{泥浆在黏度计内静默30\,min后流出100\,mL的时间（s）}{泥浆在黏度计内静置30\,s流出100\,mL的时间（s）}$$

调节和控制泥浆流动度、稠化度，应适当选择电解质种类及其加入量。实践证明，电解质对泥浆流动性等性能有很大的影响，即使在含水量较少的泥浆中加入适量电解质后，也能得到如含水量多时一样或更大的流动性。

2．仪器与设备

恩氏黏度计（图5-13）；普通天平、分析天平；电动搅拌机；滴定管、秒表、量筒、塑料杯、烧杯；电解质（Na_2CO_3，Na_2SiO_3，$NaOH$）。

3．测试步骤

（1）相对黏度的测定。

1）电解质标准溶液的配制。配制浓度为50 g/L或100 g/L的 Na_2CO_3，Na_2SiO_3，$NaOH$ 三种标准溶液。电解质应在使用时配制，尤其是水玻璃极易吸收空气中的 CO_2：而降低稀释效果。Na_2CO_3 也应存于干燥的地方，以免在空气中变成 $NaHCO_3$ 而成凝聚剂。

图5-13　恩氏黏度计

2）试样准备。取2 kg左右的黏土或是未加任何电解质的坯料，磨细风干，全部过100目筛。若为已制好的泥浆，可直接取样3～4 kg，并使其含水率尽可能小，以使其具有微流动性最好。测定泥浆含水率。

3）泥浆需水量的确定。称250 g黏土试样用滴定管加入蒸馏水，充分搅拌至测浆开始呈现微流动为止、可以微侧泥浆杯，观察泥浆是否初呈辅动，记下加水数。不同黏土的需水量变动于50%～80%。

4）电解质用量初步测定。在上述泥浆中，以滴定管仔细将配好的电解质溶液滴入，不断拌和，记下泥浆明显稀释时电解质加入量。

5）选择电解质用量。

①取5只或7只泥浆杯，编好号后，各称试样300 g（准确至0.1 g），各加入上述3）中所需确定的水量调至成微流动态。

②在5号或7号杯子中加入上述4）中所确定的电解质加入量，其间隔为1～2 mL，根据最大的电解质溶液加入量，在其余4杯（或6杯）中加入蒸馏水，至杯中总溶液体积相等，调和后用电动搅拌机搅拌0.5 h左右。

③洗净并擦干黏度计，加入蒸馏水至三个尖形标志；调整仪器呈水平，将具有刻度线的量筒口对准黏度计流出孔，拔起木棒，同时启动秒表，眼睛平视量筒100 mL刻度线处，等水流至刻度线时立即关闭秒表，记下时间。这样重复三次，取平均值，即为流出100 mL泥浆所需的时间。

④将上述制备好的 5 份或 7 份泥浆，分别依次倒入恩氏黏度计中，静置 30 s，测定其流出 100 mL 泥浆所需的时间，每份重复测三次，取平均值，即可利用公式计算出各自的相对黏度 B。

（2）最适宜电解质的确定（即电解质种类和最佳加入量的确定）。用上述方法测定其他电解质对该黏土的稀释作用，测出各自的相对黏度 B，作出不同电解质加入量与相应黏度 B 的曲线，即可在图上找出泥浆最大的稀释时的相对黏度、电解质的种类及用量。

（3）稠化度的测定。将上述已知电解质的泥浆倒入黏度计后，测定静置 30 min 与静置 30 s 后流出 100 mL 泥浆所需时间（s）。利用公式计算即可得稠化度的值。

（4）记录与计算。按表 5-18 记录检测数据。

稠化度的测定

表 5-18 泥浆性能检测记录

试样名称					测定人		测定日期	
试样处理					流出 100 mL 蒸馏水所用时间 / s			
编号	加蒸馏水量 /mL	电解质		试验泥浆干基质量 / g	流出 100 mL 泥浆所用时间 / s		相对黏度 /B	稠化度（上）
		名称或种类	加入量 / mL		静止 30 s	静止 30 min		
1								
2								

4．注意事项

每测定一次黏度，应将量筒洗净、甩干。注意读数方法。

想一想

测定触变性对生产有什么指导意义？

六、泥浆浓度、比重、酸性的测定

1．基本原理

测试泥浆、釉浆密度的方法有比重计法、比重瓶法。

泥浆的酸性就是测量泥浆的 pH 值。测定方法一般有两种：一种是简单易于操作、直观、快速的 pH 试纸法；另一种是利用酸度计的直接电位法，此方法比较准确，但时间较长，费用较高。陶瓷行业一般采用 pH 试纸法测定泥浆的酸度。即利用浸过一定特殊指示剂的试纸遇到不同酸碱度的试液而变成不同颜色的原理，再与标准色板比较，从而判断出试样的 pH 值。

比重计是利用阿基米德原理来测定液体密度的专门仪器，如图 5-14 所示。它是一根封闭的、附有刻度的玻璃管，管底有一泡状部分，内装铅丸或水银，使它能在液体中竖直浮立，比重计的重力是一定的，它放在不同密度的液体中，浸入液体的那部分体积就不同，液体密度越大，比重计浮得越高，比重计与液面相平处的刻度就是液体相对密度的数值，习惯上把具有这种刻度的仪器叫作比重计，又称为密度计。

图 5-14　波美比重计

比重计可分为重标和轻标两种。重标用来测定大于 1 的相对密度，轻标用来测定小于 1 的相对密度。使用密度计时，应注意下列几个问题：

（1）测量前要根据被测液体的相对密度大于 1 还是小于 1 来选用比重计。

（2）测量时要注意把比重计放入液体内，动作要轻，慢慢放手，以免把比重计碰坏。

（3）测量时要正确读出比重计上最小刻度所表示的数值，并能估计到最小刻度的后一位有效数字（由于比重计的刻度不均匀，读数和估读时都要特别注意）。

2．仪器与试剂

广泛 pH 试纸或不同的精密试纸；塑料杯或其他容器；比重瓶；波美比重计 1 套；搅拌机等。

3．测试步骤

（1）比重计法。使用波美比重计测试。充分搅拌泥浆，待稍微静止后，将擦拭干净的比重计慢慢放入泥浆中，直接读取读数。测定范围为 1.0～2.0。此方法测试速度快，但受泥浆温度、浓度等因素的影响较大（注意：使用前可以在水中检验比重计是否准确）。

泥（釉）浆比重的测定

（2）比重瓶法。称 100 mL 容量瓶的瓶重，加水至刻度，再称重，减去瓶重，得到水的质量（数值近似瓶的容积）m_1；倒出瓶中的水，甩干，加入泥浆至刻度后称重，减去瓶重，得泥浆质量 m_2。然后按公式计算：

$$D=\frac{m_2}{m_1}（g/mL）$$

使用比重瓶法既方便又准确。

泥浆酸性的测定

（3）泥浆酸性的测试。将泥浆置于容器内，搅拌均匀，用 1～14 的广泛 pH 试纸（或不同的精密 pH 试纸）一条，放在泥浆液面上，待试纸湿润后，取出与标准色板比较，其颜色与标准色板相同的该数值即浆的 pH 值。

4．记录与计算

按表 5-19 记录检测数据。

表 5-19　泥浆的比重、酸性检测记录

试样名称		测定人		测定日期	
试样处理					
编号	比重计法 测定值	比重瓶法 测定值	1～14 的广泛 pH 试纸测定值	精密 pH 试纸测定值	备注
1					
2					

想一想

测定泥浆浓度、比重、酸性的注意事项有哪些？

七、固体粉料细度与颗粒分布的测定

1．基本原理

细度是指粉状物料分散的程度，通常是用粉料颗粒的尺寸大小来表示，例如，用万孔筛（10 000 孔 /cm²，孔径 61 μm）筛余表示原料或坯釉料的细度。颗粒组成、颗粒分散度、粒度是指粉料中各种不同粒径颗粒的相对含量，如粒径分布、各种粒径的累计百分数等。所以，细度和粒度是两个概念。

粒度分布是表征多分散体系中颗粒大小不均一程度的。粒度分布范围越窄，说明颗粒分布的分散程度越小，其集中度越高。粉体的粒度分布都是不连续的，但在实际测量中，可以将接近连续的粒度范围视为许多个离散的粒级，得出各粒级的质量分数或个数百分数之后，就可以描制出粒度的各种分布图。

在陶瓷生产中，陶瓷原料和坯釉料的细度及颗粒分布影响着许多工艺性能与理化性能。

测定细度和颗粒分布的方法有很多，目前已采用的有筛析法、分选法、沉降法（包括天平法、离心法、落球浮沉法、移液管法、压力法、光透过法等）、显微镜法、气动法等。

（1）筛析法是应用最广泛的一种，也是操作最简单、最方便的一种方法，能测定粒度 40 μm 甚至 30 μm 的粉料的分散度（360 目筛孔径为 40 μm，500 目筛孔径为 30 μm，目前国内能生产这种筛子）。

（2）分选法是利用以一定速度流动的空气流分离粉末的粒级。

（3）沉降法测定颗粒分布的基础是根据斯托克斯公式即球形物料颗粒在黏性液体介质中的沉降速度与该颗粒半径的平方成正比。沉降法一般能分析粒径为 $2 \sim 30\ \mu m$ 的物料，而分析粒径为 $2\ \mu m$ 以下的物料有困难。

（4）离心法是沉降法的发展，是加速沉降，也是以斯托克斯公式为基础的，一般能分析粒径为 $2\ \mu m$ 以下的物料。

（5）光透过法的原理是测定颗粒沉降过程中悬浮液的浊度。浊度利用浊度计测定，这种仪器的主要部件是光电管。光透过法能测定 $0.01 \sim 30.00\ \mu m$。

（6）显微镜法是在显微镜下利用目镜 – 测微度标或织网来直接测定颗粒大小的。

（7）气动法是测定通过一定密度的粉末原料层吸收的空气阻力，这就可能测定这种粉料的平均比表面积。

（8）落球浮沉法是利用悬浮液上下各处溶液浓度不同对落球的浮力不同而测定各种颗粒粒径的。

凡用沉降法测定陶瓷原料颗粒分布，都必须在滞流条件下，才可用斯托克斯定律确定沉降物料的斯托克斯粒径。以最大颗粒计算的雷诺数必须满足

$$Re = \frac{d_{\min} \cdot h \cdot \rho}{t \cdot \eta} \leqslant 0.3$$

方能保证沉降过程属于滞流。

式中　$d_{\min}$——原料颗粒的最大斯托克斯直径（cm）；

　　　h——沉降高度（cm）；

　　　ρ——分散介质密度（g/cm^3）；

　　　t——最大颗粒在分散介质中按斯托克斯定律计算出的沉降时间（s）；

　　　η——分散介质黏度（g/cm·s）。

测试温度可根据实际情况选定，在测试过程中，温度波动不得大于 ±2 ℃。若在测试温度下，分散介质（水）黏度值不能满足雷诺数要求，则可用一定量的乙醇（化学纯）水溶液为分散介质，以提高分散介质黏度。

试样质量（105 ℃恒重）可按下式计算：

$$m = n \cdot V \cdot \rho$$

式中　m——试样质量（g）；

　　　V——沉降瓶满刻度时容积（mL）；

　　　ρ——试样真密度（g/cm^3）；

　　　n——取 0.008 ～ 0.010 的值。

利用已知孔径的筛子，按一定的操作方法，将粉料筛分成两部分，就可称出该粉料中

大于筛孔径的粒子的含量（筛余），习惯上就用筛余表示粉料的细度。

$$筛余（\%）=\frac{m_1}{m_0}\times100\%$$

式中　m_1——筛上粉料质量（g）；

　　　　m_0——筛分物料总量（g）。

测定粉料的颗粒分布，则需用一系列不同孔径的标准筛，依孔径的大小顺序叠置进行筛分，然后利用每只筛子的筛余，计算出颗粒分布情况。若以每只筛子的筛余为纵坐标，以对应的平均粒径为横坐标，即可作出分级筛析曲线。若以累积筛余为纵坐标，对应的筛孔径为横坐标，则可作出累积筛分曲线。

2．仪器与设备

振动筛（组筛）（图 5-15），天平（1/10 000）、烘箱、烧杯、干燥箱、沉降仪法（移液管法）。

沉降仪结构如图 5-16 所示，其工作过程为：支柱 1 固定在三脚架上，环绕支柱 1 有平台 2；支柱 1 上部刻有 mm 刻度，并于其中套以套圈 4，可用螺钉 3 将其固定；套圈 4 用以固定吸管 5 于一定高度；环绕支柱 1 于平台 2 上放置着 4～6 个量筒 6，其容量皆为 1 L；量筒内的悬浮液用头部包有橡皮的玻璃棒搅拌，用容积为 25 mL 的吸管 5 吸取样品；吸取试样时可应用瓶 15 的装置，用橡皮管 7 将瓶 15 与吸管中部的三联开关 8 相连接，水从瓶 15 中经出水管 9（其上 205 附有开关）流入盛器 10 中；欲清洗吸管 5 时可应用瓶 11 的装置，水从瓶 11、短管 12、开关 13 及

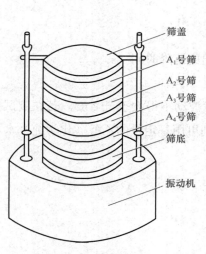

图 5-15　振动筛组筛示意图

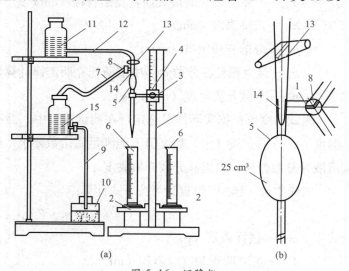

图 5-16　沉降仪

（a）移液管法仪器装置；（b）移液管

1—支柱；2—平台；3—螺钉；4—套圈；5—吸管；6—量筒；
7—橡皮管；8，13—开关；9—水管；10—盛器；11，15—瓶；
12—短管；14—支管

202

带有孔的特别支管 14 流入吸管 5 中，以洗涤吸管；吸管 5 的上部做成弯曲形并附有毛玻璃开关 13，接近吸管下部封闭的端头处，于其管壁上有 4～8 个直径 1.0～1.5 mm 的小孔，用以吸入试样；吸取试样时将三联开关 8 转至 Ⅰ－Ⅰ 位置，放试样于瓷皿中时，将三联开关旋转至 Ⅰ－Ⅱ 位置。

3．测试步骤

（1）筛析法。

1）筛析法原理。筛析法是用选定的筛子或若干筛子所组成的一套筛组，经一定时间振动筛分后，测定物料在某一特定筛子或筛组上的筛余量的方法。测定粉料的颗粒分布，可用一系列不同孔径的标准筛，依孔径的大小顺序进行筛分，然后以每只筛上的筛余来表示颗粒分布情况。以质量百分数为纵坐标，粒径为横坐标，利用试验得到的筛余 s 和对应的平均粒径 d 可作出分级筛析曲线，如图 5-17（a）所示。

在实际做筛析时，往往得出累积筛析曲线，再从这个曲线图画出分级筛析曲线。筛析只能对陶瓷原料的颗粒尺寸给以近似的概念，这与原料颗粒通过筛孔的特点有关。尺寸与孔的大小完全相等的颗粒，由于摩擦现象是不能通过筛子的。即使尺寸稍小于筛孔的颗粒也是不能通过筛子的。这可由下列事实证明：该尺寸颗粒通过筛子的数目，随着筛分时间的加长而增加。同时，由于细分散粉末聚集等是很难通过小号筛子的，因此，必须加以振动或用毛刷来回扫刷，以利于细粒通过小号筛子。

2）干筛法试验步骤。

①将雷蒙粉（或其他需筛析的粉料）在 110 ℃烘干至恒重，准确称取 50 g 或 100 g，这要根据所用分析筛子直径大小及筛组数目而定。

②按分析要求选取清洁、干燥的标准筛一块或一组。

③一组筛按筛孔径由大至小组装好并装上筛底，试样放在最上面的筛子上，加上筛盖，安装在振动筛分机上。

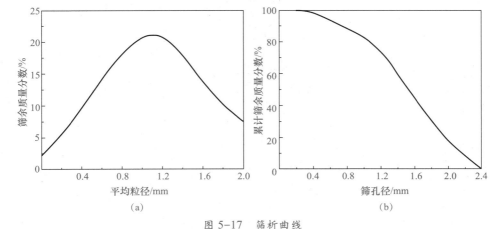

(a)   (b)

图 5-17　筛析曲线

④开动振动筛分机，振动 10 min，取下，称量筛底粉料质量（准确至 0.01 g）。继续开动振筛机直至 1 min 内通过最小孔径粉料不超过 0.05 g 为止，称量各筛筛上及筛底的粉料质量。

3）湿筛法试验步骤。

①称取已在 105 ℃～110 ℃烘干至恒重试样 60 g（雷蒙粉或事先研细的陶瓷原料、坯料、釉料），放在烧杯内。

②加入 300 mL 蒸馏水和 1.5 g 焦磷酸钠，搅拌，然后放在盘形电炉上加热煮沸 1.0～1.5 h，使之成为泥浆。注意加热过程中应经常加水，适当加以搅拌，并防止泥浆溅出损失（若直接用生产上用的泥浆则不需进行此项试样准备）。

③将上述泥浆倒入所选定号数的筛上或套筛上，然后逐只在盛有清水的脸盆中淘洗或用水冲洗，直至水清为止。将淘洗过的浊水倒入第二块筛子，再按上法进行淘洗，如此逐只进行，最后将各号筛上的残留物用洗瓶分别洗到玻璃皿内，放在烘箱（红外线灯泡）内烘干至恒重，称量（准确至 0.001 g）。

④若直接用泥浆进行测定，则先称 50 g 或 100 g 泥浆放在烘箱内（或红外线灯泡）烘干，称重，测定此泥浆含水量后，再计算称取相当于 100 g 干粉质量的泥浆，按上述步骤测定筛余率或各号筛上的筛余率。

（2）沉降法。

1）沉降法原理。根据斯托克斯定律，球形固体颗粒因重力作用，在黏滞液体介质中沉降时，当颗粒沉降速度不很大，也即颗粒与液体之间的相对运动呈层流状态时，其沉降速度为一常数，并与该球形颗粒半径的平方成正比。

当球形颗粒在黏液体介质中沉降时，作用于球形颗粒上的力有重力 G、黏滞阻力 F、浮力 F_2，分别以下列 3 个公式表示：

$$G=\frac{4}{3}\pi r^3\rho'$$

$$F_1=6\pi\eta rv$$

$$F_2=\frac{4}{3}\pi r^3\rho g$$

因为 $G=F_1+F_2$

$$G=\frac{4}{3}\pi r^3 e'g$$

$$F_1=6\pi\eta rv$$

$$F_2=\frac{4}{3}\pi r^3\rho g$$

所以 $\frac{4}{3}\pi r^3 \rho'g = 6\pi\eta rv + \frac{4}{3}\pi r^3 \rho g$

$$6\pi\eta rv = \frac{4}{3}\pi r^3 \rho'g - \frac{4}{3}\pi r^3 \rho g = \frac{4}{3}\pi r^3 g\ (\rho'-\rho)$$

$$v = \frac{2}{9}r^2 \frac{e'-e}{\eta}\cdot g$$

式中　v——球形颗粒下沉速度；

　　　r——球形颗粒半径；

　　　$\boldsymbol{\rho}'$——颗粒原料的真密度；

　　　ρ——液体介质的密度；

　　　η——液体介质的黏度；

　　　g——重力加速度。

当颗粒的下沉速度为已知数时，其半径或直径可以下式求出：

$$r = \sqrt{\frac{9\eta v}{2\ (\rho'-\rho)\ g}}$$

或

$$d = \sqrt{\frac{18\eta v}{(\rho'-\rho)\ g}}$$

粒径为 1～50 μm 的物料，用沉降法测定是可以的，但 5 μm 以下的物料不准确；粒径为 50 μm 以上的因沉降速度太快；粒径为 1～2 μm 的受布朗运动干扰且沉降太慢，采用沉降法测定，操作困难且不准确。

2）沉降法测定固体粉料细度和颗粒分布的三个条件如下：

①密度相同的单一物料如各种陶瓷原料。而坯料釉料是由高岭土、长石、石英等几种原料混合在一起的，但它们的密度接近，均在 2.6 g/cm^3 左右，因此，仍可用沉降法测定其细度及粒度分布。

②与液体之间的相对运动呈层流状态，而不是湍流状态。这就要求被测原料颗粒与液体的密度差不能太大，粒径不能太大，以保证沉降速度不致太快，沉降时间不致过短。

③颗粒自由沉降，要求悬浮液浓度（质量分数）在 0.1%～1.0%，容器直径要足够大，以免颗粒沉降时相互碰撞及器壁摩擦的干扰。

不同的测定温度能改变液体的黏度和密度，并在悬浮液中引起对流，使测定结果失真。

3）悬浮液（分散液、沉降液）的制备和分散方法。制备悬浮液首先要选择适当的悬浮介质（分散介质）。对悬浮介质的要求如下：

①能很好地浸润颗粒表面，不溶解颗粒，不与颗粒起化学反应。

②密度比颗粒的小，且有适当的差值，具有适当的黏度，以使颗粒有适当的沉降速度。

③在测定温度下不挥发，无毒性（或挥发极慢）。

除选择适当的悬浮介质外，还必须消除悬浮液中的聚沉现象，才能满足测定要求。造成聚沉的因素很复杂，主要与颗粒性质有关，如介质对颗粒表面的浸润性，颗粒表面所带的电荷及所吸附的离子、液体介质的 pH 值等都对聚沉现象有影响。为了克服聚沉现象，常在悬浮液中加入分散剂，以使颗粒分散。常用的分散剂有下列几种：

①酸或碱：用来调整悬浮液的 pH 值，以得到最佳酸度，如乳酸、盐酸、碳酸钠、$NH_3 \cdot H_2O$ 等。

②电解质：电解质溶于悬浮液后，离解为正负离子，可被颗粒表面吸附，增厚颗粒表面形成的水化膜，使颗粒之间不易产生聚沉。焦磷酸钠、氟化钙、六偏磷酸钠等均是陶瓷原料很好的电解质分散剂。

③表面活性物质：一般为有机物质，其分子中有一种基团可与颗粒表面亲和，在颗粒表面形成一层介质膜，从而使颗粒分开，如硬质酸盐、油酸及盐类、次甲基双萘磺酸盐等。

加入分散剂的量，要能够形成合适的浓度，才能克服聚沉。对于上述酸、碱、电解质类分散剂而言，只有在某一浓度范围内才能起分散作用，小于或超过这个浓度，反而会使颗粒聚沉；对于表面活性物质类分散剂，一般浓度大的分散效果好，但浓度过大会改变液体介质的性质（黏度、密度等），并使悬浮体的称量误差增大。

加入分散剂后，还须辅以物理分散方法，如煮沸法、超声波法，以使聚集的颗粒进一步分散开。

制备好的悬浮液可以存放片刻，以使分散剂充分发挥作用。

在进行沉降分析前，要进行充分的机械搅拌，使已经分散的颗粒在悬浮液中分布均匀；搅拌的方式应避免做圆周运动，以免颗粒沿径向分级，而应作垂直运动及翻动。

将在 1 100 ℃烘干的高岭土粉或其他待测料粉，按悬浮液浓度要求（0.6% ～ 1.0%）或用其他沉降法的容积要求，称取试样，然后倒入 40 mL 烧杯中，将 0.01% ～ 0.05%（质量分数）六偏磷酸钠（或焦磷酸钠）加入烧杯中，注入约 200 mL 蒸馏水，进行搅拌，使六偏磷酸钠充分溶解，以达到分散的目的。将烧杯放入超声波容器内振动 40 min（超声波发生器开启时，应先低压预热 10 ～ 15 min，再升高压），取出后将悬浮液倒入沉降容器内，加水到规定刻度线，然后将沉降容器翻动 2 ～ 5 min，使悬浮液上下混匀备用。

4）移液管法试验步骤。移液管法也是计算悬浮体沉降时间之后利用移液管从规定的高度取样。在计算悬浮体的沉降时间时，应根据给定的取样高度与试样中极限颗粒的粒径来决定。

①用分析天平称取 10 g 试样，放到 500 mL 烧瓶中，加入 0.1 mol/L $Na_4P_2O_7$（焦磷酸钠）溶液 40 mL（或 4%$Na_4P_2O_7$ 溶液 11 mL）和蒸馏水 150 mL，煮沸 1 h。烧瓶上装有回流冷凝器，煮沸时勿使悬浮体溅到瓶壁上。

②冷却，过筛（10 000 孔 /cm），筛上残余物用手指擦动，用水洗至浑浊消失，移至瓷皿中，干燥称重。

③通过筛子的悬浮液经漏斗注入计量筒中并稀释至 1 L。

④将盛有试样悬浮液的量筒严格垂直地安置在仪器的转台上，把移液管放入量筒中，使吸入孔准确地处于悬浮液的表面上（移液管的下端是熔封闭口的，但有 4 ～ 8 个侧孔，这样的构造能保证从一定的液面上取样，并可防止底层的大颗粒被吸入移液管中），检查零位，同时要测量悬浮液的温度。

⑤用搅拌器搅拌悬浮液或用带橡皮头的长玻璃棒搅动悬浮液，以使试样颗粒在悬浮液中均匀分布。

⑥根据斯托克斯定律计算颗粒下沉的时间，然后小心地把移液管底端伸到规定的深度，吸取 20 mL 悬浮液。在开始吸入悬浮液之前，应打开吸气瓶溢出管的夹子，并转动连接移液管与吸气瓶的管上三通旋塞。在取样时，悬浮液应均匀地进入移液管中，因此，应逐渐开启三通旋塞。

⑦移液管中吸满 20 mL 悬浮液后，应夹紧夹子，关闭三通旋塞，从量筒中抽出移液管，用干净布擦干。回转三通活塞，打开空气通路，让空气进入移液管，使试样悬浮液倾注于瓷皿或量瓶中。

⑧用蒸憎水冲洗黏附在移液管壁上的颗粒，洗涤液合并入皿内或量瓶内的悬浮液中。

⑨把试样悬浮液浓缩，在 105 ℃～ 110 ℃下烘干至恒重，冷却后称重。

⑩测试的颗粒粒径小于 1 μm，应测量两次温度，即悬浮液搅拌后和取样前，计算时取平均值；测定颗粒粒径小于 0.1 μm 时，计算温度可用沉降时间内的平均室温。

（3）离心法。

1）光电管微粒粒径测定法。球形固体质点在液体介质中的沉降速度，因质点直径大小不同而不同，离心力的作用在于加速固体质点的沉降速度。当含有固体颗粒的试样悬浮液注射于旋转着的沉降液表面上以后，固体颗粒在离心场内旋转着的液面上形成薄层，然后相同直径的颗粒具有相同的沉降速度，形成圆环状分层向外扩散，扩散速度按颗粒大小分级，颗粒直径最大者最先到达光电管位置。光通量的变化则受颗粒多少的影响。所以，自试样注入圆盘腔开始，记录纸上的曲线反映了各种粒径的颗粒通过光电管位置的时间，从而可以计算其粒径大小。它还反映了各种粒径的颗粒所引起的光密度变化，从而可以计算相对含量、平均粒径及粒径分布等。

①试样准备：试样要事先进行处理，以制成充分分散的含固量 1% 的分散液。方法是取粉状试样加入 1% 左右的分散剂，置研磨皿中充分研磨后，用水洗稀至 1% 浓度。静止后取乳浊悬浮液 1 mL，置超声波振荡器中处理 10 ～ 15 min，以制取高分散性悬浮液（分散液），备测试用。

②沉降液的选择：沉降液应具备下列条件：

a. 对于有机玻璃圆盘，无任何物理或化学作用。

b. 对于所测试的微粒，无物理或化学作用。

c. 其密度和黏度为已知值。

d. 沉降液的密度和黏度数值应适当，以避免测试过程中产生射流现象或延长测试时间。常用沉降液为各种浓度的甘油–水溶液、蔗糖–水溶液、乙醇–水溶液、溶剂汽油–四氯化碳溶液等。

③缓冲液的选择：测试时加入缓冲液的目的是使沉降液产生适当的密度梯度，因此，缓冲液必须具备下列条件：

a. 可以与沉降液混溶。

b. 其密度低于沉降液。

根据沉降液的种类和浓度选择适当的缓冲液。常用的缓冲液为适当浓度的甲醇水溶液、乙醇水溶液、蒸馏水；当沉降液为溶剂汽油–四氯化碳溶液时，则用溶剂汽油作为缓冲液。

④试验步骤：

a. 将仪器按水平放好，接上稳压电源，打开电源，指示灯亮，表示电源接通。

b. 打开记录仪的电源开关和记录笔开关。

c. 打开光浊度控制按钮，观察记录仪红色笔尖指示的电压（mV），调节光源强度，使红色笔尖指示在 0.85 ～ 0.95 mV，并使其稳定片刻。

d. 按动电机启动开关，指示灯亮后缓慢地按顺时针方向旋转转速调节旋钮，使离心盘转速逐渐上升，观察转速计显示的转速（r/s），使它稳定在要求的转速位置。

e. 用针筒抽取 40 mL 沉降液（或其他规定的数量）。

f. 旋转注射器支架，使注射器支架针头对准离心圆盘中心。

g. 向旋转着的圆盘中心注入 40 mL（或其他规定数量）沉降液。

h. 观察记录仪中的红色笔尖指示的位置有否变化，旋转光浊度旋转按钮使其稳定在要求的基线位置上（0.85 ～ 0.95 mV）。

i. 向圆盘中心注入 1 mL 缓冲溶液，关掉电机开关，1 s 后马上把电机开关再打开，使离心盘产生瞬时减速运动，然后迅速恢复到原来转速，以使缓冲溶液与沉降液部分混合，产生适当的密度梯度。

j. 抽取 1 mL 试样分散液（含固量一般为 1%）。

k. 将试样分散液 1 mL 注入旋转着的圆盘，同时按计时开关，使蓝笔尖给出计时基线（注射试样时针筒针尖应严格对准圆盘中心）。

l. 观察记录仪红色笔尖位置的变化，如果试样注入圆盘后，红色笔尖立即显示光通量的变化，则此次操作可能产生射流，应当作废，重新操作。反复操作仍出现同样现象，则可能颗粒粒径过大，需降低转速，或增加沉降液黏度和密度后重新操作。

m. 当记录仪红色笔尖回到基线位置时，则测试完毕。

n. 测试完毕后，将电机调速旋钮按逆时针方向旋到底，电机停止转动，用针筒将圆盘中的试液抽出盘外，并用蒸馏水多次清洗，用吸纸将圆盘内的残液吸干。

2）探针取样圆盘离心颗粒分析法。

①配制旋转液（填充液）、缓冲液和悬浮液（分散液），并使其密度前者大于后者，形成密度梯度。试样悬浮液和旋转液之间的界面被缓冲液予以缓冲。

②通过真空系统把试样悬浮液吸入带有注射针头的注射器内。

③通过注射针头将试样快速地注入离心圆盘腔内，试样注入完毕，刚好接触注射架上的微型开关，这时计时钟就开始自动计时。注入试样后，注射架旋转到左边原来位置，以便取样，探针转到离心圆盘腔前面。

④按照斯托克斯公式计算得到的取样时间进行取样。取样时将取样探针移进离心圆盘腔内，由探针尖头吸取收集样品，而且被取出的试样悬浮液由真空系统吸进收集单元的容量瓶中。

通过一个齿轮系统使探针在轴向缓慢移动，同时，由电机带动探针以反时针方向转动，以便达到试样液的完全收集。

⑤把收集到容量瓶中的试样液进行比色分析，以与离心分析前的试样悬浮液的比色分析进行比较，以得到由探针取出的试样中固体颗粒含量占总的试样含量的百分比。例如，对水、试样悬浮液、取出试样三者进行比色分析，由于光通量或光密度的不同而计算出探针取出试样的颗粒百分含量。

这种探针取样圆盘离心颗粒分析法是分析细颗粒部分的，一般分析 5 μm 以下的颗粒，即探针取出的是 5 μm 以下的颗粒，5 μm 以上的颗粒仍留在圆盘离心腔内。清洗离心腔后再把此 5 μm 以下的试样液注入离心腔再取出 3 μm 以下的颗粒，以此类推，直至分析出小于 1 μm 的颗粒。

本离心法的技术要求：

测量范围为 0.01 ～ 50.00 μm，陶瓷、水泥、颜料、染料、磨料、矿物、黏土土壤、空气污染物等都可分析，但实际上很难做到 0.5 μm 以下的颗粒分析。旋转液容量 10 ～ 40 mL；收集容量 5 ～ 35 mL；试样分散液容量 0.6 ～ 2.0 mL，浓度 0.5% ～ 2.5%（固体含量）；离心盘转速 1 000、1 500、2 000、3 000、4 000、6 000、8 000（r/min）。

4. 记录与计算

（1）干筛法。

1）数据记录见表 5-20。

表 5-20　干筛法分析记录

试样名称		测定人		测定日期	
试样处理				试样质量 /g	
筛号	筛孔尺寸 /mm	平均粒径 $\bar{d}_n$/mm	穿过筛面的颗粒累计质量分数 w_2/%	筛上颗粒质量分数 w_1/%	备注

2）计算方法：

$$\bar{d}_n = \frac{d_{n-1}+d_n}{2}$$

$$S = \frac{\omega_1}{\omega_2} \times 100\%$$

式中　$\bar{d}_n$——颗粒平均粒径（mm）；

　　　d_{n-1}、d_n——相邻两个级别颗粒的粒径（mm）；

　　　S——筛余百分率（%）；

　　　w_1——筛上颗粒质量分数（%）；

　　　w_2——穿过筛面的颗粒累计质量分数（%）。

穿过筛面颗粒的累计质量以称重得到。

筛余百分率需精确至小数点后一位。每个试样需平行测定两次，两次测定的相对误差，筛余量在 5% 以下时，应不大于 ±15%；筛余量在 5% 以上时，应不大于 ±10%。筛分析时的损失量计算应按比例分配在各号筛的筛余量上，当总损失量超过 3% 时，应重新进行测定。

（2）湿筛法。

1）数据记录见表5-21。

表5-21　湿筛法分析记录

试样名称					测定人			测定日期		
试样处理								试样质量/g		
编号	筛孔尺寸/mm	干粉质量测定					残余物质量测定		筛余百分率/%	备注
		皿号	皿质量/g	皿+试样质量/g	皿+干样量/g	干粉质量/g	泥浆质量/g	残渣质量/g		

2）计算方法：

$$S=\frac{某号筛上残留物质量}{干试样总质量}\times100\%（与干筛法分析相同）$$

（3）移液管法。

1）数据记录见表5-22。

表5-22　数据记录

试样名称		测定人		测定日期		
试样处理						
试样编号	各粒级下的试样质量/g					
	>10 μm	10～5 μm	5～3 μm	3～1 μm	1.0～0.5 μm	<0.5 μm

2）计算：

5 μm ≤粒径＜ 10 μm 的颗粒含量；

$$w_1 = \frac{m_1 V}{20m} \times 100\%$$

1 μm ≤粒径＜ 5 μm 的颗粒含量；

$$w_2 = \frac{m_2 V}{20m} \times 100\%$$

粒径＜ 1 μm 的颗粒含量；

$$\omega_3 = \frac{m_3 V}{20m} \times 100\%$$

式中　m_1——5 μm ≤粒径＜ 10 μm 的粒级质量（g）；

　　　m_2——1 μm ≤粒径＜ 5 μm 的粒级质量（g）；

　　　m_3——粒径＜ 1 μm 的粒级质量（g）；

　　　m——试样干燥恒重的质量（g）；

　　　V——悬浮液稀释后的体积（mL）；

　　　20——移液管的容积（mL）。

由此可见，试样中各种粒级的质量分数为：＞ 10 μm，$100-w_1$；5 ～ 10 μm，w_1-w_2；1 ～ 5 μm，w_1-w_2；＜ 1 μm，w_3。

5．注意事项

（1）筛余需精确至小数点后一位。

（2）每个试样需平行测定两次，两次测定的相对误差要求为：筛余在 5％以下时应不大于 ±15％，筛余在 5％以上时应不大于 ±10％。

（3）沉降法测定颗粒粒级，其颗粒沉降应为自由沉降，在测定过程中要绝对避免振动和热搅动。

（4）试样分散得好不好直接影响测定结果，因此，应使试样完全分散，不允许有凝聚、起团、结块现象。

（5）光电管微粒粒径测定仪测定的颗粒是根据斯托克斯定律计算的，假定所有颗粒的几何形状都是球形的，而事实上，有些物料的颗粒不是球形的，在此情况下计算结果是近似值。

想一想

原料的颗粒组成对陶瓷生产工艺性能及理化性能有何影响？

八、坯体抗折强度的测定

1．基本原理

抗折强度是衡量材料机械强度的主要方法之一。陶瓷制品的抗折强度极限是其受到弯曲力作用而破坏时的最大应力，用破坏弯曲力矩与折断截面模数（阻力力矩）的比值表示。

DKZ-500 型电动抗折试验仪（图 5-18）用于测定陶瓷制品时，常用单杠杆，最大出力 100 kg，抗折夹具支撑辊距为 100 mm，测试时将试条放入抗折夹具内，启动后自动停止加荷，读出标尺上的刻度值，通过计算可以求出试样的抗折强度。

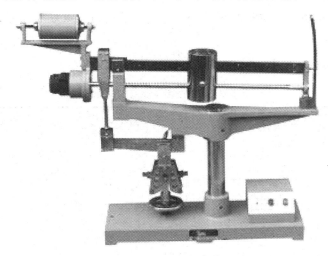

图 5-18　DKZ-500 电动抗折试验仪

2．检测仪器

DKZ-500 型电动抗折试验仪 1 台；试样成型用石膏模，试样规格为 20 mm×20 mm×130 mm、10 mm×10 mm×130 mm 两种；游标卡尺 1 把；电热干燥箱 1 台；箱式硅碳棒电阻炉（1 350 ℃）1 台；搪瓷盘、调泥刀、砂纸。

3．测试步骤

（1）试样制备。

1）取生产用塑性坯泥 1.5 kg，用湿布盖好。

2）切割上述坯泥，在石膏模中压制 20 mm×20 mm×130 mm 试条 10 根，置于搪瓷盘中的垫纸上，用于测定干燥强度。

3）用上述方法制备 10 mm×10 mm×130 mm 的试条 10 根，用于测定烧成后成品的强度。

（2）将试条置于 105 ℃～ 110 ℃烘箱中干燥 2 h，取出冷却，先用砂纸打磨，然后在垫有湿布的工作台上湿磨，使试条符合规定尺寸（20 mm×20 mm×130 mm、10 mm×10 mm ×130 mm），表面光滑平整。

（3）在测定干燥强度的试条两端编号（刻号码），在测定成品抗折强度的试条两端用氧化溶液编号。

（4）将试样置于烘箱中经 105 ℃～ 110 ℃干燥至恒重（4～6 h），冷却至室温，仔细检查有无裂纹、扭歪、弯曲等缺陷，弃去有缺陷的试条。

（5）将 10 mm×10 mm×130 mm 的合格试条在电阻炉中经 1 280 ℃～ 1 300 ℃焙烧，烧后刷出试条表面的黏结物，弃去开裂、扭歪、弯曲的试样。

（6）干燥试条与焙烧的成品试条装入抗折试验机支点之间，注意不要太紧，也不要太宽。启动抗折试验机，在试条断裂时记下标尺上的抗力。重复上述试验，做好记录。

4．记录与计算

按表 5-23 记录检测数据。

表 5-23　陶瓷坯体强度检测记录

试样名称				测定人		测定日期	
试样处理							
试条编号	试样尺寸 / mm			破坏时负荷 /N	抗折强度 /Pa	备注	
	长	宽	高				
1							
2							
3							
4							
S							

计算公式：

$$P_m = \frac{3P_0L}{2bh^2}K$$

式中　P_m——抗折强度（Pa）；

　　　P_0——试块折断时的负荷（N）；

　　　b——试样的宽度（cm）；

　　　h——试样断口的厚度（cm）；

　　　L——支承刀口之间的距离（cm）；

　　　K——杠杆臂比（为定值）。

5．注意事项

（1）当所有试样强度值的最大相对偏差小于或等于10％时，以它们的平均值作为试验结果。

$$最大相对偏差（10\%）=\frac{|最大值（或最小值）-平均值|}{平均值}\times100\%$$

（2）最大相对偏差大于10％时，舍去相对偏差最大的测值，然后将剩余值，再按上述方法计算验证，直至符合规定为止。

（3）舍去的测值数目若达到试样总数的40％时，应重新测试。

想一想

影响坯体强度测定的因素是什么？

九、坯体致密度的测定

1．基本原理

本仪器的试验原理是在预负荷 F_0 和总负荷 F（$F=F_0+F_1$，其中 F_1 为主负荷）先后作用下，将一定直径的压头压入坯体试样表面，保持一定的时间后，测量在总负荷和预负荷作用下压痕深度之差。其中，预负荷由压头和主轴的质量产生，主负荷由底盘质量和砝码产生。致密度仪在非工作状态时，主负荷均被杆提起，压头上端面与底盘下端面之间的距离约为 2 mm。当缓慢而平稳的施加主负荷，直至底盘与压头上端面接触，主负荷才加上，再从表盘上读出压入深度。

2．试验设备

PM 型非金属材料致密度仪是用于测定非金属粉体成型坯体致密度的专用仪器。

PM 型致密度仪由机体、加卸负荷机构、压头、试样支承工作台及其升降机构、压痕深度测量装置等部分组成，如图 5-19 所示。压头包括多种规格的针状压头，均为不锈钢制成。

一般非金属材料坯体的硬度都比较低，因此，试验所用的试验力均比较小。主要技术参数如下：

（1）预负荷：（0.10±0.10）kg；

（2）主负荷：底盘 0.5 kg；

（3）砝码：0.25 g、0.5 g、0.75 g、1.0 g、1.5 g、2.0 g；

图 5-19 致密度仪

（4）压头规格：$\phi 1\,mm$，$\phi 1.25\,mm$，$\phi 1.5\,mm$，$\phi 2\,mm$，$\phi 5\,mm$，$\varphi 10\,mm$；

（5）压头底端距工作台面的最大距离：约 100 mm；

（6）压头轴线至机臂距离：210 mm。

3．操作步骤

（1）试验前的准备。保证仪器工作台面基本水平。根据试验要求选择并安装主负荷砝码及压头。根据试样大小，在工作台上安放 3 个支点，并平稳地放好试样。

（2）试验步骤。转动工作台升降机构至试样上表面与压头下端点相距 2～3 mm。缓慢地向后推动预负荷手柄，使预负荷平稳地加在试样上，然后读出表盘上的压入深度，精确到 0.01 mm。再缓慢地向前拉动主负荷手柄，施加主负荷，保持一定的时间后，从表盘上读取压入深度，精确到 0.01 mm。先卸去主负荷，再卸去预负荷，下降工作台，移动试样，另选出一点进行试验，两个试验点之间或试验点与试样边缘的距离应大于 10 mm，取 3 次测量结果的平均值作为该试样的平均压入深度。最终试验结果可以直接用总负荷和预负荷作用下压头压入试样的深度之差表示，或者用公式计算得出。

4．记录与计算

按表 5-24 记录检测数据。

表 5-24 陶瓷坯体致密度检测记录

试样名称			测定人		测定日期	
试样描述						
预负荷 /N			主负荷 /N			
试样编号	预负荷下读数	主负荷＋预负荷下读数			差值	
1						
2						

其测试结果可以直接用在总负荷和预负荷作用下，压头压入坯体试样的深度之差表示，精确至 0.01，或按下式计算：

$$H=F_1/\pi Dh$$

式中　H——致密度（N/mm^2,）精确至 1 N//mm^2；

　　　F_1——主负荷（N）；

　　　h——在预负荷和总负荷作用下，压头压入试样的深度之差（cm 或 mm）；

　　　D——压头直径（cm 或 mm）；

　　　π —— π 取 3.14。

5．注意事项

（1）在使用仪器前，先将仪器顶盖打开，将配重块放入仪器后部的配重导杆上，使预负荷处于加载状态时，压头能自动下降即可。

（2）根据试验要求，更换主负荷砝码时，先将仪器顶盖打开，提出砝码架，其导杆和砝码底盘为螺纹连接，从导杆上旋下底盘，更换（增、减）砝码，再将底盘旋上，然后将砝码架挂回到托架钩上，将顶盖盖好。

（3）非金属材料坯体的试验力、保持时间、施加负荷的速度及其表面状态对致密度性均有较大影响。试验时，应注意试样的制备，使其表面状态符合要求，并严格控制。施加负荷的速度和试验力的保持时间。

想一想

坯体致密度测定的意义是什么？

十、陶瓷材料烧结温度范围的测定

1．基本原理

为了确定制品最适合的烧成温度，必须确切了解其烧结温度、烧结温度范围和热过程中的长度、吸水率、气孔率及外貌持片的变化，以便确定最适宜的烧成制度。选择适用的窑炉，合理利用具有温度差的各个窑位。

对于黏土原料而言，在加热过程中坯体气孔率随温度升高而逐渐降低。黏土坯体的密度达到最大值、吸水率不超过 5％时，此状态称为黏土的烧结。黏土烧结时的温度称为烧结温度。自烧结温度继续升温，黏土坯体逐渐开始软化变形，此状态可依据过烧膨胀或坯体表面出现大的气孔或观察有稠密的小气孔出现未确定，到此状态的温度称为软化温度。

烧结温度和软化温度之间的温度范围称为烧结温度范围（简称烧结范围）。测定烧结温度与烧结范围是将试样于各种不同温度下进行焙烧，并对各种不同温度下焙烧的试样测定其外貌特征、吸水率、显气孔率、体积比重、烧成线收缩等，这些数据可以为测定烧成曲线提供参考。测定烧结温度和烧结温度范围的方法有多种，传统试验法是根据在不同温度实试样的吸水率（或气孔率）及线收缩（或体积收缩）的情况来确定的。高温显微镜法是以测定在加热过程中试样轮廓投影尺寸与形状变化来确定的。

2．传统试验法

（1）检测原理。将试样在各种不同温度下焙烧，然后根据不同温度焙烧的试样外貌特征、气孔率、体积密度、收缩率等数据绘制气孔率、收缩率－温度曲线。曲线上气孔率到最小值（收缩率最大值）时的温度称为烧结温度；气孔率最小值（收缩率最大值）到气孔

率开始上升（收缩率从最大值开始下降）之间的一段温度称为烧结温度范围。

烧结温度与烧结温度范围的测定可以在电炉中进行，但多次打开炉门取样时，一方面影响升温，另一方面在高温下出炉时试样会炸裂，所以可在梯度炉内进行此项测定。梯度炉是卧室管形炉，由于加热电阻丝的功率不同，梯度炉内的温度可以从低温到高温，而且可以预先把此梯度炉分段温度测出来，绘成梯度炉温度曲线。测定烧结温度范围时把试样摆在高铝瓷托管上，然后把托管伸进梯度炉内，这时再整个梯度炉内都有试样。在梯度炉的中间和两端安装有几根热电偶，加热时一般以中间那根热电偶符合规定温度即可停电。自然冷却后，取出高铝瓷托管，按照试样编号，逐个测定吸水率、气孔率、收缩率，则可把烧结温度和烧结温度范围定下来。

（2）仪器设备。小型真空练泥机（立式或卧式）；高温电炉或梯度电炉（最高温不低于 1 400 ℃）；取样铁钳；天平（感量 0.001 g）；干燥器；烧杯、火油、金属网、纱布；石英粉或 Al_2O_3 粉。

（3）试验步骤。

1）试样准备：将制备好的泥浆或压滤后的滤饼，经真空练泥机挤制成直径 12 mm 试条，阴干发白后烘箱内干燥，然后用锯条截成 ϕ12 mm×30 mm 的试样，并修整编号，放入烘箱内在 105 ℃～110 ℃下烘至恒温，在干燥器内冷却至室温备用。

2）在天平上称取干燥后的试样重。

3）称取饱吸火油后在火油中的试样质量，以及饱吸火油后在空气中的试样质量（试样饱吸火油的方法同干燥体积收缩和干燥气孔率测定）。

4）将称量后的试样放入 105 ℃～110 ℃烘箱内排除火油，直至将试样中的火油排完为止。

5）按编号顺序将试样装入高温炉中，装炉时炉底和试样之间撒一层薄薄的煅烧石英粉或 Al_2O_3 粉，装好后开始加热，并按升温曲线升温，按预定的取样温度取样。

①升温速度：室温～1 100 ℃，100 ℃/h～150 ℃/h；1 100 ℃至烧成停炉，50～60 ℃/h。

②取样温度：300 ℃～900 ℃每隔 100 ℃取样 3 个；900 ℃～1 200 ℃每隔 50 ℃取样 3 个。

③1 200 ℃烧成停火，每隔 10 ℃～20 ℃取样 3 个。

6）每个取样温度点保温 15 min，然后从电炉内取出试样迅速地埋在预先加热的石英粉或 Al_2O_3 粉内，以保证试样在冷却过程中不炸裂。冷却接近室温后，将试样编号。取样温度记录于表中，将焙烧过的试样，用刷子刷去表面石英粉或 Al_2O_3 粉（低温烧后的试样用软毛刷），检查试样有无开裂、黏砂等缺陷，然后放入 105 ℃～110 ℃烘箱中烘至恒温，放入干燥器内，冷却至室温。

7）将试样分成两批，900 ℃以下为第一批，测定其饱吸火油后在火油中的质量及饱吸火油后在空气中的质量；900 ℃以下的试样为第二批，测定其饱吸水后在水中的质量及饱吸水后在空气中的质量。

（4）数据记录与处理。

1）按表 5-25 记录检测数据。

表 5-25　烧结温度与烧结温度范围测定记录

试样名称			测定人			测定日期				
试样处理										
编号			干燥试样							
	空气中的质量 m_0	火油中的质量 m_1	饱吸火油后		体积 V_0		气孔率 %			
			空气中的质量 m_2							
编号			烧后试样							
	取样温度 /℃		饱吸火油（水）后							
	空气中的质量 m_3	火油中的质量 m_4		空气中的质量 m_5	体积 V	收缩率 /%	体积密度 $\rho_{油}$	吸水率 /%	气孔率 /%	失重 /%

2）计算：

$$V_0 = \frac{m_2 - m_1}{\rho_{油}}$$

$$V = \frac{m_5 - m_4}{\rho_{水}}$$

$$干燥气孔率 = \frac{m_2 - m_0}{m_2 - m_1} \times 100\%$$

$$烧后气孔率 = \frac{m_5 - m_3}{m_5 - m_4} \times 100\%$$

$$烧后体积密度 = \frac{m_3}{(m_5 - m_4)/\rho_{水}}$$

$$烧后体积收缩率 = \frac{V_0 - V}{V_0}$$

$$烧后吸水率 = \frac{m_5 - m_3}{m_3}$$

$$烧后失重 = \frac{m_0 - m_3}{m_0}$$

3）坐标图。按上述公式计算出各温度点的结果后，在坐标纸上，以温度为横坐标，以气孔率和收缩率为纵坐标，画出收缩率曲线和气孔率曲线，并在曲线上确定烧结温度和烧结温度范围。

3．高温显微镜法

（1）检测原理。陶瓷的坯和釉在烧成过程中发生了一系列的物理、化学变化，如膨胀、收缩、气体逸出、晶相与液相的形成等。高温显微镜法是通过观察试样在加热过程中轮廓的形状与尺寸的变化来清楚地揭示这一系列复杂热变化宏观规律的重要手段，并由此可以确定陶瓷制品的烧成温度。

高温显微镜法所测烧结温度范围是指试样开始收缩达最大值时的温度至试样开始二次膨胀时的温度间隔。

（2）仪器与设备。带照相装置的高温显微镜1台，或带照相装置的影像式烧结点仪1台，最高使用温度不低于1 600 ℃。本仪器由光源、高温炉、投影装置、电气控制柜、制样器五部分组成，如图5-20所示。

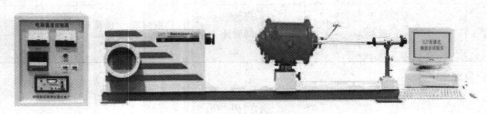

图 5-20　影像式烧结点仪

（3）测试步骤。取具有代表性的均匀试样至少20 g，细度万孔筛余0.05％以下，将部分试样加适量水润湿，用压样器压制成直径与高相等的圆柱体。要求在仪器上观察到的试样投影图像为正方形。

试验开始时，首先接通电源，打开灯，将制备好的试样放在有铂金垫片的氧化铝托板上，把托板小心、准确地放在试样架的规定位置上，使试样与热电偶端点处于同一位置，再将试样架推到炉膛中央，合上炉膛关闭装置。调节灯光聚光，使光的焦点在试样上。调节目镜，使试样轮廓清晰，然后在800 ℃前用每分钟10 ℃。800 ℃后每分钟5 ℃的升温速度加热（如无特殊需要，试样在空气中加热）记录以下各个温度：

1）试样膨胀最高时的温度 t_2。

2）试样开始收缩时的温度 t_3。

3）试样开始收缩达最大值时的温度 t_4。

4）试样开始二次膨胀时的温度 t_5。

在以下各温度下照相：

1）试样加热的起始温度 t_1。

2）试样膨胀最高时的温度 t_2。

3）试样开始收缩时的温度 t_3。

4）试样开始收缩达最大值时的温度 t_4。

5）试样开始二次膨胀时的温度 t_5。

（4）数据记录与处理。

按表 5-26 记录检测数据。

表 5-26　烧结试验测试记录

试样名称	外观特征	t_1/℃	t_2/℃	t_3/℃	t_4/℃	t_5/℃	烧结温度范围 /℃

利用照相或者其他方法按下式计算出试样在测定中高度变化的百分率：

$$\Delta h = \frac{h_t - h_0}{h_0}$$

式中　Δh——试样高度变化（%）；

　　　h_t——相关温度上测得的试样高度（mm）；

　　　h_0——试样加热起始高度（mm）。

以变化百分率为纵轴、相关温度为横轴绘制烧成曲线。

注：需要时附上各个温度时的试样照片。

（5）注意事项。

1）制备试样用的泥料不允许有气孔等缺陷。

2）从电炉中取出试样必须保证淬裂。

3）一般用体积密度、体积收缩、吸水率三者来确定烧结温度及烧结温度范围，有时也加失重一项。

想一想

如何从外貌特征来判断坯料的烧结程度及原料的质量？

十一、釉的表面张力测定

陶瓷制品的釉面质量既与釉的化学组成、烧成制度有关，又与釉的高温黏度、表面张力有关。如果釉的高温熔体黏度很高，当由重力所引起的流动发生困难时，表面张力就显得特别重要，这时釉表面的平整光滑全靠表面张力的作用。釉的表面张力过大会形成缩釉，釉的表面张力过小会形成流釉；釉的缺陷中如针孔、橘釉等均与釉的表面张力有关。因此，要获得好的釉面质量，就必须严格控制釉的表面张力。由此看来，测定釉的表面张力就显得非常必要了。国内外测定玻璃釉熔体表面张力的方法有缩丝法、吸筒法、坐滴法、滴重法、气泡内最大压力法等。随着时代的进步和科学技术的发展，每种测定方法都在不断改进，新的测定方法也在不断出现，这些测定方法的原理是不同的，仪器设备的结构和测量精度也各不相同。

1. 测定原理

表面张力是物体自动由表面向内部收缩之力，是增加单位面积的液体表面所需的可逆功，是液体表面上力图缩小这一表面的力。为了抵抗表面收缩所需加在该表面上的单位长度上的力称为表面张力，单位为 N/m。

单一成分的体系表面张力的作用是使表面张力减到最小，而对于多元成分的体系，则还有使减小表面张力的那种成分在表面集中的作用，即多元成分体系中按表面张力大小而分层，表面张力小的成分有集肤效应，这种成分在表面集中的作用是通过扩散来达到的，因此，多元成分体系的表面张力值有两种，即动力的和静力的，动力的表面张力值是与新形成表面有关的瞬时值，而静力的表面张力值是表面达到平衡状态时的值，一般动力表面张力值高于静力表面张力值。前面谈到的气泡内最大压力法、缩丝法、滴重法属于动力的测定方法，而拉筒法（或吸筒法）和坐滴法则属于静力测定方法。

缩丝法的原理是当釉玻璃丝的中部（釉玻璃丝悬挂着）受热时，先是长度增加，然后收缩球化，直至釉玻璃丝的自重等于釉玻璃的表面张力而达到平衡，此后釉玻璃丝开始伸长，失去平衡。釉玻璃丝自重和表面张力相平衡的截面称为中性面，平衡是指一定温度下的平衡。Tammann 用缩丝法对 Jane Gerate 玻璃进行了测量，结果见表 5–27。

表 5–27　缩丝法对 Jane Gerate 玻璃的测量

直径 /mm	开始收缩温度 t_1/℃	开始伸长温度 t_2/℃	σ/（10^{-5} N·cm^{-1}）
0.101	444	547	168.3
0.065	455	552	167.4
0.243	457	560	166.7
0.160	482	592	165.0

拉筒法的原理是当一钳圆筒触及一玻璃液面时，由于熔体表面张力的作用而将钳圆筒吸入，而要将钳圆筒从熔体中拉出到离开熔体液面时所需要的拉力反映了该熔体表面张力的大小。用测定装置可测出此拉力，并可计算出熔体的表面张力。

最大拉力法的原理是测定当接触角 $\theta=0°$ 时，熔体表面张力对钳筒所产生的最大拉力，以此来计算表面张力，这样就可省去测定熔体接触角这一步骤。

坐滴法（或卧滴法）的原理是将釉玻璃粉做成的圆球放在钳板上加热熔融，然后用投影仪将熔体与钳板之间接触情况投影到毛玻璃片上，用量角器测出其间的接触角 θ，并量出此熔体与钳板接触的宽度及其高度。在一定温度下，熔体与钳板之间的润湿角、接触宽度、高度反映了熔体的表面张力。

滴重法的原理是从一克服了其表面张力自由下落的熔体液滴的重力来计算表面张力。在一定温度下，反抗表面张力而自由下落的熔体液滴的重力大小反映了表面张力的大小。使熔体成滴的方法有：玻璃熔体从容器（如坩埚）底部的孔流出而形成"滴"；熔体从一管端流出而成"滴"；加热玻璃棒使其熔化而成"滴"。

气泡内最大压力法的测定原理是在一个浸入液体的垂直毛细管的末端吹成的气泡具有圆球的一部分，在气泡吹出时，最初圆球半径缩小，直到气泡变成半球形然后半径增加。当气泡是半球形时，其半径为最小，即是毛细管的半径，而相应的压力即最大压力。从气泡内最大压力、毛细管半径、熔体的密度可以计算出表面张力。

上面讲的六种表面张力测定方法都是以釉玻璃熔体做试验得出来的。有的釉料单独熔融后和玻璃一样是单相的，但有的釉料配方和玻璃配方毕竟有所不同，因为釉料是要施敷于坯体上的，要从工艺上考虑釉浆悬浮性和黏附性，所以，釉和玻璃是不完全相同的。至于釉施于坯体上再烧成那就更复杂了。目前只能把玻璃的表面张力测定法移来用，因为釉和玻璃有许多相同之处。

2. 仪器设备

（1）缩丝法。缩丝法测定玻璃表面张力的仪器原理如图 5-21 所示。仪器的主要部分是立式管状电阻炉 1（带有镍铬绕组），管的内径为 0.5 cm，高为 4 ～ 5 cm。电炉用金属夹持器 2 悬置于玻璃筒 3 的盖上。玻璃筒是用耐热玻璃（派来克斯玻璃）制造的。使用玻璃筒的目的是使炉内空气对流达到最小，并消除待验玻璃丝 4 的振动；玻璃筒的底部放置硅胶以供吸附水蒸气之用。为了降低热辐射起见，电炉的上下均以耐火熟料塞 5 封塞。塞中有槽供装置热电偶 6、带玻璃丝的金属夹持器 7 之用，玻璃丝的自由端应有 5 ～ 6 cm 伸到炉外。用金属夹持器固定玻璃丝的方法如图 5-21 右侧所示。

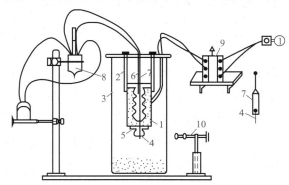

图 5-21　缩丝法测定玻璃表面张力的仪器原理图

1—电阻炉；2，7—夹持器；3—玻璃筒；4—玻璃丝；5—耐火熟料塞；
6—热电偶；8—杜瓦瓶；9—变压器；10—读数显微镜

热电偶插在炉的最高温度带内，热电偶导线的支线装在杜瓦瓶 8 中，杜瓦瓶的温度用温度计检验。热电偶的自由端接到检流计上，炉内温度用自耦变压器 9 来保持到给定的范围内。玻璃丝长度的变化用读数显微镜 10 来记录。

（2）吸筒法（拉筒法）。吸筒法（拉筒法）测定玻璃液表面张力用仪器的原理如图 5-23 所示。升降式堆埚电炉 1 的电炉耐火腔高度等于它的直径，即等于 10 ～ 11 cm。温度用钳 – 钳铑热电偶及温度控制器控制。仪器上装配有分析天平 2。为了预防天平受热，在天平与电炉之间装置一个水冷却器 3。天平左臂的盘 4 上用细的钳丝 5 悬吊下部开口的圆筒 6（高为 5 cm，内径为 3.5 cm，壁厚为 0.15 mm）。在圆筒的上部有许多透气孔。圆筒在电炉中吊在玻璃液之上。玻璃液盛于钳盘 7 中。天平的右盘 8 上悬挂着铝制圆筒 9。铝制圆筒放在内充 80% 凡士林油的玻璃瓶 10 中。利用测量显微镜 11 来调整无荷载与有荷载天平梁的精确位置。利用调整螺钉 12 及水准器调节电炉的水平位置。升降式机构 13 可以使电炉自动升降。图 5-22 所示的是天平梁的最初位置或零位，此时，铝制圆筒部分浸入凡士林油中，与炉中玻璃液上面的空心钳筒平衡。天平梁的位置用测量显微镜固定，此时，将其上边调整到显微镜目镜上已知分度值的交叉十字线上。测量的精确度达 1/1 000 mm。

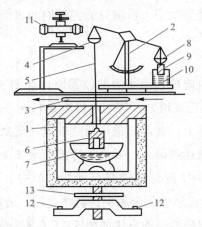

图 5-22　钳圆筒吸筒法测定玻璃液表面张力用仪器的原理图
1—电炉；2—天平；3—冷却器；4，8—盘；5—钳丝；6—圆筒；7—钳盘；
9—铝制圆筒；10—玻璃瓶；11—显微镜；12—螺钉；13—升降式机构

在确定天平的零点之后，在其左盘上放质量 5 g 的荷载。在荷载作用下，天平梁的左臂下垂、右臂升起，同时把铝筒从凡士林油中提出一部分。经过一定时间的摇摆后，天平盘便处于新的平衡状态。此后，小心地放下显微镜，重新找出左臂新的平衡始点，使其调整到显微镜目镜的交叉线上。知道平衡点的第一次位置与第二次位置，就可以找出天平梁的下垂值，因此，也就能找出钳筒在荷载下的下垂值。调整无荷载与有荷载天平的平衡是准备阶段，而且是校准仪器必须进行的工作，然后才能进行试验。

（3）滴重法。滴重法测定表面张力的仪器原理如图5-23所示。仪器的主要部分是电炉1，炉中装配有直径为0.5 mm，长约为10 m的镰锯绕组。电炉的设计电压为220 V，最高温度为950 ℃，炉中设有两个水平配置的炉口2，用耐热玻璃板盖。电炉固定在底座3上。

照明器供获得光束之用，其组成为功率60 W以上的灯泡4、聚光镜5、散光暗玻璃6与支架7。支架用夹紧螺钉8固定，可以垂直移动，以供正确调整照明器之用。借固定于支架10上的双凸透镜9可使试体的暗影像放大，支架上装配有调整螺钉11。平面镜12供反射试体13的像及投影到幕屏14之用。平面镜与水平线呈45°角，紧固于支架15上。利用调整螺钉16，可以水平或垂直移动平面镜，而其倾斜角保持不变。

仪器的零件安置于铺设有两条金属导轨17的工作台上，导轨可以保证整个装置的同心性。

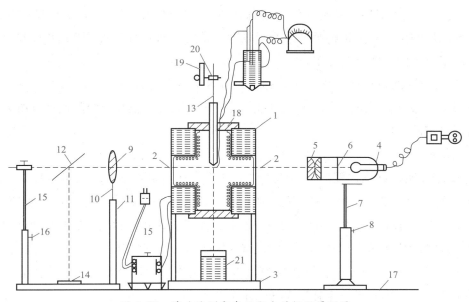

图5-23　滴重法测定表面张力的仪器原理图

1—电炉；2—炉口；3—底座；4—灯泡；5—聚光镜；6—散光暗玻璃；7，10，15—支架；8—夹紧螺钉；9—双凸透镜；11，16—调整螺钉；12—平面镜；13—试体；14—幕屏17—金属导轨；18—黏土盖；19—调位器；20—紧线钳；21—烧杯

3. 试验步骤

（1）缩丝法。

1）将一定长度与直径的玻璃丝悬垂于电炉中。

2）在升高温度时，由于热膨胀作用玻璃丝开始伸长，处于炉内高温带的上面的软化部分在表面张力作用下开始缩短，由于收缩结果，在这段玻璃丝上形成了加厚部分。高于此加厚部分的一段玻璃丝，进一步升高温度时因拉力作用而伸长。

3）在试验时间内，炉的升温速度 1 min 不应超过 3 ℃～ 4 ℃。

4）在试验结束后，将玻璃丝迅速从炉中取出，并于室温的空气中冷却。

5）玻璃丝的直径用读数显微镜或测微计每隔 2 cm 长测定一次。

6）在试验完毕，玻璃丝的上部变形部分用金刚石切去，而下部放在分析天平上称量。玻璃丝的长度用试验方法确定，因为在软化程度不大时，由于自身质量的影响，玻璃丝会拉得特别长，而其长度也不会明显地缩短。过短的玻璃丝在塑性状态下变为液滴，而且由于质量不够就不可能抽丝。一般在玻璃丝直径为 0.17 ～ 0.27 mm 时，丝长为 100 ～ 140 mm，这种丝的平均质量为 0.01 g。

（2）吸筒法（拉筒法）。

1）测定玻璃液的表面张力时，应取不含外来杂质的均质玻璃；将玻璃碎块放到钳皿中，并在相应的温度下熔融。钳皿应装玻璃液大约 70%。

2）按前面所述调整天平到零位，把钳皿中玻璃加热到试验必需温度的熔融状态，置于电炉后利用螺旋式升降机构平稳地升起电炉，直到玻璃液面接触钳筒底部（开口的）为止，此后把电炉固定在固定位置。

3）在玻璃液的表面张力作用下，钳筒被逐渐吸入一定深度。此时天平的左梁下垂，其位置根据显微镜的瞄准点来固定。经过一定时间间隔后，玻璃液便停止吸入钳筒，而瞄准点占据一定的位置。

（3）滴重法。

1）测定玻璃、釉或搪瓷的表面张力时，可以利用与电炉中心线严格垂直放置的玻璃棒或玻璃丝（长为 25 ～ 30 cm，直径为 1.5 ～ 1.7 mm）。试体经过炉顶耐火黏土盖 18（图 5-23）的中心孔被送到炉的空间。炉盖上安有调位器 19，利用调位器可使试体按垂直方向移动。用紧线钳 20 将试体紧固，紧线钳与仪器的调位器相连。电炉的下孔是开着的。

2）在炉下放有盛变压器油的烧杯 21，玻璃液滴就往此杯中滴入。在炉盖上设有安置热电偶用的沟道。热电偶与检流计或电位计连接在一起。

3）在测定之前，检查仪器的同心性。为此，应把电炉侧管上的玻璃盖取下，而在透镜与暗玻璃的中心用绘图铅笔打上色点。在按通照明器时，投到幕屏上的色点应该吻合，即处于仪器的光轴上。如幕屏上有两个点，应利用相应的螺钉调节透镜、照明器与平面镜的位置，即调整仪器的同心性。

4）在幕屏上获得清楚的试体像。移动照明器使之紧接于炉的窥视孔，松弛调整螺钉，围绕着光轴移动灯座联杆，使幕屏视场的照明均匀而明亮。然后，用螺钉把平面镜紧固，移动透镜，即可得到清晰的试体轮廓像。将热电偶的热端与试体并列一起，但玻璃液滴从玻璃棒上脱落时不应触及热电偶。

5）将电炉加热到给定的温度。利用夹紧装置与调位器把试体一端引入电炉中心，并随着试体的熔融而逐渐向下移动，但此时应保持玻璃棒下端的原始位置。这个位置的选择应考虑到使液滴的形成过程只在玻璃棒的末端进行。玻璃棒放入内径约为 4 mm 的瓷管中，瓷管固定于炉盖上。玻璃棒的下端为一段长 1.5 ～ 2.0 mm 的裸露部分，即在此段玻璃棒上进行成滴过程。对于每种类型的玻璃，均应取 2 ～ 3 滴。

6）玻璃液滴从烧杯中取出后，仔细地研细并用分析天平称重。

4．记录与计算

（1）缩丝法。

1）数据记录见表 5-28。

表 5-28　缩丝法测定记录

试样名称			测定人		测定日期		
试样处理							
编号	玻璃的等级	玻璃丝		玻璃丝下部的质量 m/g	试验温度/℃	测定结果 σ/（10^{-5} N·cm^{-1}）	备注
		长/cm	平均直径 d/cm				

2）计算：

$$\sigma = \frac{2m}{\pi dg}$$

式中　σ——玻璃丝的表面张力（10^{-5} N/cm）；

　　　m——玻璃丝下部的质量（g）；

　　　d——玻璃丝的平均直径（cm）；

　　　g——重力加速度（cm/s^2）。

用此种方法测定玻璃的表面张力，其精确度为 ±2%。为了获得测定每一种玻璃表面张力的温度曲线，必须进行三次以上的测定。

（2）吸筒法（拉筒法）。

1）数据记录见表 5-29。

表 5-29　吸筒法（拉筒法）测定表面张力记录

试样名称		测定人		测定日期			
试样处理							
编号	温度 /℃ .	玻璃的密度 $e/$ $(\rho/\cdot cm^{-3})$	钳筒的壁厚 d/cm	钳筒沉入玻璃液的深度 h/cm	钳筒的真正周长 L/cm	致使钳筒位移 1 cm 的质量 m/g	表面张力 σ/ $(10^{-5} N\cdot cm^{-1})$

2）计算。

$$\sigma=\left(\frac{m}{2L}+\frac{\rho d}{2}\right)hg$$

式中　σ——表面张力（10^{-5} N/cm）；

m——使钳筒下沉 1 cm 的质量（g）；

ρ——玻璃的密度（g/cm^3）；

d——筒的壁厚（cm）；

g——重力加速度（cm/s^2）；

h——钮筒沉入玻璃液的深度（cm）；

L——钳筒的真正周长（cm）。

m 值可以根据校准仪器时所得数据确定。假设天平左盘的荷载质量等于 5 g，使天平左梁下沉 0.814 2 cm，则

$$m=\frac{5}{0.814\,2}=6.141（g）$$

钳筒的真正周长

$$L=CL_1$$

式中　L_1——直接测得的钳筒的周长（cm）；

C——校正系数。

钳筒的真正周长（其下部）可用化学纯苯测定，按下列方程式计算：

$$L=CL_1=\frac{m_1h_1g}{2\sigma_苯\cos\theta-dh_1g\rho_苯}$$

式中 m_1——使钳筒在苯中位移的质量（g）；

　　　$\rho_{苯}$——苯的密度（0.879 g/cm³）；

　　　h_1——筒浸入苯中的深度（cm）；

　　　d——钮筒的壁厚（cm）；

　　　$\sigma_{苯}$——苯的表面张力（10^{-5} N/cm）；

　　　θ——浸润接触角（°）。

钳筒真正周长 L 与宜接测得的周长 L_1 之间的不一致，是因为极薄的壁筒（0.015 cm）很容易变形所引起的，这样，就导致真正周长的偏差。真正周长应定期检查并应引入相应的校正值。

由于铂很易于浸润玻璃液，浸润接触角可以认为等于零，因此，$\cos\theta=1$，上式可简化为

$$L=CL_1=\frac{m_1h_1g}{2\sigma_{苯}-dh_1g\rho_{苯}}$$

在测定玻璃液的表面张力值之前，应用苯测定钳筒的真正周长（CL_1）。为此，必须知道苯的表面张力值。苯的表面张力用与玻璃液表面张力相同的测定仪和方法进行测量。不同的是仪器的钳筒不是沉入玻璃液中，而是沉入纯苯中，为此，应预先校准分析天平。方法是在天平的左盘加质量 1 g 的荷重，而不是测定玻璃液用的 5 g。根据这个方法，计算公式中应引入纯苯的表面张力值（$\sigma_{苯}$），见表 5-30。

表 5-30　纯苯的表面张力与温度的关系

温度 /℃	$\sigma_{苯}$/（10^{-5} N·cm⁻¹）	温度 /℃	$\sigma_{苯}$/（10^{-5} N·cm⁻¹）	温度 /℃	$\sigma_{苯}$/（10^{-5} N·cm⁻¹）	温度 /℃	$\sigma_{苯}$/（10^{-5} N·cm⁻¹）	温度 /℃	$\sigma_{苯}$/（10^{-5}N·cm⁻¹）
10	30.19	13	29.79	16	29.40	19	29.01	22	28.62
11	30.05	14	29.66	17	29.27	20	28.88	23	28.49
12	29.92	15	29.53	18	29.41	21	29.75	24	28.36

（3）滴重法。

1）数据记录见表 5-31。

表 5-31　滴重法测定表面张力记录

试样名称		测定人			测定日期		
试样处理							
编号	棒的直径 d/cm		液滴的平均直径 D/cm		液滴质量 m/g		表面张力平均值 σ/（10^{-5} N·cm⁻¹）
	平行测定次数	平均值	平行测定次数	平均值	平行测定次数	平均值	

2）计算：

$$\sigma = \frac{mg}{\pi d}\left(1+\frac{d}{D}\right)$$

式中　σ——表面张力（10^{-5} N/cm）；

　　　m——液滴的质量（g）；

　　　d——棒的直径（cm）；

　　　D——液滴的平均直径（cm）；

　　　g——重力加速度（cm/s^2）。

5．注意事项

（1）钳是很容易变形的，因此在每次试验前都应对钳圆筒进行校正，特别是圆筒下部要求呈圆筒形，筒壁必须垂直筒底，校正圆筒必须用专门工具。

（2）用吸筒法或拉筒法测定表面张力时，最好不要在此仪器上的电炉内熔化玻璃，而在另一电炉内在钳皿内熔化玻璃，因为在加热时玻璃块破碎会损坏钳绕组。

（3）测定结束后，将炉子降下，并将钳圆筒从玻璃液中拔出。如试验温度很低，玻璃黏度大，则需要升高温度，然后再拔出圆筒。拔出圆筒后再挂上一钳双锥体，以便测定玻璃熔体的密度。

（4）钳皿、钳圆筒、钳双锥体在炉内完全冷却后，先取出放在 HF 内清洗或在 Na_2CO_3 和 K_2CO_3 的共熔混合物内熔化掉玻璃（温度为 700 ℃～800 ℃），然后再整理好。

（5）用滴重法测定表面张力时一定要仔细检查仪器的同心性。

想一想

1．用测定玻璃表面张力的方法来测定釉的表面张力，可行性如何？

2．试设计一种新的方法以测定釉的表面张力。

十二、陶瓷釉料熔融温度范围的测定

陶瓷烧成工艺要求坯体瓷化釉层玻化，即在坯体烧结成瓷的同时，要求釉料熔融成玻璃，均匀地敷于坯体上。故此坯釉的烧成温度或成熟温度必须密切吻合，否则不是坯体生烧釉层未熔好，就是坯体过烧釉层不光。因此，了解釉的熔融温度范围关系到陶瓷烧成制度的确定，例如，还原气氛的起始温度与终了温度的确定及烧成最高极限温度的确定。

1．基本原理

釉如同玻璃，没有一个固定的熔点，只能在一个不太严格的温度范围内逐渐软化熔融，变为玻璃态物质。

釉的熔融温度范围是指试样呈半球形时到试样下降至起始高度 1/3 形状时的温度。

测定时通过加热显微镜（或高温显微镜）观察在加热过程中试样轮廓投影尺寸与形状变化来确定其熔融温度范围。

正确控制釉的熔融温度，对釉面质量和釉的物理化学性质也有相当影响。烧成时的火焰性质影响釉的熔融温度范围。

2. 仪器与设备

SCN 型高温显微镜（图 5-24）或 2A-P 型加热显微镜；高温电炉（1 350 ℃ 以上）；100 目筛；金属模具（制备 3 mm×3 mm 小圆柱体用）氩气瓶（钼丝炉用氩气气氛保护）（图 5-25）；砂纸、糊精、氧化铝托板等。

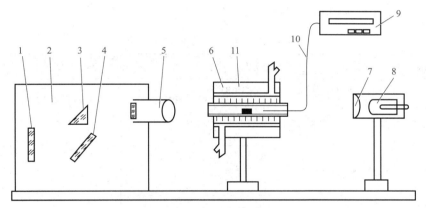

图 5-24　SCN 型高温显微镜示意

1—投影装置；2—投影屏；3—棱镜；4—平面反射镜；5—镜头；6—钼丝炉；
7—聚光镜片；8—光源灯泡；9—毫伏温度计；10—热电偶；11—试样

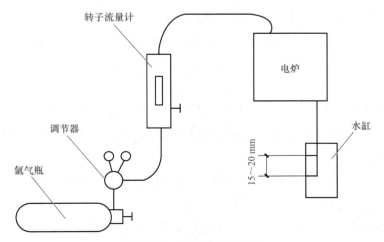

图 5-25　氩气连接线路图

3．测试步骤

（1）用被测粉（烘干）加含有糊精 20% 的溶液适量，混合成干压粉料。

（2）用加热显微镜（高温显微镜）附带的金属模具压制成型为小圆柱体试样。

（3）试样干燥和修整后，将试样和热电偶一同装入加热显微镜（高温显微镜）的管式炉中。

（4）在加热过程中用光源射入管式炉内，而在另一端则用一套光学系统将小圆柱体的软化熔融情况不断用显微镜观察或进行照相。

（5）当小圆柱体熔融与托板平面成半圆球时或扁平 2 格时，称为熔融温度范围。

（6）检测结束后，切断电源，按操作规程将仪器恢复正常。

4．记录与计算

（1）按表 5-32 记录检测数据。

表 5-32　熔融温度范围检测记录

试样名称			测定人		测定日期	
编号	试样开始收缩温度 /℃	试样开始圆角温度 /℃	半球温度 /℃	扁平 2 格温度 /℃	备注	

根据照相所得检测图形与对应温度确定釉料的熔融温度范围。

（2）利用照片，计算出该釉料润湿角 θ。

（3）应用经验公式计算釉的始熔温度，并与小圆柱体直角钝化温度对照。

$$T_{始熔} = \frac{360 + w(Al_2O_3) - w(RO)}{0.228}$$

式中　$w(Al_2O_3)$——釉料中 Al_2O_3 和 SiO_2 总量为 100% 时，Al_2O_3 的质量分数；

　　　$w(RO)$——釉料中 Al_2O_3 和 SiO_2 总量为 100% 时，相应的其他熔剂氧化物的总量。

5．注意事项

（1）每次平行试验不少于两个，若温度对比，相差不大于 10 ℃ 为限，否则应重做。

（2）试样尺寸要标准，质量要一致。

（3）升温速度要符合规定要求，并且每次检测升温速度要求一致。

（4）试样和热电偶放入炉中的位置要固定。

从小圆柱体的球化扁平情况如何判断此种釉料的熔融程度？

陶瓷新材料创新

铝里"长"出陶瓷

拓展知识一

陶瓷白度和色度有什么区别？

质量控制在任何行业都是非常重要的，而颜色控制是品质保证的关键因素。正常视力的人可以分辨大约 1 000 万种颜色，为了进行色彩交流，人们希望量化色彩现象，建立色彩标准，用数字来表示颜色，如图 5-26 所示。

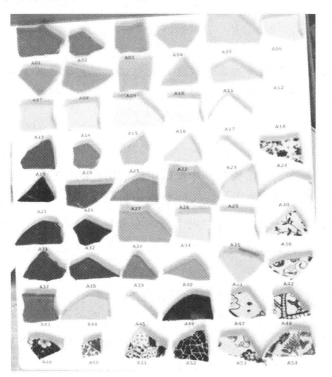

彩图 5-26

图 5-26　色彩标准图

国际照明委员会 CIE 于 1931 年起先后规定了标准色度观察者、照明和观察条件、标准光源、表色系统、色差公式、白度公式等，这些标准奠定了现代色度学的基础，也是现代色差计器的理论依据。利用色差计测量被测物体所得的数据，包括色度值和色差值等，用户可以准确获得需要的颜色。同时，在任何行业大家都以可靠的测量数据为依据，避免因色彩沟通而引起误解和纠纷，降低了成本，提高了生产效率。

色差计器有很多种，从结构原理上主要可分为以下几种类型。

1. 白度计

白度计只用于测量非彩色物体表面的白度值。由于白度计不能测量物体的色度，因此使用上有一定的局限性，但价格便宜。

2. 测色色差计

测色色差计可直接测量物体的反射色、透射色，对测得的模拟信号放大并转换成数字信号后，依据色差公式演算处理，得到三刺激值及其他色度值和色差值。它结构简单，操作方便，价格便宜，因经济实用，广泛应用于生产部门、试验室、质检部门等。

3. 分光色差计

分光色差计可测量被测物体每个颜色点（10 nm 或 20 nm 波长间隔）的反射率曲线、透射率曲线。对测得的模拟信号放大并转换成数字信号后，依据色差公式演算处理，得到三刺激值及其他色度值和色差值。分光色差计的精度较高，只用于对色差要求极高的场合，价格昂贵。

4. 配色仪

某种色差计器加上与其配套的配色软件即配色仪。配色软件将测色数据进行处理，直接给出配方。可大幅度降低生产成本，提高生产效率，但价格昂贵。

拓展知识二

陶瓷生产中影响铅镉溶出量的环节

目前，国际市场对陶瓷产品中涉及人身安全的铅镉溶出量要求越来越高，各地检验检疫部门与辖区陶瓷出口企业在技术上攻关克壁，在管理上严格控制，有效避免了陶瓷产品铅镉溶出量超标风险。但在日常生产中存在的一些潜在的质量隐患，检验监管人员和企业管理者须予以关注。

以唐山地区为例，目前，唐山辖区多数陶瓷企业使用天然气或城市煤气作为生产用气，而燃气供应不足对陶瓷产品质量产生了极为不利的影响。工艺参数的制定及执行是陶瓷生产中的关键控制环节，气源不足将直接影响窑内温度，给骨质瓷生产带来一系列不良的连锁反应——在素烧环节，会导致素坯密度下降、吸附能力增强；在釉烧环节，会导致部分产品釉的流动性变差，造成产品缺釉，如果缺釉产品的素坯密度下降，则容易吸附窑内更多的铅蒸气，导致产品铅溶出量超标。近日，唐山出入境检验检疫局在对某厂生产的一批骨瓷白胎盐胡罐产品实施试验室检测时，发现产品铅溶出量超标，正是气源不足所致。另外，如果彩烤窑产品的窑温不稳定，将导致花面中铅镉无法正常溶出，贴花产品铅镉溶出量易超标。唐山检验检疫局在日常监管中发现，在气源不稳的情况下，生产的输美白色浮雕花面 8 寸平盘的铅溶出量，较气源稳定条件下的铅溶出量普遍偏高，最高值可达 3.0 mg/L，不符合美国要求低于 3.0 mg/L 的标准。

对此，建议企业加大对异常生产条件下作业的监控力度，制定异常情况及时报告制度，建立异常情况应对机制，指定专人负责窑炉运行记录和产品标识工作，并加大产品抽样检测比例和频次，确保铅镉不合格产品得到有效控制。

目前，骨质瓷釉料中所使用的熔块从理论上讲是无铅熔块，即配方中不含铅。但因配方中含锌，而铅和锌是伴生矿，如果原料锌的纯度不高，就会引入铅。唐山检验检疫局在对企业使用一段时间后的釉烧用匣钵进行铅镉检测后发现，匣钵有少量的铅溶出。匣钵本身是一种高铝耐火材料，不会有铅的引入，而检测结果却证明了"无铅熔块"也可能导致白胎骨质瓷产品有铅的溶出。釉烧有铅溶出的白胎骨质瓷产品后，沉积在匣钵内壁的铅会在釉烧过程中挥发，从而导致其他产品被污染。随着铅的沉积量日益增多，这种恶性循环将导致更多的产品铅溶出量超标。

要解决好这些问题，需要工厂对使用过的匣钵定期进行铅溶出量检测，及时更换"问题"匣钵，排除污染隐患。

在试验室日常管理过程中，一些细节问题常常被忽视。一是浸泡样品的浸样柜材质本身可能含有铅镉。唐山检验检疫局在对某企业浸样柜材质进行铅镉溶出量检测时发现，该材质浸样柜铅溶出量超过 90 ppm。浸泡柜自身所含的铅会污染置于其中的陶瓷样品，如果陶瓷样品正面被污染，可能会导致对合格产品的误判；如果陶瓷样品底部被污染，可能会污染其他产品。如果被污染的产品出口后，同样会导致合格产品被误判，我国出口陶瓷产品可能会被国外预警、退货、索赔，后果相当严重；二是试验室的试验器具、设施长期使用后，会附着铅沉积物。唐山检验检疫局在对某企业的试验室墙壁、浸泡柜顶部等区域的附着物进行铅镉检测后，发现检测结果最高的铅溶出量高达 70 ppm。

要解决上述的两个问题，一是提醒企业和检验检疫部门高度关注浸样柜的材质和相关检测陶瓷铅镉溶出量的容器，有效防止铅污染的传播，减少不必要的损失，消除质量安全隐患；二是企业和检验检疫部门要高度关注试验室及其设施的清洁工作，创造清洁无污染试验环境，避免上次试验残留物对下次检测样品的污染，保证检测结果的准确性。

为确保高铅花纸产品的铅镉溶出量不超标，有些花纸厂虽然采取了添加防铅涂层的工艺方法，对降低陶瓷产品铅镉溶出量起了积极作用，但在陶瓷产品搬运过程中，如果未采取适宜防护措施（如加垫等），易造成产品釉面划伤，而高铅花纸中的防铅涂层一旦被破坏，铅镉大量溶出的风险将大大增加。

为了避免类似事件的发生，企业技术人员和检验监管人员要在生产过程中严格控制，减少日常生产中存在的潜在质量隐患，深入落实党的十二大精神，牢固树立和践行绿水青山就是金山银山的理念，站在人与自然和谐共生的高度谋划发展。

复习思考题

1．相对含水率与绝对含水率有何不同？如何测定陶瓷物料的含水率？

2．细度与粒度的概念有何不同？颗粒分级分布与颗粒累积分布的含义是什么？它们有何区别？

3．沉降法测定颗粒细度的原理是什么？影响沉降的因素有哪些？

4．测定真密度有何意义？如何通过液体静力称重法与比重瓶法测定材料的真密度？

5．如何由真密度大小判断原料的质量？

6．黏土的可塑性与结合性、坯体干燥强度与黏土结合性有何关系？

7．测定耐火度的实际意义是什么？影响陶瓷材料耐火度和耐火度测定的因素有哪些？

8．怎样区别耐火度、软化点、始熔点和熔融温度？

9．石膏浆凝结时间与石膏模强度有何关系？影响凝结时间的因素是什么？

10．测定可塑性有哪几种方法？如何测定可塑性指数、可塑性指标和可塑度？

11．测定黏土或坯料的收缩率的目的是什么？影响黏土或坯料收缩率的因素是什么？如何降低收缩率？

12．如何测定泥浆的细度？如何表示泥浆的细度？

13．根据相对黏度—电解质加入量曲线图，绝对黏度—电解质加入量曲线图，如何判断最适宜的电解质加入量？

14．如何测定泥浆的浓度、密度与酸性？泥浆的浓度、密度与酸性对陶瓷生产有何指导意义？

15．如何测定陶瓷坯体的强度？

16．如何测定陶瓷坯体的致密度？

17．如何测定坯料的烧结温度与烧结温度范围？

18．坯料在烧成过程中的收缩曲线、气孔率曲线、失重曲线等对拟定坯料的烧成温度曲线有何指导意义？

19．如何根据收缩曲线、气孔率曲线来推定坯料的烧结温度范围？

20．如何从外貌特征来判断坯料的烧结程度及原料的质量？

附录　陶瓷原料常用标准目录

附表 1　常用陶瓷原料参数

原料名称	别名	化学式	成分	摩尔质量/(g·mol⁻¹)	质量百分数/%	成分比例		熔点/℃	密度/(g·cm⁻³)	溶解度
氧化银	—	Ag_2O	—	231.76	—	—	—	D300	7.143	I
硝酸银	—	$AgNO_3$	—	169.89	—	—	—	D212	4.352	S
碳酸银	—	Ag_2CO_3	—	275.77	—	—	—	D218	6.08	I
氧化铝	—	Al_2O_3	—	101.90	—	—	—	2050	3.5~4.1	I
氢氧化铝	—	$Al(OH)_3$	—	78.0	—	—	—	D300	3.42	I
一水铝石	水铝石	$Al_2O_3 \cdot H_2O$	Al_2O_3	101.9	85.0	1.000	5.67	—		
			H_2O	18.0	15.0	0.177	1.000	—		
				119.9	100.0	—	—			
三水铝石	水铝矿	$Al_2O_3 \cdot 3H_2O$	Al_2O_3	101.9	65.4	1.000	1.887	D300	3.02~3.4	I
			H_2O	54.0	34.6	0.530	1.000	—		
				155.9	100.0	—	—			
硫酸铝	—	$Al_2(SO_4)_3$	Al_2O_3	101.9	29.79	1.000	0.424	D300	2.423	I
			SO_3	240.2	70.21	2.357	1.000			

原料名称	别名	化学式	成分	摩尔质量/(g·mol⁻¹)	质量百分数/%	成分比例①	成分比例②	成分比例③	熔点/℃	密度/(g·cm⁻³)	溶解度
含水硫酸铝	—	Al₂(SO₄)₃·18H₂O		666.1	100.00	—	—	—	D770	2.71	S
			Al₂O₃	101.9	15.30	1.000	0.424	0.315			
			SO₃	240.2	36.06	2.357	1.000	0.741			
			H₂O	324.0	48.64	3.180	1.349	1.000			
硅线石	—	Al₂O₃·SiO₂		162.0	100.00	—	—	—	D865	1.62	S
			Al₂O₃	101.9	62.9	1.000	1.690	—			
			SiO₂	60.1	37.1	0.590	1.000	—			
高岭石	—	Al₂O₃·2SiO₂·2H₂O		258.1	100.0	—	—	—	1 860	3.25	I
			Al₂O₃	101.9	39.5	1.000	0.848	2.830			
			SiO₂	120.2	46.5	1.180	1.000	3.340			
			H₂O	36.0	14.0	0.355	0.301	1.000			
叶蜡石	—	Al₂O₃·4SiO₂·H₂O		360.3	100.0	—	—	—	1 930	2.58 ~ 2.95	I
			Al₂O₃	101.9	28.3	1.000	0.424	5.66			
			SiO₂	240.4	66.7	2.359	1.000	13.35			
			H₂O	18.0	5.0	0.177	0.075	1.000			
蒙脱石	斑脱石	Al₂O₃·4SiO₂·6H₂O		450.3	100.0	—	—	—	D600 ~ 650 / 1 760	2.66 ~ 2.9	I
			Al₂O₃	101.9	22.6	1.000	0.424	0.944			
			SiO₂	240.4	53.4	2.360	1.000	2.226			
			H₂O	108.0	24.0	1.060	0.449	1.000			

238

原料名称	别名	化学式	成分	摩尔质量/(g·mol⁻¹)	质量百分数/%	成分比例	成分比例	成分比例	熔点/℃	密度/(g·cm⁻³)	溶解度
莫来石	—	3Al₂O₃·2SiO₂		450.3	100.0	1.060	—	—	D1150	2.5～2.6	I
			Al₂O₃	305.7	71.8	—	2.54	—			
			SiO₂	120.2	28.2	1.000	1.00	—			
红柱石	—	Al₂O₃·SiO₂		425.9	100.0	0.393	—	—	1930	3.03～3.15	I
			Al₂O₃	101.9	62.9	—	1.696	—			
			SiO₂	60.1	37.1	1.000	1.000	—			
蓝晶石	—	Al₂O₃·SiO₂		162.0	100.0	0.590	—	—	1860	3.1～3.29	I
			Al₂O₃	101.9	62.9	—	1.696	—			
			SiO₂	60.1	37.1	1.000	1.000	—			
冰晶石	氟化铝钠	AlF₃·3NaF	—	210.0	—	—	—	—	920	3.53～3.67	I
硫酸铝铵	—	Al₂(SO₄)₃·(NH₄)₂SO₄·24H₂O	—	906.7	—	—	—	—	94.5	2.9～3.0	S
硫酸钾铝	钾明矾	Al₂(SO₄)₃·K₂SO₄·24H₂O	—	948.8	—	—	—	—	84.5	1.65	S
三氧化二砷	白砷石、砒霜	As₂O₃	—	197.8	—	—	—	—	218升华	1.73～1.76	S（热水）
	—	As₂O₅	—	229.8	—	—	—	—	—	3.74	I
	—	Au	—	197.0	—	—	—	—	—	4.086	I

239

续表

原料名称	别名	化学式	成分	摩尔质量/(g·mol⁻¹)	质量百分数/%	成分比例			熔点/℃	密度/(g·cm⁻³)	溶解度
	—	B_2O_3	—	69.6	-	—	—	—	577	1.83 ~ 1.88	SI
	—	$B_2O_3 \cdot 3H_2O$	—	123.7	—	—	—	—	184 ~ 186	1.435	S
	—	BaO	—	153.4	—	—	—	—	1 923	5.32 ~ 5.72	S
	—	$BaCO_3$	—	197.3	—	—	—	—	D1 740	4.275	I
	—	$BaCl_2 \cdot 2H_2O$	—	244.2	—	—	—	—	960	3.879	S
	—	$Ba(OH)_2$	—	171.3	—	—	—	—	D	4.5	S
	重晶石	$BaSO_4$	BaO	153.4	65.7	1.000	1.915	—	—	—	—
			SO_3	80.1	34.3	5.23	1.000	—			
				233.5	100.0	—	—	—			
铬酸钡	—	$BaCrO_4$	—	253.5	—	—	—	—	D1 580	4.30 ~ 4.48	I
含水氢氧化钡	—	$Ba(OH)_2 \cdot 8H_2O$	BaO	171.3	54.3	1.000	1.190	—	—	—	I
			H_2O	144.0	46.7	0.84	—	—			
				315.3	100.0	—	—	—			
钡长石	—	$BaO \cdot Al_2O_3 \cdot 2SiO_2$	BaO	153.4	40.8	1.000	1.505	1.278	779	2.19	SI
			Al_2O_3	101.9	27.1	0.664	1.000	0.847			
			SiO_2	120.0	32.1	0.784	1.180	1.000			
				375.5	100.0	—	—	—			
氧化铍	—	BeO	—	25.0	—	—	—	—	2 520	3.03	I
绿柱石	铍长石	$3BeO \cdot Al_2O_3 \cdot 6SiO_2$	BeO	75.1	14.6	1.000	0.736	0.206	1 550	3.3 ~ 3.45	I

原料名称	别名	化学式	成分	摩尔质量 /(g·mol⁻¹)	质量百分数/%	成分比例			熔点/℃	密度/(g·cm⁻³)	溶解度
	—		Al_2O_3	101.9	19.0	1.360	1.000	0.274	1410~ 1430	2.65~2.9	I
			SiO_2	360.6	67.0	2.830	—	—			I
			—	537.6	100.0	—	—	—			S
氧化铋	—	Bi_2O_3	—	466.0	—	—	—	—	820	8.2~8.9	S
氯化铋	—	$BiCl_3$	—	315.4	—	—	—	—	230	4.75	S
硝酸铋	—	$Bi(NO_3)_3$	—	395.01	—	—	—	—	D30	2.83	S
含水硝酸铋	—	$Bi(NO_3)_3 \cdot 5H_2O$	—	485.01	—	—	—	—			S
氧化钙	生石灰	CaO	CaO	56.1	—	—	—	—	2 575	3.4	I
碳酸钙	方解石	$CaCO_3$	CaO	56.1	56.00	1.000	1.275	—	D825	2.71	S
			CO_2	44.0	44.00	1.430	1.000	—			
			—	100.1	100.0	—	—	—			I
氯化钙	—	$CaCl_2$	—	101.98	—	—	—	—	772	2.15	S
含水氯化钙	—	$CaCl_2 \cdot 6H_2O$	—	219.0	—	—	—	—	30.2	1.68	S
硫酸钙	无水石膏	$CaSO_4$	CaO	56.1	41.2	1.000	0.700	—	1 450	22.96	SI
			SO_3	80.1	58.8	1.430	1.000	—			
含水硫酸钙	生石膏	$CaSO_4 \cdot 2H_2O$	CaO	56.1	32.6	1.000	0.700	1.56			
			SO_3	80.1	46.5	1.430	1.000	2.23			

原料名称	别名	化学式	成分	摩尔质量/(g·mol⁻¹)	质量百分数/%	成分比例			熔点/℃	密度/(g·cm⁻³)	溶解度
			H_2O	36.0	20.9	0.64	0.450	1.000	D900	2.32	S
				172.2	100.0	—	—	—			
半水石膏	熟石膏	$CaSO_4 \cdot 1/2H_2O$	CaO	56.1	38.5	1.000	0.700	6.230	D180	2.60	SI
			SO_3	80.1	55.2	1.43	1.000	8.900			
			H_2O	9.0	6.2	0.160	0.110	1.000			
				145.2	100.0	—	—	—			
氟化钙	萤石	CaF	—	78.1	—	—	—	—	1330	3.18	I
白云石	—	$CaMg(CO_3)_2$	CaO	56.1	30.4	1.000	1.390	0.640	D730	2.8～2.9	I
			MgO	40.3	21.9	0.720	1.000	0.460			
			CO_2	88.0	47.7	1.570	2.180	1.000			
				184.4	100.0	—	—	—			
正磷灰石		$Ca_3(PO_4)_2$	CaO	56.1	54.3	1.000	1.190	—			
			P_2O_5	141.9	45.7	0.84	1.000	—			
				310.2	100.0	—	—	—			
钙长石		$CaO \cdot Al_2O_3 \cdot 2SiO_2$	CaO	56.1	20.2	1.000	0.550	0.470	1550	3.8	I
			Al_2O_3	101.9	36.6	1.820	1.000	0.850			
			SiO_2	120.2	43.2	2.140	1.180	1.000			
				278.2	100.0	—	—	—			
硼酸钙	硼灰石	$Ca(BO_2)_2 \cdot 2H_2O$	CaO	56.1	4.7	1.000	0.810	1.560	1552	2.77	I

续表

原料名称	别名	化学式	成分	摩尔质量/(g·mol⁻¹)	质量百分数/%	成分比例			熔点/℃	密度/(g·cm⁻³)	溶解度
			B_2O_3	69.6	43.0	1.240	1.000	1.930			
			H_2O	36.0	22.3	0.640	0.520	1.000			
				161.7	100.0	—	—	—	1 150		SI
灰钙石	钙钛矿	$CaO \cdot TiO_2$	CaO	56.1	41.3	1.000	0.700	—			
			TiO_2	79.9	58.7	1.420	1.000	—			
				136.0	100.0	—	—	—	1 970	4.00	I
氧化镉	—	CdO	CdO	128.4	—	—	—	—	D900	8.15	I
硫化镉	—	CdS	—	—	—	—	—	—	980	3.9～4.8	I
含水氧化镉	—	$CdCl_2 \cdot 2.5H_2O$	—	228.4	—	—	—	—	D	3.33	S
碳酸镉	—	$CdCO_3$	CdO	128.4	74.5	1.000	2.920	—			
			CO_2	44.0	25.5	0.340	1.000	—			
				172.4	100.0	—	—	—	D800	4.26	I
二氧化铈	—	CeO_2	—	172.1	—	—	—	—	2 600	7.2～7.5	I
氧化钴	—	Co_2O_3	—	165.9	—	—	—	—	895（O_2）	5.13	I
氧化亚钴	—	CoO	—	74.9	—	—	—	—	D1 800	5.68	I
四氧化三钴	—	Co_3O_4	—	240.8	—	—	—	—	995（O_2）	6.07	I
碳酸钴	—	$CoCO_3$	—	118.9	—	—	—	—	D	4.13	I
硅酸钴	—	Co_2SiO_4	CoO	149.8	71.4	1.000	2.490	—			
			SiO_2	60.1	28.6	0.400	1.000	—			
				209.9	100.0	—	—	—	1 325	4.63	I

续表

原料名称	别名	化学式	成分	摩尔质量/(g·mol⁻¹)	质量百分数/%	成分比例	成分比例	成分比例	熔点/℃	密度/(g·cm⁻³)	溶解度
含水氯化钴	—	$CoCl_2 \cdot 6H_2O$	$CoCl_2$	129.8	54.6	1.000	1.200	—	—	—	—
			H_2O	108.0	45.4	0.830	1.000	—	86.75	1.84	S
			—	237.8	100.0	—	—	—	—	—	—
含水硝酸钴	—	$Co(NO_3)_2 \cdot 6H_2O$	—	290.9	—	—	—	—	56	1.88	S
含水硫酸钴	—	$CoSO_4 \cdot 7H_2O$	CoO	74.9	26.7	1.000	0.940	0.590	—	—	—
			SO_3	80.1	28.6	1.070	1.000	0.650	—	—	—
			H_2O	126.0	44.7	1.640	1.570	1.000	96.8	1.95	S
			—	281.0	100.0	—	—	4.160	—	—	—
磷酸钴	—	$Co_3(PO_4)_2$	CoO	224.7	61.3	1.000	1.000	1.000	—	—	—
			P_2O_5	141.9	38.7	0.640	—	—	—	—	I
			—	366.6	100.0	—	—	—	—	—	—
氧化铬	—	Cr_2O_3	—	152.0	—	—	—	—	1 900 ～ 2 140	5.21	I
铬酐	—	CrO_3	—	99.99	—	—	—	—	196	2.7	S
铬矾	—	$Cr_2(SO_4)_3 \cdot K_2SO_4 \cdot 24H_2O$	Cr_2O_3	152.0	15.2	1.000	0.470	1.620	—	—	—
			K_2O	49.2	9.4	0.620	0.290	1.000	—	—	—
			SO_3	320.4	32.1	2.110	1.000	3.400	—	—	—
			H_2O	432.0	43.3	2.840	1.350	4.590	89	1.83	S
			—	998.6	100.0	—	—	—	—	—	—

原料名称	别名	化学式	成分	摩尔质量/(g·mol⁻¹)	质量百分数/%	成分比例			熔点/℃	密度/(g·cm⁻³)	溶解度
硫酸铬	—	$Cr_2(SO_4)_3 \cdot 18H_2O$	Cr_2O_3	152.0	21.2	1.000	0.630	0.470		1.7	S
			SO_3	240.3	33.6	1.580	1.000	0.740			
			H_2O	324.0	45.2	2.130	1.350	1.000			
			—	716.3	100.0	—	—	—			
氧化铜	黑铜矿	CuO	—	79.5	—	—	—	—	D1 026	6.3～6.5	I
氧化亚铜	赤铜矿	Cu_2O	—	143.1	—	—	—	—	1 210～1 235	5.75～6.09	I
含水硝酸铜	—	$Cu(NO_3)_2 \cdot 6H_2O$	CuO	79.5	26.9	1.000	0.740	0.740			S
			N_2O_5	108.0	36.5	1.360	1.000	1.000			
			H_2O	108.0	36.5	1.360	1.000	1.000			
			—	295.5	99.9	—	—	—			
氢氧化铜	—	$Cu(OH)_2$	CuO	79.5	81.5	—	—	—	D26.4	2.074	
			H_2O	18.0	18.5	—	—	—			
			—	97.5	100.0	—	—	—			
碱式碳酸铜	—	$CaCO_3 \cdot Cu(OH)_2 \cdot H_2O$	CuO	79.6	36.9	—	—	—	D	3.368	I
			CaO	56.1	26.0	—	—	—			
			CO_2	44.0	20.4	—	—	—			
			H_2O	36.0	16.7	—	—	—			
			—	215.7	100.0	—	—	—			
含水硫酸铜	—	$CuSO_4 \cdot 5H_2O$	CuO	79.5	31.8	1.000	0.990	—			

续表

原料名称	别名	化学式	成分	摩尔质量/(g·mol⁻¹)	质量百分数/%	成分比例		熔点/℃	密度/(g·cm⁻³)	溶解度
			SO_3	80.1	32.1	1.010	1.000			
			H_2O	90.0	36.1	—	—			
			—	249.6	100.0	—	—	D400 以上	2.87	
三氧化铒	—	Er_2O_3	—	382.4	—	—	—		8.61	I
三氧化二铁	—	Fe_2O_3	—	159.7	—	—	—	1 560	5.12	I
氧化亚铁	—	FeO	—	71.7	—	—	—	1 410	5.7	I
氯化铁	—	$FeCl_3$	—	162.2	—	—	—	282	2.8	S
氢氧化铁	—	$Fe(OH)_3$	—	106.8	—	—	—	D599	3.4～3.9	I
硫酸亚铁	铁矾	$FeSO_4 \cdot 7H_2O$	FeO	71.8	28.8	—	—			
			SO_3	80.1	28.8	—	—			
			H_2O	126.0	45.5	—	—			
			—	277.9	100.0	—	—	D64	1.9	S
硫化铁	—	FeS	—	87.9	—	—	—	1170	4.75～5.4	I
四氧化三铁	磁铁矿	Fe_3O_4	FeO	71.8	31.0	1.000	0.450			
			Fe_2O_3	159.8	69.0	2.220	1.000			
			—	231.4	100.0	—	—	1 538	4.96～5.4	I
钼酸	—	$H_2MoO_4 \cdot H_2O$	MoO_3	143.9	80.0	—	—			
			H_2O	36.0	20.0	—	—			
			—	179.9	100.0	—	—			
正硅酸	—	H_2SiO_3	SiO_2	60.1	76.8	—	—		3.1	I

原料名称	别名	化学式	成分	摩尔质量/(g·mol⁻¹)	质量百分数/%	成分比例			熔点/℃	密度/(g·cm⁻³)	溶解度
原硅酸	—	H_4SiO_4	H_2O	18.0	23.0	—	—	—	D15	2.1～2.3	I
			SiO_2	78.1	100.0	—	—	—			
			SiO_2	60.1	62.5	—	—	—			
			H_2O	36.0	37.5	—	—	—			
			—	96.1	100.0	—	—	—			
正锡酸	—	H_2SnO_3	SnO_2	150.6	89.3	—	—	—		1.58	I
			H_2O	18.0	10.7	—	—	—			
			—	168.6	100.0	—	—	—			
硒酸	—	H_2SeO_3	SeO_2	110.9	86.3	—	—	—		3.004	SI
			H_2O	18.0	14.0	—	—	—			
			—	128.9	100.0	—	—	—			
钨酸	—	H_2WO_4	WO_3	231.8	92.8	—	—	—	D	5.5	I
			H_2O	18.0	7.2	—	—	—			
			—	249.8	100.0	—	—	—			
氧化铟	—	In_2O_3	—	277.6	—	—	—	—	850	7.18	
氧化铱	—	IrO_2	—	224.2	—	—	—	—	D	3.12	
三氧化二铱	—	Ir_2O_3	—	432.4	—	—	—	—	D1 000		
氧化钾	—	K_2O	—	94.2	—	—	—	—	红热	2.32	S
硝酸钾	—	KNO_3	—	101.1	—	—	—	—	D400	2.106	S
氢氧化钾	KOH	KOH	—	56.1	—	—	—	—	360.4	2.044	S

原料名称	别名	化学式	成分	摩尔质量/(g·mol⁻¹)	质量百分数/%	成分比例			熔点/℃	密度/(g·cm⁻³)	溶解度
氯化钾	—	KCl	—	74.5	—	—	—	—	772	1.987	S
铬酸钾	—	K_2CrO_4	—	194.2	—	—	—	—	975	2.732	S
重铬酸钾	红矾钾	$K_2Cr_2O_7$	—	294.2	—	—	30	—	397.5	2.692	S
过锰酸钾	灰锰氧	$KMnO_4$	—	158.0	—	—	—	—	D240	2.70	S
亚铁氰化钾	黄血盐	$K_4Fe(CN)_6 \cdot 3H_2O$	—	422.3	—	—	—	—	D	1.85	S
碳酸钾	真珠灰、钾碱	K_2CO_3	K_2O	94.2	—	—	—	—	891	2.33	S
			CO_2	44.0	—	—	—	—			
				138.2	—	—	—	—			
白榴石	—	$K_2O \cdot Al_2O_3 \cdot 4SiO_2$	K_2O	94.2	21.6	1.000	0.920	0.390	1 686	2.47	—
			Al_2O_3	101.9	23.3	1.080	1.000	0.420			
			SiO_2	240.4	55.1	2.550	2.36	1.000			
				436.5	100.0	—	—	—			
正长石	钾长石	$K_2O \cdot Al_2O_3 \cdot 6SiO_2$	K_2O	94.2	16.9	1.000	0.920	0.260	—	—	—
			Al_2O_3	101.9	18.3	1.080	1.000	0.280			
			SiO_2	360.6	64.8	3.830	3.540	1.000			
				556.7	100.0	—	—	—			
绢云母	—	$K_2O \cdot 3Al_2O_3 \cdot 6SiO_2 \cdot 2H_2O$	K_2O	94.2	11.8	1.000	0.300	0.260	1 220	2.54 ~ 2.57	I

续表

原料名称	别名	化学式	成分	摩尔质量/(g·mol⁻¹)	质量百分数/%	成分比例			熔点/℃	密度/(g·cm⁻³)	溶解度
	—		Al_2O_3	305.7	38.4	3.250	1.000	0.850	D550～750	2.76～3.0	I
			SiO_2	360.6	45.3	3.830	1.180	1.000			I
			H_2O	36.0	4.5	0.450	1.120	0.100	1 300		S
			—	796.5	100.0	—					
氧化镧	—	La_2O_3	—	325.8	—	—			2 315	6.51	I
氧化锂	—	Li_2O	—	29.9	—	—			1 270	2.03	S
碳酸锂	—	Li_2CO_3	Li_2O	29.9	40.5	1.000					
			CO_2	44.0	59.5						
			—	73.9	100.0	—			618	2.11	SI
锂辉石	—	$Li_2O \cdot Al_2O_3 \cdot 4SiO_2$	Li_2O	29.9	8.0	1.000	0.290	0.120			
			Al_2O_3	101.9	27.4	3.410	1.000	0.420			
			SiO_2	240.4	64.6	8.040	2.360	1.000			
			—	372.2	100.0	—			1 380	2.33～2.67	I
氧化镁	—	MgO	—	40.3	—	—			2 800	3.654	I
碳酸镁	—	$MgCO_3$	MgO	40.3	47.8	1.000					
			CO_2	44.0	52.2						
			—	84.3	100.0	—			D350	3.04	I
含水氯化镁	—	$MgCl_2 \cdot 6H_2O$	—	203.2	—	—			D100	1.569	S
斜顶火辉石	—	$MgO \cdot SiO_2$	MgO	40.3	40.1	1.000	0.670				
			SiO_2	60.1	59.9	1.500	1.000				

原料名称	别名	化学式	成分	摩尔质量/(g·mol⁻¹)	质量百分数/%	成分比例			熔点/℃	密度/(g·cm⁻³)	溶解度
	—			100.4	100.0	—	—	—	D≈1560	3.28	I
董青石	—	2MgO·2Al$_2$O$_3$·5SiO$_2$	MgO	80.6	13.8	1.000	0.400	0.270	D1440	2.57~2.66	I
			Al$_2$O$_3$	203.8	34.8	2.530	1.000	0.680			
			SiO$_2$	300.5	51.4	3.730	1.470	1.000			
				584.9	100.0	—	—	—			
滑石	—	3MgO·4SiO$_2$·H$_2$O	MgO	120.9	31.9	1.000	0.503	6.790	D700~900	2.7~2.8	I
			SiO$_2$	240.4	63.4	1.988	1.000	13.500			
			H$_2$O	18.0	4.7	0.147	0.074	1.000			
				379.3	100.0	—	—	—			
尖晶石	—	MgO·Al$_2$O$_3$	MgO	40.3	28.3	1.000	0.400	—	2135	3.5~4.5	I
			Al$_2$O$_3$	101.9	71.7	2.530	1.000	—			
				142.2	100.0	—	—	—			
蛇纹石	—	3MgO·2SiO$_2$·2H$_2$O	MgO	120.9	43.6	1.000	1.010	3.35	D1000	2.36~2.5	I
			SiO$_2$	120.2	43.4	0.990	1.000	3.34			
			H$_2$O	36.0	13.0	0.290	0.300	1.000			
				277.1	100.0	—	—	—			
镁橄榄石	—	2MgO·SiO$_2$	MgO	80.6	57.3	1.000	1.340	—	1890	3.26	I
			SiO$_2$	60.1	42.7	0.750	1.000	—			
				140.7	100.0	—	—	—			
氧化钼	—	MoO$_3$	—	143.9	—	—	—	—	795	4.5	SI

原料名称	别名	化学式	成分	摩尔质量/(g·mol⁻¹)	质量百分数/%	成分比例	熔点/℃	密度/(g·cm⁻³)	溶解度
氧化锰	—	MnO	—	70.9	—	—	1 650	5.18	I
三氧化锰	—	Mn_2O_3	—	157.9	—	—	热至1 080失氧	4.50	I
碳酸锰	—	$MnCO_3$	MnO	70.9	61.7	—	D	3.125	I
			CO_2	44.0	38.3	—			
			—	114.6	100.0	—			
氯化锰	—	$MnCl_2 \cdot 4H_2O$	—	197.8	—	—	58	2.01	S
四氧化三锰	—	Mn_3O_4	—	228.8	—	—	1 750	4.856	I
二氧化锰	—	MnO_2	—	86.9	—	—	D	5.03	I
硫酸锰	—	$Mn_2(SO_4)_3$	Mn_2O_3	157.9	39.7	—	—	—	—
			SO_3	240.3	60.3	—			
			—	398.2	100.0	—			
含水硫酸锰	—	$MnSO_4 \cdot 4H_2O$	MnO	70.9	31.8	—	D160	3.24	S
			SO_3	80.1	35.9	—			
			H_2O	72.0	32.3	—			
			—	223.0	100.0	—			
氧化钠	—	Na_2O	—	62.0	—	—	700	2.107	S
氯化钠	食盐	$NaCl$	—	58.5	—	—	红热	2.27	S
碳酸钠	苏打	Na_2CO_3	Na_2O	62.0	48.5	—	801	2.16	S

续表

原料名称	别名	化学式	成分	摩尔质量/(g·mol⁻¹)	质量百分数/%	成分比例			熔点/℃	密度/(g·cm⁻³)	溶解度
碳酸氢钠	小苏打	$NaHCO_3$	CO_2	44.0	51.5	—	—	—	840	2.5	S
			—	106.0	100.0	—	—	—	D270	2.22	S
含水碳酸钠	—	$Na_2CO_3 \cdot 10H_2O$	Na_2O	62.0	21.7	—	—	—	—		
			CO_2	44.0	15.4	—	—	—		1.46	S
			H_2O	180.0	62.0	—	—	—			
			—	286.0	100.0	—	—	—			
硫酸钠	—	$Na_2SO_4 \cdot 10H_2O$	Na_2O	62.0	19.2	—	—	—	32	1.49	S
			SO_3	80.1	24.9	—	—	—			
			H_2O	180.0	55.9	—	—	—			
			—	322.1	100.0	—	—	—			
硝酸钠	—	$NaNO_3$	—	85.0	—	—	—	—	310	2.27	S
氟化钠	—	NaF	—	42	—	—	—	—	982	2.79	—
铬酸钠	—	$Na_2CrO_4 \cdot 10H_2O$	Na_2O	62.0	18.1	1.000	0.620	0.340	19.9	1.48	S
			CrO_3	100.0	29.0	1.610	1.000	0.560			
			H_2O	180.0	52.9	2.900	1.800	1.000			
			—	342.0	100.0	—	—	—			
铀酸钠	—	Na_2UO_4	—	348.0	—	—	—	—	—	—	I
重铬酸钠	—	$Na_2Cr_2O_7 \cdot 2H_2O$	—	298.0	—	—	—	—	无水时 320	2.52	S

原料名称	别名	化学式	成分	摩尔质量/(g·mol⁻¹)	质量百分数/%	成分比例		熔点/℃	密度/(g·cm⁻³)	溶解度
钼酸钠	—	$Na_2MoO_4 \cdot 2H_2O$	Na_2O	62.0	25.6	—	—			
			MoO_3	144.0	59.5	—	—			
			H_2O	36	14.9	—	—			
				242.0	100.0	—	—	热至100失水	1.73	S
钠长石	—	$Na_2O \cdot Al_2O_3 \cdot 6SiO_2$	Na_2O	62.0	11.8	1.000	0.610	0.170		
			Al_2O_3	101.9	19.4	1.640	1.000	0.280		
			SiO_2	360.6	68.8	5.820	3.540	1.000		
				524.5	100.0	—	—	1 100	2.6	I
钠霞石	—	$Na_2O \cdot Al_2O_3 \cdot 2SiO_2$	Na_2O	62.0	21.8	1.000	0.610	0.520		
			Al_2O_3	101.9	35.9	1.640	1.000	0.850		
			SiO_2	120.2	42.3	1.940	1.180	1.000		
				284.1	100.0	—	—	1 526	2.55 ~ 2.65	I
氧化钕	—	Nd_2O_3	—	336.4	—	—	—	1 930	7.24	I
五氧化铌	铌酐	Nd_2O_5	—	265.8	—	—	—	1 520	4.60	I
氯化铵	—	NH_4Cl	—	53.5	—	—	—	D350	1.50	S
碳酸铵	—	$(NH_4)_2CO_3 \cdot H_2O$	—	114.0	—	—	—	D85	—	S
硝酸铵	—	NH_4NO_3	—	80.0	—	—	—	169.6	1.725	S
硫酸铵	—	$(NH_4)_2SO_4$	—	132.0	—	—	—	140	1.769	S
氧化镍	—	NiO	—	74.7	—	—	—	D2 400	7.45	I

原料名称	别名	化学式	成分	摩尔质量/(g·mol⁻¹)	质量百分数/%	成分比例		熔点/℃	密度/(g·cm⁻³)	溶解度
三氧化镍	—	Ni_2O_3	—	165.4	—	—	—	D600	4.84	I
含水硫酸镍	碧矾	$NiSO_4·7H_2O$	—	280.8	—	—	—	98~100	1.98	S
氧化铅	密陀僧	PbO	—	223.2	—	—	—	888	9.5	I
二氧化铅	—	PbO_2	—	239.2	—	—	—	D290	9.36	I
四氧化三铅	铅丹	Pb_3O_4	—	685.6	—	—	—	D500	9.096	I
碳酸铅	—	$PbCO_3$	—	267.2	—	—	—	D345	6.6	I
铅白	碱式碳酸铅	$PbCO_3·Pb(OH)_2$	—	775.6	—	—	—	D400	6.4	I
铬酸铅	—	$PbCrO_4$	—	323.2	—	—	—	844	6.3	I
氯化铅	—	$PbCl_2$	—	278.1	—	—	—	498	5.89	I
硫酸铅	—	$PbSO_4$	—	303.3	—	—	—	1 170	6.23	I
硫化铅	方铅矿	PbS	—	239.3	—	—	—	1 015	7.1~7.7	I
二氧化镨	—	PrO_2	—	172.9	—	—	—	—	—	—
三氧化镨	—	Pr_2O_3	—	329.8	—	—	—	D	6.88	I
二氧化硫	—	SO_2	—	64.1	—	—	—	—	A2.26	S
氧化锑	—	Sb_2O_3	—	291.4	—	—	—	656	5.67	I
五氧化二锑	方锑矿	Sb_2O_5	—	323.4	—	—	—	D450	3.78	I
四氧化二锑	—	Sb_2O_4	—	307.4	—	—	—	930	4.07	I
氧化锡	—	SnO_2	—	150.6	—	—	—	1 127	6.3~6.9	I

原料名称	别名	化学式	成分	摩尔质量/(g·mol⁻¹)	质量百分数/%	成分比例			熔点/℃	密度/(g·cm⁻³)	溶解度
氧化硒	—	SeO_2	—	110.9	—	—	—	—	340	3.95	S
氧化硅	燧石	SiO_2	—	60.1	—	—	—	—	1 600 ~ 1 750	2.20~2.65	I
氧化亚锡		SnO	—	134.6	—	—	—	—	D	6.45	I
氯化锡		$SnCl_4$	—	260.4	—	—	—	—	D	2.23	S
氯化亚锡		$SnCl_2$	—	189.5	—	—	—	—	247.2	2.2	S
氧化锶		SrO	—	103.6	—	—	—	—	2 430	4.5~4.7	S
碳酸锶		$SrCO_3$	—	147.6	—	—	—	—	D110	3.62	SI
硫酸锶		$SrSO_4$	—	183.7	—	—	—	—	D1 580	3.7~3.9	I
氧化钛	钛白	TiO_2	—	80.0	—	—	—	—	1 560	3.75~4.25	I
五氧化钽	—	Ta_2O_5	—	441.9	—	—	—	—	D600 1 470	7.6	I
氧化铀	—	UO_2	—	270.0	—	—	—	—	2 800	10.95	I
三氧化铀	—	UO_3	—	286.0	—	—	—	—	D750	7.92	I
八氧化铀	—	U_3O_8	—	842.1	—	—	—	—	1 300升华	8.20	I
三氧化二钒	—	V_2O_3	—	149.9	—	—	—	—	1 970	4.87	SI
五氧化二钒	—	V_2O_5	—	181.9	—	—	—	—	690	3.35	SI
三氧化钨	—	WO_3	—	231.8	—	—	—	—	1 473	7.16	I
氧化锌	—	ZnO	—	81.4	—	—	—	—	>1 800	5.47	I
碳酸锌	—	$ZnCO_3$	ZnO	81.4	64.9	—	—	—			

原料名称	别名	化学式	成分	摩尔质量/(g·mol⁻¹)	质量百分数/%	成分比例				熔点/℃	密度/(g·cm⁻³)	溶解度
			CO_2	44.0	35.1	—	—	—	—			
含水硫酸锌	—	$ZnSO_4 \cdot 7H_2O$		125.4	100.0	—	—	—	—	D300	4.42	SI
			ZnO	81.4	28.4	—	—	—	—			
			SO_3	80.1	27.8	—	—	—	—			
			H_2O	126.0	43.8	—	—	—	—			
				287.5	100.0	—	—	—	—			
硅锌矿	—	$2ZnO \cdot SiO_2$	ZnO	162.8	—	—	—	—	—	D50	2.05	S
			SiO_2	60.1	—	—	—	—	—			
				222.9	—	—	—	—	—			
氧化锆	—	ZrO_2	—	123.2	—	—	—	—	—	2 700	5.49	I
锆英石	—	$ZrSiO_4$	ZrO_2	123.2	67.2	1.000	2.050	—	—	> 2 500	4.66~4.70	I
			SiO_2	60.1	32.8	0.490	1.000	—	—			
				183.3	100.0	—	—	—	—			

* 表内代号：S—溶解；I—不溶解；SI—微溶解；D—分解。

附表 2　国际标准组织推荐的筛网系列（ISO/R 565—1972）

主要系列（R20/3）/mm	辅助系列		主要系列（R20/3）/μm	辅助系列	
	具有 2 个中间值（R20）	具有 1 个中间值（R40/3）		具有 2 个中间值（R20）	具有 1 个中间值（R40/3）
125	125	125	1.00	1.00	1.00
	112			900	
	100	106		800	850
90	90.0	90.0	710	710	710
	80.0			630	
	71.0	75.0		560	600
63	63.0	63.0	500	500	500
	56.0			450	
	50.0	53.0		400	425
45	45.0	45.0	355	355	355
	40.0			315	
	35.5	37.5		280	300
31.5	31.5	31.5	250	250	250
	28.0			224	
	25.0	26.5		200	212
22.4	22.4	22.4	180	180	180
	20.0			160	
	18.0	19.0		140	150
16	16.0	16.0	125	125	125
	14.0			112	
	12.5	13.2		100	106
11.2	11.2	11.2	90	90	90
	10.0			80	
	9.00	9.5		71	75
5.6	5.60	5.60	63	63	63
	5.00			56	
	4.50	4.75		50	53
4	4.00	4.00	45	45	45
	3.55			40	
	3.15	3.35		36	38
2.8	2.80	2.80		32	32
	2.50			28	
	2.24	2.36		25	26
2	2.00	2.00		22	22
	1.80			20	
	1.60	1.70			
1.4	1.40	1.40			
	1.25				
	1.12	1.18			

筛孔净宽 名义尺寸 /mm	每平方厘米 筛孔数	相当于"目"		相当于德国筛号 （每厘米筛孔数）
		每英寸筛孔数	筛孔净宽 /mm	
5.0	2.3～2.7	—	—	—
4.0	3.2～4	5	3.962	—
3.3	4.4～5.8	6	3.327	—
2.8	6.2～7.8	7	2.794	—
2.3	8.4～11.0	8	2.362	—
2.0	11.0～13.8	9	1.981	—
1.7	14.4～19.4	10	1.651	4
1.4	20～26	12	1.397	5
1.2	28～35	14	1.168	6
1.0	40～48	16	0.991	—
0.85	50～64	20	0.833	8
0.70	76～90	24	0.701	—
0.60	100～124	28	0.589	10
0.50	140～177	32	0.495	12
0.42	194～244	35	0.417	14
0.355	250～325	42	0.351	16
0.30	372～476	48	0.295	20
0.25	540～660	60	0.246	24
0.21	735～920	65	0.208	30
0.18	990～1 190	80	0.175	—
0.15	1 370～1 760	100	0.147	40
0.125	1 980～2 400	115	0.124	50
0.105	2 640～3 270	150	0.104	60
0.085	4 070～5 100	170	0.089	70
0.075	5 500～6 970	200	0.074	80
0.063	7 200～9 400	250	0.061	100
0.053	10 200～12 900	270	0.053	—
0.042	16 900～19 300	325	0.043	—

附表 4　测温锥的软化温度与锥号对照表

标定软化温度/℃	国内采用的编号	塞格尔锥号（SK）	标定软化温度/℃	国内采用的编号	塞格尔锥号（SK）
600	60	22	1 280	128	9
650	65	21	1 300	130	10
670	67	20	1 320	132	11
690	69	19	1 350	135	12
710	71	18	1 380	138	13
730	73	17	1 410	141	14
750	75	16	1 430	143	15
790	79	15	1 460	146	16
815	81	14	1 480	148	17
835	83	13	1 500	150	18
855	85	12	1 520	152	19
880	88	11	1 530	153	20
900	90	10	1 540	154	—
920	92	9	1 580	158	26
940	94	8	1 610	161	27
960	96	7	1 630	163	28
980	98	6	1 650	165	29
1 000	100	5	1 670	167	30
1 020	102	4	1 690	169	31
1 040	104	3	1 710	171	32
1 060	106	2	1 730	173	33
1 080	108	1	1 750	175	34
1 100	110	1	1 770	177	35
1 110	—	2	1 790	179	36
1 120	112	—	1 820	182	—
1 140	114	3	1 830	183	37
1 160	116	4	1 850	185	38
1 180	118	5	1 880	188	39
1 200	120	6	1 920	192	40
1 230	123	7	1 960	196	41
1 250	125	8	2 000	200	42

注：21 ~ 25 的塞格尔三角锥已不再制造，因为它们的熔点太接近了。

参考文献

[1] 西北轻工业学院，等.陶瓷工艺学 [M].北京：轻工业出版社，1980.

[2] 华南工学院，南京化工学院，武汉建筑材料工业学院.陶瓷工艺学 [M].北京：中国建筑工业出版社，1981.

[3] [德] H．萨尔满，H．舒尔兹.陶瓷学 [M].黄烈柏，译.北京：轻工业出版社，1989.

[4] 江苏省宜兴陶瓷工业学校.陶瓷工艺学 [M].北京：轻工业出版社，1985.

[5] 李家驹.日用陶瓷工艺学 [M].武汉：武汉工业大学出版社，1992.

[6] 中国硅酸盐学会陶瓷分会建筑卫生陶瓷专业委员会.现代建筑卫生陶瓷工程师手册 [M].北京：中国建材工业出版社，1998.

[7] 张云洪.陶瓷工艺技术 [M].北京：化学工业出版社，2006.

[8] 汪喷穆.陶瓷工艺学 [M].北京：中国轻工业出版社，1994.

[9] 章秦娟.陶瓷工艺学 [M].武汉：武汉工业大学出版社，1997.

[10] 祝桂洪.陶瓷工艺实验 [M].北京：中国建筑工业出版社，1987.

[11] 刘康时，等.陶瓷工艺原理 [M].广州：华南理工大学出版社，1990.

[12] 马铁成.陶瓷工艺学 [M].北京：中国轻工业出版社，2010.

[13] 李家驹.陶瓷工艺学 [M].北京，中国轻工业出版社，1997.

[14] 张云洪.生产质量控制 [M].武汉：武汉理工大学出版社，2002.

[15] 裴秀娟，等.卫生陶瓷工厂技术员手册 [M].北京：化学工业出版社，2005.

[16] 徐利华.陶瓷坯釉料制备技术 [M].北京：中国轻工业出版社，2012.

[17] 张忠铭.日用陶瓷原料的分析及坯釉料配方 [M].上海：上海交通大学出版社，1986.

[18] 轻工业部第一轻工业局.日用陶瓷工业手册 [M].北京：轻工业出版社，1984.

[19] 陆小荣.陶瓷生产检测技术 [M].北京：中国轻工业出版社，2011.

[20] 顾幸勇.陶瓷制品检测及缺陷分析 [M].北京：化学工业出版社，2006.

[21] 曲远方.无机非金属材料专业实验 [M].天津：天津大学出版社，2003.

[22] 殷登皋.硅酸盐工业生产过程检测技术 [M].武汉：武汉理工大学出版社，1999.

[23] 李世普，特种陶瓷工艺学 [M].武汉：武汉工业大学出版社，1991.

[24] 蔡飞虎，冯国娟.瓷质砖生产技术 [J].佛山陶瓷，1998（增刊2）.